回声状态网络时间序列分类与预测：理论、模型与应用

王　林　王志刚　胡焕玲　曾宇容　著

国家社会科学基金重大项目（20&ZD126）
国家自然科学基金面上项目（71771095）　资助
华中科技大学文科学术著作出版基金

科学出版社
北　京

内 容 简 介

本书基于回声状态网络 ESN 研究时间序列分类和预测问题：第一，分析了面向时间序列分析的ESN；第二，研究了基于DE和ESN的时间序列分类方法；第三，研究了基于BSA优化ESN的时间序列预测方法；第四，研究了基于组合ESN的时间序列预测方法；第五，设计了基于小波ESN的旅游需求预测模型；第六，构建了基于双储备池 ESN 的电力负荷预测模型；第七，设计了基于VMD和改进ESN的风速预测模型；第八，提出了基于Bagging和ESN的能源消费量预测。这些研究成果可以帮助行业和企业管理人员提高复杂数据环境下的预测水平。

本书适合从事数据分析与管理科学、人工智能、预测理论与方法研究和教学的学者、本科生和研究生阅读，也可以作为企业运营管理、数据管理和统计管理人员的学习与培训用书。

图书在版编目（CIP）数据

回声状态网络时间序列分类与预测：理论、模型与应用 / 王林等著. — 北京：科学出版社，2023.2

ISBN 978-7-03-074788-4

Ⅰ. ①回… Ⅱ. ①王… Ⅲ. ①回声－时间序列分析 Ⅳ. ①O211.61

中国国家版本馆CIP数据核字（2023）第 019625 号

责任编辑：郝 悦 / 责任校对：贾娜娜

责任印制：张 伟 / 封面设计：有道设计

科学出版社 出版

北京东黄城根北街 16 号

邮政编码：100717

http://www.sciencep.com

北京盛通商印快线网络科技有限公司 印刷

科学出版社发行 各地新华书店经销

*

2023 年 2 月第 一 版 开本：720×1000 1/16

2023 年 2 月第一次印刷 印张：13

字数：262 000

定价：132.00 元

（如有印装质量问题，我社负责调换）

作 者 简 介

王林，男，华中科技大学管理科学与工程专业博士、计算机技术专业博士后，现为华中科技大学管理学院教授、博士生导师。主持国家社会科学基金重大项目 1 项、国家自然科学基金面上项目和国家自然科学基金青年项目 3 项、国家自然科学基金重点项目子课题 1 项；出版专著 2 部；以第一作者或通信作者发表 SCI/SSCI 期刊论文 50 余篇，发表中文重要期刊论文 20 多篇，其中包括 ESI 热点和高引用论文 20 余篇；多次获得省级科技进步奖，省级人文社会科学研究优秀成果奖，全国电力行业设备管理创新奖，湖北省优秀博士、硕士、学士论文指导奖，全国大学生物流设计大赛一等奖指导奖；曾主持完成多项与中国广核集团有限公司、国家电网有限公司、河南中烟工业有限责任公司、中国石油化工集团公司等企业合作的管理咨询和信息系统开发项目；主要研究方向包括大数据商务分析、预测理论与方法、机器学习等。

前　言

时间序列数据（time series data，TSD）广泛存在于日常生活中，充分挖掘时间序列数据中存在的隐藏信息具有重要意义，但是时间序列数据在很大程度上也会表现出非线性、非平稳性及非周期性等特征。因此，对时间序列数据进行准确分析依然存在巨大的挑战。回声状态网络（echo state network，ESN）是先进的储备池计算方法，属于递归神经网络（recurrent neural network，RNN）的范畴，它能够避免传统RNN的训练效率低下、收敛速度慢、容易陷入局部最优等缺陷，因此被用于处理许多实际问题。基于 ESN 的时间序列分析逐渐受到国内外研究人员的广泛重视，是具有重要理论意义和较高实际应用价值的研究热点。本书基于 ESN 研究复杂数据环境下的时间序列分类和预测问题，主要内容如下。

第 1 章，讨论时间序列分析面临的挑战和国内外研究进展，分析 ESN 的原理。

第 2 章，研究基于差分进化（differential evolution，DE）算法和 ESN 的时间序列分类方法。多变量时间序列（multivariate time series，MTS）数据自身的复杂性导致其分类困难，虽然最常用的属性-值表示法的分类方法被证明是有效的，但是缺点也很明显，如耗时、对噪声值很敏感、破坏MTS数据类型内在的数据属性和分类精度不高等。故提出基于 ESN 和自适应差分进化（adaptive differential evolution，ADE）算法的 MTS 分类方法，该方法充分考虑 MTS 数据类型自身的数据属性，能够有效避免属性-值表示法的潜在缺点，实验结果证实了所提出分类方法的有效性和鲁棒性。

第 3 章，研究基于回溯搜索优化算法（backtracking search optimization algorithm，BSA）优化 ESN 的时间序列预测方法。ESN 能较好地耦合“时间参数”，能够有效地应用于不同的时间序列预测问题。然而，传统 ESN 使用线性回归方法计算输出权值，这种方法易导致 ESN 出现严重的过拟合问题。故采用 BSA 或者 BSA 变体来优化 ESN 的输出权重，从而解决 ESN 出现的过拟合问题，提升模型在复杂预测问题上的精度和通用性。实验结果表明，采用 BSA 优化的 ESN 能够比未优化的 ESN 和其他常用的预测模型获得更高的预测精度。

第 4 章，研究基于组合 ESN 的时间序列预测方法。组合预测模型不仅在精度和误差变化方面优于单一预测模型，而且能够简化模型的构建和选择过程，同时把预测过程作为一个整体进行处理。故提出一种组合 ESN 的线性组合预测模型，预测模型选择四种属于不同类别的神经网络进行组合，并设计确定每种神经网络结构机制的启发式算法 IHSH（input-hidden selection heuristic）和动态权重组合方法 ITVPNNW（in-sample training-validation pair-based neural network weighting）。实验结果表明，组合预测模型比每种个体模型和已知最优的组合预测模型的预测精度更高。

第 5 章，设计基于小波 ESN 的旅游需求预测模型。提出具有小世界特性的小波 ESN（small world-wavelet-ESN，SW-W-ESN）预测模型，设计具有小世界特性的储备池结构来取代随机结构，同时使用小波函数和 S 形函数（sigmoid 函数）作为神经元激励函数，使得储备池神经元具有丰富的变换形式。使用到马来西亚旅游的游客人数数据集和多个国家到土耳其旅游的游客人数数据集，验证设计模型的有效性，结果显示 SW-W-ESN 的预测精度比传统 ESN、小波 ESN 和其他的常用方法都要高。

第 6 章，构建基于双储备池 ESN 的电力负荷预测模型（IBSA-DRESN）。设计具有双储备池的 ESN，利用改进的 BSA 算法优化 ESN 的相关参数，从而构建混合预测新模型。然后，将新模型应用于单因素短期电力负荷预测问题，验证 IBSA-DRESN 预测模型对单因素短期电力负荷预测的适用性。最后，利用设计的 IBSA-DRESN 模型进行多因素影响的短期电力负荷预测，算例对比结果表明 IBSA-DRESN 模型在多因素电力负荷预测问题上也能获得良好的预测效果。

第 7 章，设计基于变分模态分解（variational mode decomposition，VMD）和改进 ESN 的风速预测模型（VMD-DE-ESN）。风速时间序列具有较强的波动性和非线性，准确建模非常困难。数据分解方法可以将原始序列分解为多个子序列，能够消除原始序列的噪声并挖掘其主要特征。故将 VMD、DE 和 ESN 相结合，构建一种混合预测模型，其中，VMD 用于分解原始风速序列，DE 用于优化 ESN 的参数，改进的 ESN 用于预测分解得到的每个子序列。选取风速预测的实际案例进行实验，实验结果表明 VMD-DE-ESN 模型具有较高的准确性和稳定性，是进行风速预测的合适工具。

第 8 章，提出基于 Bagging 和 ESN 的能源消费量预测模型（BDEESN）。能源数据中存在许多随机干扰因素，基于单个 ESN 的预测模型泛化能力较弱。集成学习方法通过组合多个同类或异类模型，能够有效提高模型的泛化能力和稳定性。故将 ESN、Bagging 和 DE 相结合，提出一种有效的预测模型，其中改进的 ESN 为基学习器，Bagging 为网络的集成框架。选取能源消费量预测的三个实际案例进行实验，实验结果表明 BDEESN 模型具有较高的准确性和稳定性。

目　　录

1　面向时间序列分析的 ESN

1.1　时间序列分析面临的挑战

1.1.1　研究背景与意义

充分挖掘庞大的数据资源中存在的有价值的信息，能够为决策者提供决策支持（王方等，2022）。在这些海量数据中，有一类有趣的动态数据称作时间序列数据。时间序列数据是根据时间顺序记录的一系列观测值，即数据值是按时间顺序保存的。时间序列数据客观记录了所观测的系统在各个时刻点的重要信息。一条时间序列是一组序列数据，它通常是在相等间隔的时间段内，依照给定的采样率，对系统中某一个变量（单变量序列）或者多个变量（多变量序列）进行连续观测的结果（孙少龙等，2022）。在现实应用中，许多数据都是以时间序列的形式呈现的，如一个国家消耗电力的月度数据（图 1-1），生态学上对于某种现象的观测数据（图 1-2），物理学上对于太阳活动的观测数据等。

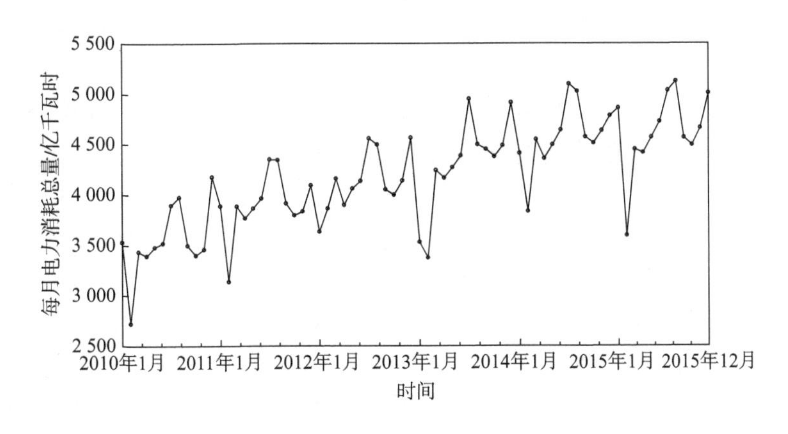

图 1-1　中国的月度电力总消耗（2010 年 1 月~2015 年 12 月）

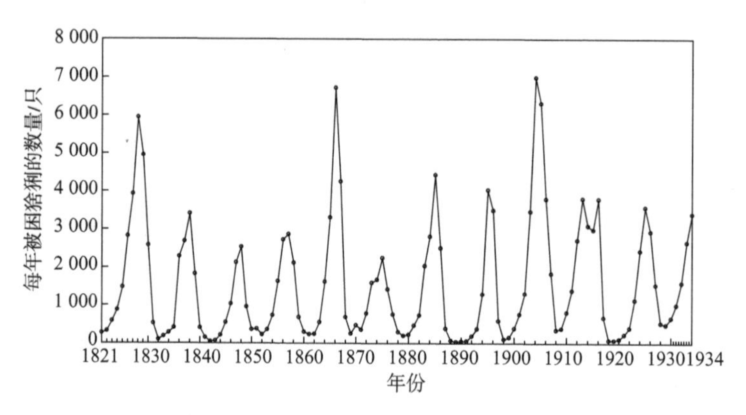

图 1-2　加拿大每年被困猞猁的数量（1821~1934 年）

时间序列数据往往能够映射动态系统具有的特定规律和潜在特性，它能够通过分析时间序列数据的历史值和当前观测值，充分挖掘隐藏信息，然后进行合理的假设和推理，建立能够精确辨识和重构所观测系统动力学行为的模型，并依据该模型对序列未来的发展规律做出估计和判断（Giles et al.，2001）。

然而，现实世界中采集的时间序列数据往往表现出复杂的特点，时间序列在很大程度上会表现出非线性、非平稳性及非周期性等特征（李木易和方颖，2020；赵阳等，2022）。因此，对时间序列数据进行准确分析依然存在巨大的挑战。为了有效应对时间序列分析在实际应用中的挑战，时间序列数据挖掘（time series data mining，TSDM）技术应运而生（Agrawal et al.，1993；Esling and Agon，2012）。自 20 世纪 90 年代时间序列数据挖掘被提出来之后，其就受到了国内外研究人员的广泛关注，并且得到了迅猛的发展。通过分析现有关于时间序列数据挖掘的研究资料，可以将其研究热点归纳为以下几个方面：①时间序列近似表示；②时间序列模式发现；③时间序列的相似性度量方法；④时间序列分类；⑤时间序列聚类；⑥时间序列预测。本书的研究工作主要集中在时间序列的预测和分类两个内容上。

如前文所述，时间序列数据在很大程度上会表现出非线性、非平稳性及非周期性等动态特征，使用传统的静态数据分析方法往往效果不佳。人工神经网络（artificial neural network，ANN）是一种以数据为驱动的、自适应的人工智能模型。凭借其良好的非线性逼近能力，ANN 被广泛应用在各个领域中。其中，将 ANN 应用于时间序列分析得到了研究人员的广泛认可。ANN 根据信息反馈方式的不同可以划分为前馈人工神经网络（feedforward artificial neural network，FANN）和 RNN。理论分析和实验结果表明，RNN 非常适合处理无法或者难以建立系统物理模型的时间序列问题，如聚类（Cherif et al.，2011）、模式识别（Chatzis and Demiris，2012）、分类（Skowronski and Harris，2007）和预测

（Cao et al.，2012；Jaeger and Haas，2004）等。但是，传统 RNN 的训练算法是基于误差梯度下降法的，这种类型的训练算法效率低下，导致RNN在实际中的应用受到严重限制。

由 Jaeger（2001a）提出的 ESN 为 RNN 的研究开辟了新的思路。ESN 是储备池计算方法之一，采用储备池作为信息处理媒介，只需要训练储备池到输出层的连接权值，而输入层到储备池和储备池内部连接权值在网络初始化阶段随机生成并保持不变。与传统 RNN 相比，ESN 能够有效避免传统 RNN 训练效率低下、收敛速度慢、容易陷入局部最优等缺陷。Jaeger 和 Haas（2004）采用 ESN 对麦克-格拉斯（Mackey-Glass）混沌时间序列进行预测，其预测精度较过去的研究成果提高了 2 400 倍，文献发表在全球顶级期刊 *Science* 上，成为 ESN 研究的标志性成果。正是因为 ESN 表现出的杰出性能，其已经成为神经网络领域的研究热点之一，也是时间序列领域的研究热点之一，吸引了国内外学者的广泛关注。

因此，在充分考虑时间序列数据特性的现实基础上，可应用 ESN 进行时间序列数据挖掘。针对提升挖掘精度，从 ESN 的改进、与其他方法进行组合等角度开展基于 ESN 的时间序列预测和分类方法研究，具有很强的理论意义和较高的应用价值。

1.1.2 待解决的关键问题

时间序列数据是一种非常复杂的数据，其复杂性体现如下：时序性、高维度、大体量、含噪声、非线性、非平稳性和快速波动等（Boucheham，2010；Esling and Agon，2012），这些固有的特性使时间序列数据挖掘研究充满了挑战。将 ESN 应用在时间序列预测和分类的建模时，依然面临以下亟待解决的关键问题。

（1）随着 ESN 在时间序列预测应用领域研究的不断深入，标准 ESN 的一些局限和弊端逐渐显现。为此，研究人员提出了各种改进的 ESN 时间序列预测模型，如自反馈储备池结构 ESN 模型、多层储备池结构 ESN 模型、解耦储备池结构 ESN 模型、环形储备池结构 ESN 模型和混合循环储备池结构 ESN 模型等。但是，改进的 ESN 模型的复杂程度显著提高，训练算法过于复杂，而且改进 ESN 模型的稳定性和储备池适应性等基本理论问题也没有得到有效的解决。

（2）将单一的 ESN 应用在时间序列预测问题上能够获得较高的预测精度，但是精度提高到一定程度后，很难再有提高。为此，研究者将 ESN 与其他模型进行组合，从不同角度提出了各种改进的 ESN 预测模型。将 ESN 与其他类型的神经网络模型组合，主要面临如下挑战：①从各种类别的神经网络中选择合适的神经网络作为个体预测模型进行组合是一个难题；②神经网络的性能受其网络结构的影响，如何快速确定各个神经网络的结构也是相当困难的。

（3）将 ESN 应用于时间序列分类的研究较少，主要是因为时间序列分类本身就是一个很有挑战的任务。将 ESN 应用于 MTS 分类问题是一个值得进行深入研究的方向，面临的主要挑战如下：①MTS 数据的维度很大且每个样本的长度不一样，如何将样本输入ESN是一个难题。②虽然可以在时间序列上使用特征选择的方法选择特征作为 ESN 的输入，但是时间序列特征空间的维度很大，特征选择的过程是非常困难的。而且，采用特征选择进行降维操作不仅会增加计算成本，同时也会破坏MTS数据类型自身的数据属性。③神经网络本身具有黑箱性质，虽然使用ESN建立分类器在理论上可行，但是建立一个在实际应用中具有可解释性的分类器是很困难的。

1.1.3　时间序列概述

时间序列是指在生产和科学研究等过程中，按照时间顺序记录得到的一系列观测值，它是某个变量或多个变量在不同时刻上所形成的随机数据，反映了现象的发展变化规律（王海燕和卢山，2006；张浒，2013）。一般而言，时间序列可以分为单变量时间序列（univariate time series，UTS）和 MTS。一个有限长度单变量时间序列表示从某一个特定的时期（如 $t=1$ ）开始，直到另一个时期（如 $t=U$ ）结束的一系列观测值，即一个长度为 U 的单变量时间序列可以用一个 $1\times U$ 矩阵 $\left[y_t\right]^{1\times U}$ 表示，公式如下：

$$\boldsymbol{Y}_{\text{uts}}=\left[y_1,y_2,\cdots,y_U\right]^{\mathrm{T}}\ \left(\boldsymbol{Y}_{\text{uts}}\in\mathbb{R}^{1\times U}\right)$$

其中，$[\bullet]^{\mathrm{T}}$ 表示矩阵 $[\bullet]$ 的转置矩阵；$y_t\left(t=1,2,\cdots,U\right)$ 表示在时刻 t 的观测值；U 表示序列的观测周期长度。通常，可以获取更早一些的观测数据 $\left[\cdots,y_{-2},y_{-1},y_0\right]^{\mathrm{T}}$ 或者是更新一些的观测数据 $\left[y_{U+1},y_{U+2},y_{U+3},\cdots\right]^{\mathrm{T}}$。那么，这个观测样本可视为一个无限序列的有限片段，其中这个无限序列记为

$$\left\{y_t\right\}_{t=-\infty}^{t=+\infty}=\left[\cdots,y_{-2},y_{-1},y_0,y_1,y_2,\cdots,y_U,y_{U+1},y_{U+2},y_{U+3},\cdots\right]^{\mathrm{T}}$$

MTS 则是一个有限的单变量时间序列的序列，即 MTS 可以表示为 $\boldsymbol{Y}_{\text{mts}}=\left(\boldsymbol{Y}_{\text{mts}}^1,\boldsymbol{Y}_{\text{mts}}^2,\cdots,\boldsymbol{Y}_{\text{mts}}^V\right)$，其中，$\boldsymbol{Y}_{\text{mts}}^v\in\mathbb{R}^{1\times U}\left(v=1,2,\cdots,V\right)$ 表示第 v 个变量的序列观测值；U 表示每个变量的观测周期长度；V 表示变量的个数（也就是 MTS 的维度）。一般地，一个长度为 U 的 V 维时间序列可以用一个 $U\times V$ 矩阵 $\left[y_{t,v}\right]^{U\times V}$ 表示，公式如下：

$$\begin{bmatrix} y_{1,1} & \cdots & y_{1,V} \\ \vdots & & \vdots \\ y_{U,1} & \cdots & y_{U,V} \end{bmatrix}$$

其中，矩阵中 $y_{t,v}\left(t=1,2,\cdots,U;v=1,2,\cdots,V\right)$ 是第 v 维变量 y_v 在时间点 t 上的采样值。

相对于传统静态数据而言，现实世界中采集的时间序列数据往往表现出复杂的特点，如时序性、高维度、大体量、含噪声等；时间序列在很大程度上也会表现出非线性、非平稳性及非周期性等特征。

1.2　ESN 原理分析

ESN 的基本思想是使用储备池作为信息处理媒介，将输入信号映射到高维且不断变化的复杂动态状态空间，当状态空间足够复杂时，即可以利用输入信号对应的内部状态线性组合出所需要的输出。可以采用线性回归方法计算网络的输出连接权值，而网络的其他连接权值则可以在网络初始化阶段随机生成并在网络训练过程中保持不变。

下面将分析 ESN 的一些基本理论问题，包括其典型的网络结构、数学模型和储备池的关键参数等，同时也会对 ESN 的国内外研究现状进行归纳和总结。

1.2.1　网络结构

ESN 因为其简单的网络结构和快速且高效的训练算法而受到广泛的关注。ESN 是储备池计算方法之一，采用储备池作为信息处理媒介。储备池是指大规模稀疏网络，相当于其他类型神经网络的隐藏层，主要功能是对网络的输入信号进行处理，将输入信号转换成网络状态。储备池在网络初始化阶段随机生成并在整个训练过程中保持不变。为了有效映射输入信号的特征，储备池具备以下几个特点（Jaeger，2001a，2001b）：①与其他类型神经网络相比，ESN 储备池中包含数目相对多的神经元；②储备池神经元之间是稀疏连接的；③储备池神经元之间的连接关系是随机的。

储备池特性导致 ESN 相比于传统 RNN 有更优越的性能（图 1-3）。标准的 ESN 可以分为三个组成部分：一个输入层（K 个节点）、一个隐藏层（N 个节点）、一个输出层（L 个节点）。其中，隐藏层又称作储备池。

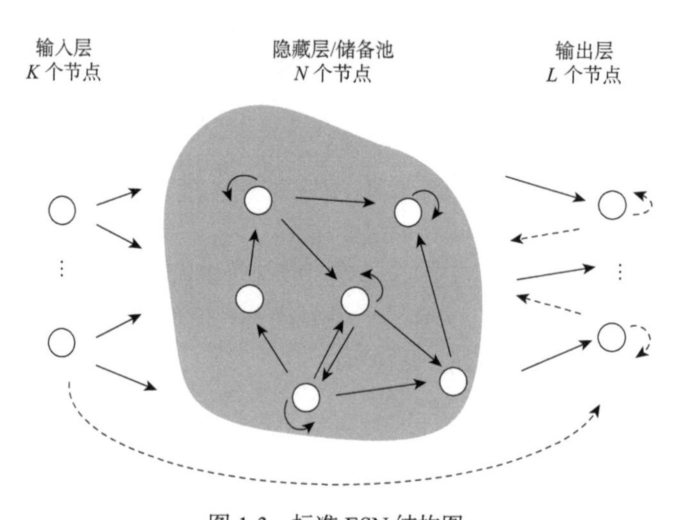

图 1-3　标准 ESN 结构图

实线箭头表示必须存在的连接，虚线箭头表示可选择存在的连接

在时刻 n，ESN 中的输入层节点，储备池内部节点和输出层节点的活动状态分别表示如下：

$$u(n)=\left(u_1(n),u_2(n),\cdots,u_K(n)\right)^{\mathrm{T}} \tag{1-1}$$

$$x(n)=\left(x_1(n),x_2(n),\cdots,x_N(n)\right)^{\mathrm{T}} \tag{1-2}$$

$$y(n)=\left(y_1(n),y_2(n),\cdots,y_L(n)\right)^{\mathrm{T}} \tag{1-3}$$

在标准的 ESN 中，储备池的神经元通过内部连接权值矩阵 $\boldsymbol{W}\left(\boldsymbol{W}\in\mathbb{R}^{N\times N}\right)$ 相连接，输入层的输入信号 $u(n)$ 和输出层的反馈信号 $y(n-1)$ 分别通过输入连接权值矩阵 $\boldsymbol{W}^{\text{in}}\left(\boldsymbol{W}^{\text{in}}\in\mathbb{R}^{N\times K}\right)$ 和反馈连接矩阵 $\boldsymbol{W}^{\text{back}}\left(\boldsymbol{W}^{\text{back}}\in\mathbb{R}^{L\times N}\right)$ 连接到储备池。而且，网络的输入层的输入信号 $u(n)$、储备池内部网络状态 $x(n)$ 和输出层的输出信号 $y(n-1)$ 三个部分通过输出连接权值矩阵 $\boldsymbol{W}^{\text{out}}\left(\boldsymbol{W}^{\text{out}}\in\mathbb{R}^{L\times(K+N+L)}\right)$ 连接到网络的输出层。

ESN 相对于传统 RNN 而言，网络结构简单且训练算法高效，主要是因为只有输出连接权值矩阵 $\boldsymbol{W}^{\text{out}}$ 需要训练，其他的网络各层之间的连接权值矩阵包括储备池内部连接权值矩阵 $\boldsymbol{W}$、输入连接权值矩阵 $\boldsymbol{W}^{\text{in}}$ 及反馈连接矩阵 $\boldsymbol{W}^{\text{back}}$ 等在网络初始化阶段随机产生并且在整个训练过程中保持不变。对于 $\boldsymbol{W}^{\text{out}}$，通常可以采用线性回归方法进行计算。基于此，ESN 在很大程度上简化了网络的训练过程，提升了网络训练的效率，避免了传统 RNN 结构难以确定、训练效率低下、收敛速度慢、容易陷入局部最优等缺陷，也可以解决 RNN 普遍存在的“记忆”渐消问题。

1.2.2 数学模型

如图 1-3 所示的 ESN，当将输入信号$u(n)$输入网络的储备池中时，储备池的内部节点在时刻$n+1$按状态更新方程进行更新：

$$x(n+1)=\boldsymbol{f}\left(\boldsymbol{W}^{\text{in}}u(n+1)+\boldsymbol{W}x(n)+\boldsymbol{W}^{\text{back}}y(n)\right) \tag{1-4}$$

其中，$x(n)$和$y(n)$分别表示在时刻n的储备池状态和实际输出；$\boldsymbol{W}^{\text{in}}$、$\boldsymbol{W}$和$\boldsymbol{W}^{\text{back}}$分别表示网络的输入连接权值矩阵、储备池内部连接权值矩阵和反馈连接权值矩阵；$\boldsymbol{f}=[f_1,f_2,\cdots,f_N]$表示储备池中神经元的输出函数。一般来说，$f_i(i=1,2,\cdots,N)$会采用 S 形函数，如双曲正切函数 tan*h*。

网络的输出可以按照式（1-5）给出的输出方程进行计算：

$$y(n+1)=\boldsymbol{f}^{\text{out}}\left(\boldsymbol{W}^{\text{out}}\left(u(n+1),x(n+1),y(n)\right)\right) \tag{1-5}$$

其中，$\left(u(n+1),x(n+1),y(n)\right)$表示$u(n+1)$、$x(n+1)$和$y(n)$的垂直连接；$\boldsymbol{W}^{\text{out}}$表示输出连接权值矩阵，通常是在网络训练过程中采用线性回归方法求解得到；$\boldsymbol{f}^{\text{out}}=\left[f_1^{\text{out}},f_2^{\text{out}},\cdots,f_L^{\text{out}}\right]$，表示网络输出层神经元的输出函数。通常情况下，$f_i^{\text{out}}(i=1,2,\cdots,L)$会取恒等函数。

有监督的 ESN 训练过程主要包括以下两个步骤。

1. 采样阶段

将输入信号依次输入网络，并通过网络的非线性转换过程将输入信号映射到高维的网络状态空间。在将输入信号输入网络时，总是从某一指定时刻之后开始收集网络的状态，其目的是消除任意给定的初始状态对系统动态特性的影响。假设从指定时刻开始有一系列的Q组输入和相应的输出，表示如下：

$$\left\{\left(u(1),y(1)\right),\left(u(2),y(2)\right),\cdots,\left(u(Q),y(Q)\right)\right\}$$

将这个系列中的$u(t)(t=1,2,\cdots,Q)$依次输入网络中，按照式（1-4）收集到一系列的储备池内部状态，记录为$\{x(1),x(2),\cdots,x(Q)\}$。ESN 的实际输出由于输出权重矩阵$\boldsymbol{W}^{\text{out}}$未知而不能计算获得，不能作为有效的反馈值，故采取使用期望输出去替换式（1-4）中的实际输出。按时刻依次收集网络的输入、储备池状态及输出层到储备池的反馈构成网络的状态矩阵$\boldsymbol{X}$和收集网络的实际输出形成输出矩阵$\boldsymbol{Y}$：

$$\boldsymbol{X}=\begin{bmatrix} u(1) & \cdots & u(Q) \\ x(1) & \cdots & x(Q) \\ \left(\boldsymbol{f}^{\text{out}}\right)^{-1}\left(y(1)\right) & \cdots & \left(\boldsymbol{f}^{\text{out}}\right)^{-1}\left(y(Q)\right) \end{bmatrix} \tag{1-6}$$

$$Y=\left[\left(f^{\text{out}}\right)^{-1}\left(y(1)\right)\quad\cdots\quad\left(f^{\text{out}}\right)^{-1}\left(y(Q)\right)\right] \tag{1-7}$$

2. 求解输出连接权值矩阵 W^{out}

利用网络实际输出 $\hat{y}(n)$ 去逼近期望输出 $y(n)$，即

$$\left(f^{\text{out}}\right)^{-1}y_j(n)\approx\left(f^{\text{out}}\right)^{-1}\hat{y}_j(n)=\sum_{i=1}^{K+N+L}W_{i,j}^{\text{out}}\left(u(n),x(n),y(n-1)\right) \tag{1-8}$$

其中，$y_j(n)$ 和 $\hat{y}_j(n)$ 分别表示网络输出层中的第 $j(j=1,2,\cdots,L)$ 个神经元的输出；$W_{i,j}^{\text{out}}$ 表示矩阵 W^{out} 的元素。求解式（1-8），可以理解求解满足系统误差最小的 W^{out}，即可以转化为正规化的最小二乘问题：

$$W^{\text{out}}=\underset{\tilde{W}^{\text{out}}\in\mathbb{R}^{L\times(K+N+L)}}{\arg\min}\left\|\tilde{W}^{\text{out}}X-Y\right\|^2+\lambda\left\|\tilde{W}^{\text{out}}\right\|^2 \tag{1-9}$$

其中，$\lambda\in\mathbb{R}^+$ 是一个为正数的正则化因子；$\|\bullet\|$ 表示欧氏距离。对于最小二乘问题的求解，比较常用的方法是岭回归（ridge regression）（史志伟和韩敏，2007），即

$$W^{\text{out}}=\left(\left(XX^{\text{T}}+\lambda^2 I\right)^{-1}XY^{\text{T}}\right)^{\text{T}} \tag{1-10}$$

1.2.3 储备池的关键参数

储备池作为信息处理媒介，其参数选择将影响储备池的性能乃至 ESN 的最终性能，优化储备池参数是 ESN 理论研究的一个热点。储备池的一些关键参数包括以下几个方面。

1. 储备池规模

储备池规模是指储备池中包含的神经元的数目，记为 N。Lukoševičius 和 Jaeger（2009）指出储备池规模对 ESN 的网络性能有很大影响，其选择通常与训练样本的个数相关。一般来说，ESN 描述动态系统的能力随着储备池规模的增大而增强。但是，储备池规模不可以随意增大，因为当储备池中的神经元过多时，ESN 会将训练数据中的噪声数据一并学习，从而引起过拟合问题（Jaeger，2002）。

2. 内部连接权值矩阵谱半径

内部连接权值矩阵谱半径是指储备池内部连接权值矩阵 W 的绝对值最大的特征值，记为 SR。SR 是影响 ESN 稳定性的关键参数，过小的 SR 会使 ESN 的“记忆”能力太弱，从而影响对期望输出的逼近性能；过大的 SR 可能会导致储备池

的状态不稳定。Jaeger（2001a）指出，当 0<SR<1 时，ESN 具有稳定的回声状态属性。

3. 稀疏度

稀疏度表示储备池中神经元连接的稀疏程度，记为 SD，即 SD 表示储备池中相互连接的神经元占总的神经元的比例。相对较小的 SD 将会影响储备池所产生的状态向量的丰富程度，从而影响网络的非线性逼近能力；相对较大的 SD 将会影响储备池中神经元的活性，从而降低网络的泛化能力。当储备池中的神经元是全连接时，ESN 则演化成了传统 RNN。

4. 输入单元尺度和位移尺度

输入单元尺度和位移尺度是指网络的输入信号输入储备池之前相乘的尺度因子和相加的尺度因子，分别记为 IS 和 IT。一般情况下，网络的输入信号不是直接输入储备池，而是通过输入单元尺度 IS 对输入信号进行缩放且通过位移尺度 IT 进行平移之后再输入储备池中，其目的是根据样本数据的特点调整储备池的非线性程度，从而提高 ESN 的逼近能力。

1.2.4 ESN 国内外相关研究现状

理论分析表明，RNN 具有丰富的非线性动力学机制，是动态系统的万能逼近器。但是，RNN 的网络结构复杂，训练过程大多基于误差梯度下降原理从而使得训练效率不够理想且容易陷入局部最优；并且梯度信息随着时间流逝而衰减，导致网络长时间的“记忆”能力偏弱。因此，采用梯度下降训练的 RNN 一般难用于具有较长时间的输入、输出关系的动态系统建模。

针对传统 RNN 存在的问题，Jaeger（2001a）提出了一种新型的递归网络——ESN。ESN 的基本思想是将储备池作为信息处理媒介，将输入信号映射到高维且不断变化的复杂动态状态空间，当状态空间足够复杂时，即可以利用输入信号对应的内部状态线性组合出所需要的输出。因此，可以采用线性回归方法计算网络的输出连接权值，而网络的其他连接权值则可以在网络初始化阶段随机生成并在网络训练过程中保持不变。

ESN 作为最典型的储备池计算方法，已经成功应用于多个领域，如时间序列预测和分类、非线性动态系统识别、语音识别及语言模型等。近年来诞生了很多 ESN 改进方法，主要包括对 ESN 储备池结构的改进和对 ESN 训练算法内部结构的改进。

（1）针对 ESN 储备池结构的改进。考虑到储备池对 ESN 的网络性能具有决定性影响，学者提出了很多针对储备池结构的改进方法，具体可以概括为两个方面：第一，改进储备池拓扑结构。Jaeger（2001a）研究了具有短时“记忆”能力的 ESN 储备池结构，该储备池的内部连接权值矩阵为对角矩阵。Jaeger（2007）、韩敏和穆大芸（2010）提出采用多层储备池结构，实验结果证实多层储备池的ESN能够更加充分地刻画系统的动力学特征。Deng 和 Zhang（2007）将小世界网络和无尺度网络的理论用于储备池的构建过程中，减小了储备池构建的随机性，提高了储备池动态特性。Rodan 和 Tino（2011）提出构造模型结构更透明且泛化能力更高的储备池环形结构，实验结果证实环形储备池结构的 ESN 在性能上并不逊色。Ma 和 Chen（2013）提出将储备池状态空间分割成几个模块，每个模块单独连接到输出层，形成模块化储备池结构，增强模型鲁棒性。Cui 等（2014）在混合循环结构储备池的神经元激活函数中引入小波基函数，实验结果表明小波神经元混合循环结构储备池在鲁棒性和稳定性上都得到很大的提高。第二，优化储备池关键参数。Jaeger 等（2007）提出使用一种梯度下降算法对储备池参数进行优化，并获得了比较好的实验结果。田中大等（2015）利用经典的遗传算法（genetic algorithm，GA）对 ESN 储备池参数进行优化，然后进行网络流量预测，获得了不错的预测精度。

（2）针对 ESN 训练算法内部结构的改进。第一，改进储备池的神经元。Jaeger 等（2007）证实在 ESN 储备池中使用漏积分神经元（一种延迟单元）可以更好地进行强时序动态系统的模式识别。Verstraeten 等（2007）证实在某些应用中使用 Spiking 神经元要比传统的模拟神经元性能好。Holzmann 和 Hauser（2010）提出在储备池中应用无限脉冲响应（infinite impulse response，IIR）filter 神经元，使得单个网络结构可以模拟多个因子，增加网络的泛化性。Cui 等（2014）用小波神经元替代传统的线性神经元，并结合储备池结构的改进，获得了较好的预测精度。第二，优化读出网络。史志伟和韩敏（2007）使用岭回归替换经典的ESN线性回归求解输出权重。Boccato等（2012）使用 Volterra filter 和主成分分析法相结合的方法替换常用的线性回归算法，在解决卷积混合问题上得到不错的实验效果。Wang 和 Yan（2015）使用 BPSO（binary particle swarm optimization，二元粒子群优化）优化 ESN 的读出网络，然后在系统识别和时间序列预测问题上取得了较好的实验结果。

作为一种新兴理论，近些年有关 ESN 的研究重点还是集中于进一步的理论探索及网络优化方面。具体而言，目前针对 ESN 的研究主要还是从改进 ESN 的网络结构和训练算法内部结构进行，从而衍生出了多种类型的 ESN 模型。对 ESN 进行改进，一方面能够完善 ESN 的理论研究，特别是能够积累储备池相关研究的经验，为设计出更可靠和小巧的基于储备池的网络提供知识准备；另一方面也能扩展 ESN 的应用领域，将 ESN 的优点在实践中充分体现出来。通过对

ESN 的改进，ESN 解决问题的能力越来越强，但是 ESN 自身的理论研究还有待进一步完善。

1.3 ESN 时间序列分类

时间序列分类问题的目标是构建精准的时间序列分类器，使得分类器能够自动识别任意给定的一个时间序列样本所属的类别。时间序列分类问题作为时间序列分析的一个分支，也在时间序列挖掘领域引起了广泛关注。下面将对时间序列分类问题和使用 ESN 进行时间序列分类的研究现状进行简要的分析。

1. 时间序列分类问题

时间序列分类问题由以下内容定义（Geurts，2001；高歌，2008）。

（1）一个表示动态系统的轨迹或者场景的对象域 O。每个对象 o，都在某个有限的时间段内被观测 $\left[0,t_f(o)\right]$。

（2）对象由一定数目的基于时间的属性来描述，这些属性都是对象和时间的函数，因此它们定义在 $O\times[0,+\infty]$ 上。用 $\boldsymbol{a}(o,t)$ 表示对象 o 在时刻 t 时的属性 $\boldsymbol{a}$ 的值。

（3）每个对象进一步划分到一个类别 $c(o)\in\{c_1,c_2,\cdots,c_M\}$。

在对象域中给定一个随机采样 $\tilde{o}$，分类算法的目标就是找到一个函数 $f(o)$（分类器），使函数 $f(o)$ 对于样本 $\tilde{o}$ 的分类结果接近真实的分类结果 $c(\tilde{o})$。函数 $f(o)$ 仅仅依赖于属性值，而不是对象 o，即 $f(o)=f(\boldsymbol{a}(o,.))$，其中，$\boldsymbol{a}$ 表示属性向量。分类同样不能依赖于绝对时间值，此性质要求构造的算法模型能够不受采样的时间区间的限制而对每个场景加以分类。

在上面的定义中，属性被定义为时间的连续函数。然而在实践中，信号需要采样已达到能够在计算机存储器中表示的目的，因此，每个场景都是用下面的向量序列来描述：

$$\left(\boldsymbol{a}(o,t_0(o)),\boldsymbol{a}(o,t_1(o)),\cdots,\boldsymbol{a}(o,t_n(o))\right)$$

其中，$t_i(o)=i\bullet\Delta t(o),i=0,1,\cdots,n(o)$，时间采样数目 $n(o)$ 可以是对象相关的。

2. MTS 分类相关研究分析

一般而言，时间序列分类分为单变量时间序列分类和 MTS 分类。相对于 MTS 分类而言，单变量时间序列分类的分类模型的构建过程简单且易于实现，故关于单变量时间序列分类的研究较多，而关于MTS分类的研究较少。

由于MTS数据类型自身的复杂性，MTS分类变得极其困难。目前，研究者提出了几种方法用于解决这个问题，其中最常用的方法是基于属性-值表示法的分类方法。本书将MTS分类属性-值表示法中的属性分为以下三类：特征、子序列和符号，关于使用属性-值表示法进行时间序列分类研究的文献如表1-1所示。

表1-1 使用属性-值表示法进行时间序列分类研究的文献

文献	特征	子序列	符号
Rodríguez等（2001）	√		
Rodríguez等（2005）	√		
Kadous和Sammut（2005）	√		
Geurts和Wehenkel（2005）		√	
Yoon等（2005）	√		
Li等（2006，2007）	√		
Weng和Shen（2008a，2008b）	√		
Spiegel等（2011）		√	
Ghalwash和Obradovic（2012）		√	
Esmael等（2012）			√
Bankó和Abonyi（2012）		√	
Weng（2013）	√		
He等（2015）	√		

如表1-1所示，提取特征（extract feature）是最流行的MTS分类方法。Rodríguez等（2001，2005）提出预处理MTS样本以便提取特征，在2001年的研究中，分类器是由提取的literals线性组合而成的，而在2005年的研究中，Rodríguez将提取的literals作为新的特征，再使用支持向量机（support vector machine，SVM）对这些特征进行组合，形成分类器。Yoon等（2005）提出一个基于主成分分析法的新的特征子集选择方法用于预处理MTS样本，以便提取样本特征。该提取特征的方法能够利用主成分分析法的属性，从而保持特征之间的相关联信息。Kadous和Sammut（2005）将boosting、Bagging和voting与决策树（decision tree，DT）相结合作为基本的学习器，从元特征中自动提取特征。Li等（2006，2007）通过使用奇异值分解（singular value decomposition，SVD）提出两种不同的特征向量选择方法用于MTS分类。He等（2015）提出早期分类挖掘核心特征（mining core feature for early classification）分类方法，该方法能够从MTS样本中获得核心特征，然后利用这些核心特征结合MCFEC-rule和MCFEC-QBC方法用于分类。

MTS 分类问题也可以通过将 MTS 样本进行预处理得到子序列或者离散的符号序列。Geurts 和 Wehenkel（2005）设计了一个通用方法，通过随机从MTS样本中提取子序列，然后利用子序列推断出分类器。Spiegel等（2011）应用SVD将一个时间序列分割成多个子序列，将可识别的子序列以不同的语境聚类到不同的群组中。Ghalwash 和 Obradovic（2012）提出多元 shapelets 检测（multivariate shapelets detection，MSD）的 MTS 分类方法。Esmael 等（2012）提出时间序列的紧凑表示（compact representation），通过增加新的字符符号将趋势值和基于趋势值的近似值结合起来用于 MTS 分类。

上述所提到的属性–值表示法的一个共同特征是不能显性地开发 MTS 数据类型本身的数据特性。这将导致MTS数据本身信息的丢失，从而导致分类结果不准确。为了解决这些问题，Bankó 和 Abonyi（2012）提出基于相关性动态时间规整（correlation based dynamic time warping，CBDTW）分类方法，该方法将动态时间规整（dynamic time warping，DTW）和基于主成分分析法的相似性度量方法相结合，能够考虑 MTS 数据内在的关联性。Weng 和 Shen（2008a，2008b）提出了两种不同的提取特征的分类方法，都考虑了 MTS 数据内在的关联性。第一个方法将二维 SVD 用于提出特征并将最近邻域作为分类器。第二个方法首先使用Li等（2006，2007）的两种方法用于提取特征，其次使用局部保持映射（locality preserving projection，LPP）将所提取的特征映射到一个低维空间中，最后使用 1NN 用于推断出分类器。随后，Weng（2013）扩展了其以前的研究，保留 MTS 数据的内在数据结构。

还有一些其他方法也考虑了 MTS 数据内在的关联性。Prieto 等（2015）提出通过堆栈技术将单个MTS分类器的分类结果与其对应的前提假设相结合，从而提高单个 MTS 分类器的分类精度。Górecki 和 Łuczak（2015）使用参数化的导数动态时间规整（derivative dynamic time warping，DDTW）方法进行 MTS 分类。

3. ESN 应用于 MTS 分类的可行性

也有一些研究人员将 RNN 应用于分类。Giles 等（1992）提出将一个简单的二阶递归网络应用于未知语法的学习过程。Lawrence 等（2000）通过训练递归网络用于判断自然语言句子是否符合语法规则。Hüsken 和 Stagge（2003）提出使用扩展 Elman 神经网络（Elman neural network，EANN）用于时间序列分类。目前，将 ESN 用于时间序列分类的研究还较少。Skowronski 和 Harris（2007）推荐将 ESN 和竞争状态机框架相结合，产生可预测的 ESN 分类器用于时间序列分类。Ma 等（2016）提出将用函数表达 ESN 的输出权值的分类方法用于时间序列分类。

上述研究表明，将ESN用于时间序列分类问题的研究还很少，特别是将 ESN

用于 MTS 分类问题的研究还处于起步阶段。即使是最常用的 MTS 分类方法——属性-值表示法，也不能显性地开发 MTS 数据类型自身的数据特性，这将会导致属性-值表示法丢失 MTS 数据内在的信息，从而导致分类不准确。如何利用 ESN 进行 MTS 预测，充分克服常用方法不能显性地开发 MTS 数据类型自身的数据特性的困难，值得学者进行深入研究。

1.4 ESN 时间序列预测

时间序列预测的目标是通过分析给定的时间序列来探索系统的结构特征，建立能够反映时间序列的演化规律的数学模型，利用该数学模型预测未来行为。时间序列预测问题作为时间序列分析的一个分支，已经在时间序列挖掘领域引起了广泛关注。下面将会对时间序列预测问题和使用 ESN 进行时间序列预测的研究现状进行简要的分析。

1.4.1 时间序列预测问题

时间序列预测问题可以描述如下（王建民，2011）：已知时间序列 $\boldsymbol{Y}$ 在 N 时刻及其历史值，估计 N 时刻之后某一时刻的序列值 $\hat{y}_{N+h}$，使得序列的真实值 y_{N+h} 和估计值 $\hat{y}_{N+h}$ 之间的误差在某种意义下达到最小，即

$$\min E\left(\hat{y}_{N+h}, y_{N+h}\right)$$

其中，$E(\cdot,\cdot)$ 表示误差测量方法；h 是一个正整数，表示预测步长。如果 $h=1$，称为单步预测；如果 $h>1$，则称为多步预测。时间序列预测建模方法不仅经历了从线性模型到非线性模型的发展过程，而且经历了从单一预测模型到组合预测模型的发展过程。

1.4.2 ESN 时间序列预测国内外研究现状

一般而言，时间序列预测分为单变量时间序列预测和 MTS 预测，下面将对基于 ESN 的单变量时间序列预测研究现状进行归纳和总结。

ANN 是一种以数据为驱动的、自适应的人工智能模型。凭借其良好的非线性逼近能力，ANN 被广泛应用于各个领域。使用 ANN 进行时间序列预测建模不需要任何先验知识，只需要将时间序列数据输入网络中并对网络的权值进行训练，再用训练好的网络进行预测（Hu，1964）。20 世纪 80 年代末，在人工智能

（artificial intelligence，AI）研究的热浪推动下，ANN 迅速发展成熟，逐渐成为非线性时间序列预测建模的主要工具。

ANN 非常适合于时间序列预测建模，主要基于以下原因（Zhang et al.，1998）：①与传统的基于数学模型的建模方法不同，ANN 是以数据为驱动的自适应方法；②与传统的基于回归的方法相比，ANN 具有更好的泛化能力；③ANN 在理论上可以以任意精度无限逼近任意动态系统，具有良好的非线性映射能力。作为一类通用且强大的近似器，ANN 能够模拟任何线性和非线性的时间序列数据生成过程。因此，ANN 已成为最准确、最广泛应用的预测模型之一（Crone et al.，2011；Zeng et al.，2017；Zhang et al.，1998）。

虽然，强大的近似能力使 ANN 在时间序列预测问题中得到广泛应用，但是面对实际的时间序列预测问题，选择合适的模型结构是一个困难而重要的任务（Hill et al.，1996）。RNN 通过反馈连接产生内部的网络状态，使网络能够表现动态时序行为，因而使得网络具备“记忆”能力。根据网络的反馈连接结构的不同，RNN 可以分为多种类型，如 Hopfield 网络（Hopfield，1982）、EANN（Elman，1990）和 ESN（Jaeger，2001a）等。研究者已将 RNN 广泛应用于各个领域，如聚类（Cherif et al.，2011）、模式识别（Chatzis and Demiris，2012）、分类（Skowronski and Harris，2007）、预测（Chandra and Zhang，2012；Cao et al.，2012；Jaeger and Haas，2004）等。从理论上讲，具有“记忆”能力的 RNN 更加适合处理时间序列预测动态建模问题。

将 ESN 应用于时间序列预测的研究大致可以分为三类。第一类直接将基本结构的 ESN 应用于时间序列预测问题，针对 ESN 几乎不做任何改进或者仅做出一些简单的改进，主要是将 ESN 应用于实际。Jaeger 和 Haas（2004）采用基本的 ESN 对麦克-格拉斯混沌时间序列进行预测，实验结果显示其预测精度较过去的研究成果提高了 2400 倍。史志伟和韩敏（2007）提出采用岭回归技术替代 Jaeger 提出的基于最小二乘估计的训练算法训练 ESN，并将其应用到混沌时间序列预测问题。

第二类采用改进的ESN模型用于时间序列预测研究。这类ESN模型相对于传统 ESN 会从储备池构建方法、储备池关键参数优化、储备池神经元类型选择和读出网络优化四个角度进行改进，以达到提高预测精度的目的。Deng 和 Zhang（2007）运用小世界网络和无尺度网络的理论创建储备池，实验结果证实小世界 ESN 比传统 ESN 拥有更好的储备池动态特性，能够获得更好的预测精度。Jaeger 等（2007）通过在 ESN 储备池中使用漏积分神经元，并使用一种梯度下降算法对 ESN 储备池参数进行优化，获得更好的实验结果。Xue 等（2007）采用解耦储备池改进传统 ESN 的储备池拓扑结构，结果发现解耦型 ESN 与传统 ESN 相比有着更高的精度和性能。Cui 等（2014）将小波神经元应用于混合循环结构储备池，实验结果证实小波神经元混合循环结构储备池与传统 ESN 储备池结构相比有更强的鲁棒性和稳定性，能够获得更加准确的预测精度。田中大等（2015）利用经典的 GA 对 ESN 储备池参数进行优化，然后进行网络流量预测，获得不错的预测精度。

第三类称为组合ESN的时间序列预测方法。这类ESN模型将不同模型与ESN进行组合，构建组合 ESN 的预测模型，以达到提高预测模型精度的目的。通过分析已有研究，组合ESN的预测模型可以从两个角度进行研究。第一，将ESN与其他模型相结合，形成单一预测模型。Shi 和 Han（2007）提出将 ESN 与 SVM 相结合，采用储备池取代核函数，构造组合 ESN 的预测模型——支持向量回声状态机（support vector echo-state machine，SVESM），实验结果表明，与单独的 ESN 和 SVM 相比，SVESM 的预测精度得到提升。韩敏和王亚楠（2009）提出使用主成分分析法处理储备池状态矩阵，得到主元矩阵，再采用线性回归方法求解输出权值，并将基于储备池主成分分析的 ESN 模型结构应用于多元时间序列预测。韩敏和王亚楠（2010）提出使用卡尔曼滤波直接对 ESN 的输出权值进行在线更新，并将该模型应用于 MTS 预测任务。Chatzis 和 Demiris（2011）提出将 ESN 与高斯过程（Gaussian process，GP）相结合，将储备池到输出层的输出连接权值求解问题转化成依赖储备池状态值的高斯过程求解问题，形成高斯过程回声状态（echo state Gaussian process，ESGP），实验结果表明ESGP相对于ESN在预测精度和算法鲁棒性上表现更好。Huang 等（2016）提出将 ESN 与单层神经网络相结合，将 ESN 的预测值输出作为单层神经网络的输入，再使用递归最小二乘法求解网络的输出连接权值，形成单层神经网络回声状态网络模型（single-layer neural network echo state network，SNNESN），实验结果表明 SNNESN 能够更好地实现复杂的控制任务。第二，将 ESN 与其他预测模型进行组合，形成组合预测模型。提高时间序列预测的精度是一个至关重要且困难的任务。为此，研究人员进行了大量的研究并提出了一些预测模型，如自回归集成移动平均（autoregressive integrated moving average，ARIMA）、SVM 和神经网络等。在众多预测模型中没有明确主导模型的情况下，将多个模型进行组合成为最重要、最有效、最流行的研究视角之一。Clemen（1989）、de Menezes 等（2000）和 Timmermann（2006）对已有的组合预测模型进行总结，从理论上对组合预测模型进行分析，提出了不同的组合方法，验证了组合预测模型的性能受一些关键因素影响。目前，将 ESN 与其他模型组合形成组合预测模型的研究相对较少。Andrawis 等（2011）将 ESN 的几个变体进行组合，利用 111 个时间序列对单个的 ESN 变体和组合模型进行预测性能验证，试验结果表明 ESN 组合模型能够比单一的 ESN 模型获得更好的预测效果。Burms 等（2015）基于专家系统的思想将多个 ESN 组合成回声状态网络专家（echo state network experts，ESNE）系统，通过概率模型计算每个

ESN 的权重，然后使用期望最大化算法对组合模型的输出权值进行调整，实验结果表明 ESNE 增强了 ESN 的泛化能力。

上述研究表明，作为一种新型的 RNN，由于 ESN 耦合“时间参数”，ESN 非常适合应用于时间序列预测问题研究。根据是否对 ESN 进行改进，可以将 ESN 应用于时间序列预测的问题大致分为三类：未改进 ESN 的时间序列预测、改进 ESN 的时间序列预测和组合 ESN 的时间序列预测。前两类应用针对具体的预测问题使用单个的未改进的或者改进的 ESN 模型进行预测；第三类应用则是将 ESN 模型与其他模型相结合，构建组合预测模型，充分发挥各个模型的优点，从而提升组合预测模型的性能。根据以上分析可知，针对未改进 ESN 的时间序列预测和改进 ESN 的时间序列预测的研究相对成熟，而针对组合 ESN 的时间序列预测的研究还相对较少，这为 ESN 在时间序列预测领域的研究提供了一条新的思路。

1.5　本章小结

以上内容综述了时间序列预测与时间序列分类及 ESN 问题的研究现状，可得到以下结论。

（1）目前时间序列预测问题的研究相对比较成熟，但是，使用 ESN 进行时间序列预测的研究有较大的发展空间。

（2）目前使用 ANN 对时间序列预测的研究已经有了一定的文献基础，但是多数研究都是基于单一预测模型，面对具体问题选择合适的模型还比较困难。使用神经网络预测模型能够很好地发挥神经网络自身的优势和弥补每个模型的缺陷，但是组合 ESN 的预测模型研究还相对较少。

（3）相比时间序列预测问题，MTS 分类问题的研究还比较少，主要原因是多维时间序列数据本身的复杂性导致传统的机器学习算法难以驾驭。MTS 分类问题是一个热点研究方向，使用 ESN 进行 MTS 分类问题的研究更少，值得学者进行深入研究。

（4）关于 ESN 的研究较丰富，但是还没有一个比较成熟的理论。探讨 ESN 的发展方向，并将之应用到复杂的时间序列问题中，具有很强的应用前景。

2　基于 DE 和 ESN 的时间序列分类

MTS 分类已被广泛应用，其中属性–值表示法是最流行的分类方法。但是它的缺点也很明显，如非常耗时，对噪声值很敏感，破坏 MTS 数据类型内在的数据属性，分类精度较低等。为了有效地避免属性–值表示法的缺点，有学者提出了一种基于 RNN 和 ADE 算法的 MTS 分类的新方法，大量数值实验验证了新分类方法的可靠性和有效性。

2.1　引　　言

MTS 分类因其在时间序列数据挖掘中的重要性而引起了广泛的关注。然而，应用传统机器学习算法进行 MTS 分类比较困难，主要是由于 MTS 样本是由几个或者几十个变量及变量值组成的，而且每个样本的长度不一定相等。

尽管如此，学者对于 MTS 分类问题还是进行了不断的探索，并提出了一些有效的分类方法。这些方法大多数可以被描述为属性–值表示法（Rodríguez et al.，2001；Kadous and Sammut，2005；Li et al.，2006；Weng and Shen，2008a；Spiegel et al.，2011；Esmael et al.，2012；Weng，2013；He et al.，2015）。也就是说，这些方法是从 MTS 样本中提取一组属性，然后使用这些属性和它们的值来推断出不同的分类器。这些方法的主要优点是它们被设计用于挖掘 MTS 样本的关键特性，并允许这些关键特性在分类过程中替换原始的 MTS 样本。这些方法可以降低 MTS 样本的维度或者减小样本的长度，以避免“维度灾难”。Kadous 和 Sammut（2005）指出在时间序列中应用标准的属性–值分类方法应关注以下三点：①对于样本的预处理；②设计专门知识领域的学习器；③使用具有更强大功能的学习器，如关系学习或基于图形的推断。然而，由于属性–值分类方法关注以上三点，必然会使这些方法存在一些不足之处。例如，这些方法可能需要深入的领域知识，可能是耗费劳力的，或者比较耗时的，有些方法甚至对噪声或者特定的属性表示方法很敏感。而且，这些方法大多没有明确地利用 MTS 数据类型本身的数据属性，然而这些数据属性在提高分类精度方面起着重要的作用。这种情况促使学者从崭新的视角提出不属于属性–值表示法的 MTS 分类方法（Prieto et al.，2015；Górecki and Łuczak，2015）。这些新方法虽然不能避免属性–值表示法的所有不足之处，但是它们能够明确地考虑 MTS 数据类型本身的数据属性。

本章提出一种新的不属于属性–值表示法的 MTS 分类方法，该方法充分地考虑 MTS 数据类型本身的数据属性来提高分类精度。所提出的方法称为 Conceptor-ADE（以下简称 C_{ADE}），它是基于 RNN 和 ADE 算法的一种方法。对于使用 RNN 进行时间序列分类已有一些研究（Giles et al.，1992；Lawrence et al.，2000；Hüsken and Stagge，2003；Skowronski and Harris，2007）。然而，C_{ADE}与已有的基于 RNN 的分类方法有两个明显的不同之处：①已有的基于 RNN 的分类方法主要是训练神经网络的权重，然后利用训练好的网络通过一些输出层神经元进行分类。C_{ADE} 主要是充分利用给定的 RNN 的网络状态空间，从状态空间中推断出分类器，而不是把训练好的网络作为分类器。②所有已存在的基于 RNN 的分类方法对于 MTS 分类不适用，而 C_{ADE} 则适用。据了解，C_{ADE} 是第一个利用 RNN 进行 MTS 分类的通用分类方法。另外，C_{ADE} 是一个参数化方法，在分类器推断过程中有一些参数（称作孔径参数）需要优化，从而能够提升分类器的分类精度。对于这些孔径参数，将采用性能优越的 ADE 进行优化（Wang et al.，2015）。

本章的研究主要贡献如下：①提出一种新的基于神经计算机制的MTS分类方法，该方法能够很好地考虑MTS样本本身的数据属性，从而提高了分类器的准确性；②在分类器形成的学习阶段，使用智能算法 ADE 优化分类器的相关参数。

2.2　分类器 Conceptor

2.2.1　ESN

本章选择的RNN是标准的ESN（Jaeger，2001a），采用的储备池状态更新方程为

$$x(n+1)=\tanh\left(\boldsymbol{W}^{\text{in}}u(n+1)+\boldsymbol{W}x(n)+\mathbf{bias}\right) \tag{2-1}$$

其中，**bias** 是一个噪声矩阵，其大小是 $N\times1$。

在 ESN 中，只有储备池到输出层的连接权值矩阵 $\boldsymbol{W}^{\text{out}}$ 是需要训练的，其他如输入层到储备池的连接和储备池内部连接在网络初始化阶段随机生成并在训练过程中保持不变。传统意义上，输入信号输入ESN中，通过网络输出层生成的实际序列与目标序列之差，得到网络的输出连接权值矩阵 $\boldsymbol{W}^{\text{out}}$，即可以得到训练好的网络。然而，在本章中对ESN的利用是完全不同的。当一个输入信号输入网络时，主要关注的是储备池产生的状态，而不是通过计算 $\boldsymbol{W}^{\text{out}}$ 得到训练好的网络。也就是说，目标不是计算 $\boldsymbol{W}^{\text{out}}$，而是要收集一系列的储备池产生的状态。

2.2.2 状态相关矩阵

RNN 基础的内部动态特性表明内部神经元的激活状态与网络的输入是密切相关的。一般来说，网络输入的相关信息可以通过储备池的内部状态来表达。因此，这些内部状态可以用来替代相应的原始输入进行分类。具体来说，对于 MTS 分类任务，首先，通过将训练集中所有的样本输入 ESN 的储备池中来收集这些样本产生的网络状态。其次，利用这些网络状态来推导出分类器。因此，本章所提出的分类方法的基本思想是通过 ESN 的储备池收集来自不同类的样本产生的网络状态，再利用这些网络状态产生分类器进行分类。此分类方法的关键是一个基本的动态现象：如果 ESN 的储备池被一种模式驱动，那么符合该模式的所有输入产生的网络状态将被限制在同一个网络状态空间的线性子空间中，而这个线性子空间反映的就是该模式的特征（Jaeger，2014）。如果属于相同类的MTS样本被视为具有相同的模式，则可以充分利用此现象进行 MTS 分类。

如果能够将输入集合中的所有输入通过一个储备池映射到网络状态空间的不同子空间中，那么上述现象就可以发生。每一个网络状态空间的子空间可以看作一个状态云。状态云通过其几何图形来反映来自同一类的所有输入产生的网络内部状态的特性。来自不同类的输入产生的网络内部状态不应该完全包含在同一个状态云中。这种情况意味着状态云可以作为分类器来对属于不同类的样本进行分类。在本章中，Conceptor 被用来描述一个状态云的几何图形。也就是说，Conceptor 是最终为 MTS 分类任务设计的分类器。为了更深入地理解 Conceptor 的机制，以下将介绍一些相关术语。

Jaeger（2014）指出网络状态空间的线性子空间最简单的形式化描述是可以通过一个椭球体给出的，该椭球体的主轴是状态集的主要组成部分。当属于相同类的样本输入 ESN 中时，状态矩阵依次收集样本在椭球体的内部状态。这是一个非特异性的定义，状态矩阵受储备池的大小和运行步骤的影响。通过一个例子，可以更详细地了解状态矩阵生成过程。假设有属于同一个类的 S 个 MTS 样本输入 ESN 中并收集状态矩阵。首先，将大小为 $U \times V$ 的样本 $\boldsymbol{T}$ 依据样本长度分解成 U 个相对简单的输入单元，每个简单的输入单元的大小为 $V \times 1$。其次，将这 U 个输入单元依次输入网络，通过储备池内部状态更新方程得到 U 个网络状态向量，记为 $\boldsymbol{x}(1), \boldsymbol{x}(2), \cdots, \boldsymbol{x}(U)$。将这些状态向量并联起来可以形成一个 $B \times 1 (B = U \times N)$ 的列向量 $\boldsymbol{\varpi} = [\boldsymbol{x}(1); \boldsymbol{x}(2); \cdots; \boldsymbol{x}(U)]$。其中，$N$ 是储备池的大小。最后，当所有 S 个 MTS 样本全部输入 ESN 之后，可以得到 S 个 $\boldsymbol{\varpi}$ 类型的列向量。将这些 $\boldsymbol{\varpi}$ 类型的列向量串联起来可以得到大小为 $B \times S$ 的矩阵 $\boldsymbol{X} = [\varpi^1, \varpi^2, \cdots, \varpi^S]$，该矩阵 $\boldsymbol{X}$ 称作状态矩阵。状态矩阵用于记录线性子空间的内部状态，其特征通过反映其几何形状的椭球体给出。从数学角度来看，椭球体可能有许多通过主要成分反映的具体特征，但是，该椭球体很难用具体的方式描述。状态相关矩阵可能是描述椭球体的一种近似方法。也就是说，状态相关矩阵（记为 $\boldsymbol{R} = E[\boldsymbol{X}\boldsymbol{X}^{\mathrm{T}}]$）能够反映状态矩阵 $\boldsymbol{X}$ 的主要特征。在实践中，$\boldsymbol{R}$ 可以通过式（2-2）估算：

$$\boldsymbol{R} = \boldsymbol{X}\boldsymbol{X}^{\mathrm{T}} / S \tag{2-2}$$

其中，$\boldsymbol{X}^{\mathrm{T}}$ 表示矩阵 $\boldsymbol{X}$ 的转置。

2.2.3 Conceptor 和 Aperture

状态相关矩阵能够近似描述代表线性子空间的椭球体的形状，随后可以从该矩阵中获得一些有用的信息。然而，在这种情况下，并不是所有属于同一个类的样本获得的网络状态都被约束到一个适当的线性子空间中。为了解决这个问题，使用主成分分析法对储备池状态进行分析，结果表明受驱动的储备池信号主要集中在几个主要方向上（Jaeger，2014）。有效地描述线性子空间的过程类似于形成一个投影器（用类似于投影器的矩阵表示），将通过状态相关矩阵 $\boldsymbol{R}$ 描述的“激发的椭球体”的若干主要成分投影成线性子空间。具体来说，可以将 SVD 应用于状态相关矩阵，产生一组表示椭球体主要成分的奇异值。

类似于投影器的矩阵被称作 Conceptor，通常用 $\boldsymbol{C}$ 表示。为了使 Conceptor 能够尽可能准确地描述“激发的椭球体”而保留的椭球体主要成分的个数称作孔径参数 Aperture，通常用 α 表示。α 是一个控制参数，取值为大于 0 的实数。因为 Conceptor 源自通过状态相关矩阵 $\boldsymbol{R}$ 表示的椭球体且受制于孔径参数 α，所以 Conceptor 可以表示为 $\boldsymbol{C} = \boldsymbol{C}(\boldsymbol{R}, \alpha)$。为了计算 Conceptor，首先，定义成本函数：

$$\pounds\left(\boldsymbol{C}\mid\boldsymbol{R},\alpha\right)=E\left[\left\|\boldsymbol{X}-\boldsymbol{C}\boldsymbol{X}\right\|_{\text{fro}}^{2}\right]+\alpha^{-2}\left\|\boldsymbol{C}\right\|_{\text{fro}}^{2} \tag{2-3}$$

其中，$\|M\|_{\text{fro}}$ 表示 M 的 Frobenius 范数。在式（2-3）中，第一部分 $E\left[\left\|\boldsymbol{X}-\boldsymbol{C}\boldsymbol{X}\right\|_{\text{fro}}^{2}\right]$ 反映了 $\boldsymbol{C}$ 作为样本产生的网络状态投影矩阵的本质；而第二部分 $\alpha^{-2}\left\|\boldsymbol{C}\right\|_{\text{fro}}^{2}$ 用于调整状态相关矩阵 $\boldsymbol{R}$ 保留的主要成分的个数，目的是使整个投影过程更有效（Jaeger，2014）。当将 $\boldsymbol{R}=E\left[\boldsymbol{X}\boldsymbol{X}^{\text{T}}\right]$ 代入式（2-4）时：

$$\begin{aligned}\pounds\left(\boldsymbol{C}\mid\boldsymbol{R},\alpha\right)&=E\left[\left\|\boldsymbol{X}-\boldsymbol{C}\boldsymbol{X}\right\|_{\text{fro}}^{2}\right]+\alpha^{-2}\left\|\boldsymbol{C}\right\|_{\text{fro}}^{2}\\&=E\left[\operatorname{tr}\left(\boldsymbol{X}^{\text{T}}\left(\boldsymbol{I}-\boldsymbol{C}^{\text{T}}\right)\left(\boldsymbol{I}-\boldsymbol{C}\right)\boldsymbol{X}\right)\right]+\alpha^{-2}\left\|\boldsymbol{C}\right\|_{\text{fro}}^{2}\\&=\operatorname{tr}\left(\left(\boldsymbol{I}-\boldsymbol{C}^{\text{T}}\right)\left(\boldsymbol{I}-\boldsymbol{C}\right)\boldsymbol{R}+\alpha^{-2}\boldsymbol{C}^{\text{T}}\boldsymbol{C}\right)\\&=\operatorname{tr}\left(\boldsymbol{R}-\boldsymbol{C}\boldsymbol{R}-\boldsymbol{C}^{\text{T}}\boldsymbol{R}+\boldsymbol{C}^{\text{T}}\boldsymbol{C}\left(\boldsymbol{R}+\alpha^{-2}\boldsymbol{I}\right)\right)\\&=\sum_{i=1,2,\cdots,H}\boldsymbol{e}_i^{\text{T}}\left(\boldsymbol{R}-\boldsymbol{C}\boldsymbol{R}-\boldsymbol{C}^{\text{T}}\boldsymbol{R}+\boldsymbol{C}^{\text{T}}\boldsymbol{C}\left(\boldsymbol{R}+\alpha^{-2}\boldsymbol{I}\right)\right)\boldsymbol{e}_i\end{aligned} \tag{2-4}$$

其中，$\operatorname{tr}\left(\boldsymbol{A}\right)$表示方阵 $\boldsymbol{A}$ 的迹；$\boldsymbol{e}_i$ 是第 i 个位置为 1 的单位向量；$\boldsymbol{I}$ 是与 $\boldsymbol{R}$ 大小相同的单位矩阵。为了获得最优的 $\boldsymbol{C}$，计算式（2-4）每个分量相对于 $\boldsymbol{C}_{kl}=\boldsymbol{C}\left(k,l\right)\left(k,l=1,2,\cdots,H\right)$ 的导数。H 是 $\boldsymbol{C}$ 的行数或者列数。具体来说，式（2-5）每个分量的导数计算过程如下：

$$\begin{aligned}&\frac{\partial}{\partial\boldsymbol{C}_{kl}}\boldsymbol{e}_i^{\text{T}}\left(\boldsymbol{R}-\boldsymbol{C}\boldsymbol{R}-\boldsymbol{C}^{\text{T}}\boldsymbol{R}+\boldsymbol{C}^{\text{T}}\boldsymbol{C}\left(\boldsymbol{R}+\alpha^{-2}\boldsymbol{I}\right)\right)\boldsymbol{e}_i\\&=-2\boldsymbol{R}_{kl}+\frac{\partial}{\partial\boldsymbol{C}_{kl}}\sum_{j,r=1,2,\cdots,H}\left(\boldsymbol{C}_{ij}\boldsymbol{C}_{jr}\left(\boldsymbol{R}+\alpha^{-2}\boldsymbol{I}\right)_{ri}\right)\\&=-2\boldsymbol{R}_{kl}+\frac{\partial}{\partial\boldsymbol{C}_{kl}}\sum_{j,r=1,2,\cdots,H}\left(\boldsymbol{C}_{ij}\boldsymbol{C}_{jr}\left(\boldsymbol{R}+\alpha^{-2}\boldsymbol{I}\right)_{ri}\right)\\&=-2\boldsymbol{R}_{kl}+\sum_{r=1,2,\cdots,H}\frac{\partial}{\partial\boldsymbol{C}_{kl}}\left(\boldsymbol{C}_{kj}\boldsymbol{C}_{kr}\left(\boldsymbol{R}+\alpha^{-2}\boldsymbol{I}\right)_{ri}\right)\\&=-2\boldsymbol{R}_{kl}+\sum_{r=1,2,\cdots,H}\left(\boldsymbol{C}_{kr}\left(\boldsymbol{R}+\alpha^{-2}\boldsymbol{I}\right)_{rl}+\boldsymbol{C}_{ki}\left(\boldsymbol{R}+\alpha^{-2}\boldsymbol{I}\right)_{li}\right)\\&=-2\boldsymbol{R}_{kl}+\left(\boldsymbol{C}\left(\boldsymbol{R}+\alpha^{-2}\boldsymbol{I}\right)\right)_{kl}+H\boldsymbol{C}_{ki}\left(\boldsymbol{R}+\alpha^{-2}\boldsymbol{I}\right)_{il}\end{aligned}$$

将 i 相加得到式（2-5），如下所示：

$$\pounds\left(\boldsymbol{C}\mid\boldsymbol{R},\alpha\right)=-2H\boldsymbol{R}_{kl}+2H\left(\boldsymbol{C}\left(\boldsymbol{R}+\alpha^{-2}\boldsymbol{I}\right)\right)_{kl} \tag{2-5}$$

其矩阵形式为

$$\pounds\left(\boldsymbol{C}\mid\boldsymbol{R},\alpha\right)=-2H\boldsymbol{R}+2H\left(\boldsymbol{C}\left(\boldsymbol{R}+\alpha^{-2}\boldsymbol{I}\right)\right) \tag{2-6}$$

然后，为了最小化成本函数 $\pounds\left(\boldsymbol{C} \mid \boldsymbol{R}^{j},\alpha\right)$，令式（2-6）等于 0，则可以通过式（2-7）得到 $\boldsymbol{C}=\boldsymbol{C}\left(\boldsymbol{R},\alpha\right)$：

$$\boldsymbol{C}=\boldsymbol{C}\left(\boldsymbol{R},\alpha\right)=\boldsymbol{R}\left(\boldsymbol{R}+\alpha^{-2}\boldsymbol{I}\right)^{-1}=\left(\boldsymbol{R}+\alpha^{-2}\boldsymbol{I}\right)^{-1}\boldsymbol{R} \tag{2-7}$$

其中，$\left(\boldsymbol{R}+\alpha^{-2}\boldsymbol{I}\right)^{-1}$ 是矩阵 $\left(\boldsymbol{R}+\alpha^{-2}\boldsymbol{I}\right)$ 的逆矩阵。

孔径参数 α 能够影响 Conceptor 描述状态子空间的精度，对于它们的选择至关重要。本章将采用性能优越的 ADE 对这些孔径参数进行优化。

2.3 基于 ADE 算法优化的分类器

2.3.1 DE 及其改进

1. 理论框架

DE 是基于种群的随机搜索算法（Storn and Price，1997）。就像其他进化算法（evoluation algorithm，EA）一样，DE 也是由操作算子构成的。具体来说，DE 包含 4 个基本的操作算子：初始化、变异、交叉、选择，各个算子的说明如下。

（1）初始化。初始化一些参数，包括种群大小 NP，最大迭代次数 Gen$M$，个体（也称作染色体）的维度 D，变异因子 F，交叉率 CR，基因 j 的取值范围 $\left[U_{\min,j},U_{\max,j}\right]$。第 i 个个体在第 G 次迭代过程中是一个 D 维向量，包含 D 个基因（每个基因是一个变量），记为 $\mathbf{chrom}_{i}^{G}=\left[\mathbf{chrom}_{i,1}^{G},\mathbf{chrom}_{i,2}^{G},\cdots,\mathbf{chrom}_{i,D}^{G}\right]$。初始化的种群包括的个体通过式（2-8）生成，具体如下：

$$\mathrm{chrom}_{i,j}^{0}=\boldsymbol{U}_{\min,j}+\mathrm{rand}(0,1)\times\left(\boldsymbol{U}_{\max,j}-\boldsymbol{U}_{\min,j}\right) \tag{2-8}$$

其中，$i=1,2,\cdots,\mathrm{NP}$；$j=1,2,\cdots,D$；$\mathrm{rand}(0,1)$ 是从均匀分布 $[0,1]$ 中产生的随机数。

（2）变异。对于父种群中的每个目标个体 chrom_{i}^{G}，一个对应的变异个体 $\boldsymbol{v}_{i}^{G+1}$ 可以通过式（2-9）生成，具体如下：

$$\boldsymbol{v}_{i}^{G+1}=\mathbf{chrom}_{r_1}^{G}+F\times\left(\mathbf{chrom}_{r_2}^{G}-\mathbf{chrom}_{r_3}^{G}\right) \tag{2-9}$$

其中，个体的序号 r_1、r_2 和 r_3 在范围 $[1,\mathrm{NP}]$ 内随机选择，且均不等于 i，即 $r_1\neq r_2\neq r_3\neq i$；$F$ 是一个比例因子，控制变异程度。

（3）交叉。对于每个目标个体 $\mathbf{chrom}_{i}^{G}$，一个对应的试验个体 $\boldsymbol{u}_{i}^{G+1}$ 可以通过式（2-10）生成，具体如下：

$$\boldsymbol{u}_{ij}^{G+1}=\begin{cases}\boldsymbol{v}_{ij}^{G+1}, & \text{if } r(j)\leqslant \mathrm{CR} \text{ or } j=rn(i)\\ \mathbf{chrom}_{ij}^{G}, & \text{otherwise}\end{cases} \tag{2-10}$$

其中，$j=1,2,\cdots,D$；$r(j)$是从均匀分布$[0,1]$中产生的随机数；交叉概率 CR 的取值范围为$[0,1]$；$rn(i)\in[1,\cdots,D]$是随机从整数的基因序号中产生的，用于保证试验个体$\boldsymbol{u}_i^{G+1}$中至少有一个基因来自变异的个体$\boldsymbol{v}_i^{G+1}$。

（4）选择。每个目标个体$\mathbf{chrom}_i^G$都必须跟对应的试验个体$\boldsymbol{u}_i^{G+1}$做比较，性能更优的被选中作为下一代种群的个体。当试验个体$\boldsymbol{u}_i^{G+1}$比目标个体$\mathbf{chrom}_i^G$的适应值更好，则$\boldsymbol{u}_i^{G+1}$被选入下一代种群；否则，$\mathbf{chrom}_i^G$被保留进入下一代种群。具体的选择过程如下所示：

$$\mathbf{chrom}_i^{G+1}=\begin{cases}\boldsymbol{u}_i^{G+1}, & \text{if } f\left(\boldsymbol{u}_i^{G+1}\right)<f\left(\mathbf{chrom}_i^G\right)\\ \mathbf{chrom}_i^G, & \text{otherwise}\end{cases} \tag{2-11}$$

其中，$f(\cdot)$表示适应值函数。

2. ADE 算法

选择合适的变异策略和控制参数对于提高 DE 的性能至关重要。变异因子 F 控制差分变量$\left(\mathbf{chrom}_{r_2}^G-\mathbf{chrom}_{r_3}^G\right)$的幅度。如果变异因子$F$取值大，那么DE的全局搜索能力会很强，然而获得的全局最优解可能展现出低精度。如果变异因子 F 取值小，那么 DE 在迭代过程中的收敛性会加速，然而其全局搜索能力会减弱。所以说，变异因子F是平衡DE的全局搜索能力和收敛性的关键参数。DE的性能对于变异因子 F 的设置很敏感。针对变异因子 F 的取值设置问题，本节提出自适应变异因子策略（adaptive mutation factor strategy，AMFS）去替换标准DE中给定F取值的策略，具体策略如下所示：

$$F=F_{\min}+\left(F_{\max}-F_{\min}\right)\times \mathrm{e}^{1-\frac{\mathrm{Gen}M}{\mathrm{Gen}M-G+1}} \tag{2-12}$$

其中，$F_{\max}$和$F_{\min}$分别代表变异因子 F 的最大值和最小值；Gen$M$是 DE 的最大迭代次数；G是当前迭代次数。采用 AMFS 的 DE 称作 ADE，其是 DE 的一个变体。ADE 能够保证种群的多样性，同时保留全局收敛性快和易于实现的明显优点。

2.3.2 基于 ADE 优化的分类器的基本原理和分类流程

1. 基本原理

如前文所述，Conceptor源自通过状态相关矩阵$\boldsymbol{R}$描述的网络状态空间的线性子空间，其能够作为分类器进行分类任务。由不同线性子空间推断出的 Conceptor 能够对不同类的样本进行分类，其基本原理可以分为以下几步：首先，所有的来自不同类的样本都被输入网络，得到一组状态相关矩阵 $\boldsymbol{R}_{\text{set}}=\left\{\boldsymbol{R}^j \mid j=1,2,\cdots,M\right\}$。其中，$\boldsymbol{R}^j$ 代表第 j 类的样本形成的状态相关矩阵；M 是训练集中类的个数。其次，通过式（2.7）可以得到一组 Conceptor 和一组孔径参数，分别记为 $\boldsymbol{C}_{\text{set}}=\left\{\boldsymbol{C}^j \mid j=1,2,\cdots,M\right\}$ 和 $\alpha_{\text{set}}=\left\{\alpha^j \mid j=1,2,\cdots,M\right\}$。其中，$\boldsymbol{C}^j$ 代表第 j 类的样本形成的 Conceptor；α^j 代表相应的孔径参数。最后，利用得到的 Conceptor 对样本进行分类。对于一个样本 s（不论是来自训练集还是来自测试集），可以使用一个证据来证实它到底属于哪个类。得到证据的过程可以分为三步：第一，将样本 s 输入网络，得到一个 $\boldsymbol{\varpi}$ 类型的状态向量 $\boldsymbol{z}$；第二，通过每个 $\boldsymbol{C}^j(j=1,2,\cdots,M)$ 计算一组证据值，记为 $\textbf{Evidence}_{\text{set}}=\left\{\textbf{Evidence}^j \mid \textbf{Evidence}^j=\boldsymbol{z}^{\mathrm{T}}\boldsymbol{C}^j\boldsymbol{z}, j=1,2,\cdots,M\right\}$；第三，在证据集 $\textbf{Evidence}_{\text{set}}$ 中找出最大值 $\textbf{Evidence}^i$，将样本 s 划为第 i 类。

从以上讨论可以清晰地看出 Conceptor 的性能受到一组参数 $\alpha_{\text{set}}=\left\{\alpha^j \mid j=1,2,\cdots,M\right\}$ 的影响。初始随机产生的 α_{set} 并不能保证 Conceptor 的分类精度，为了提高分类精度，这些参数应当在训练过程中被优化。前文所提到的 ADE 能够很好地完成这个优化任务。

2. C_{ADE} 分类流程

本章所提出的 MTS 分类方法将 Conceptor 和 ADE 结合，称作 C_{ADE}。在训练过程中，ADE 被用来对 Conceptor 的全局最优孔径参数集 α_{set} 进行优化。C_{ADE} 的流程如图 2-1 所示。

C_{ADE} 的流程可以归纳为以下几个主要步骤。

（1）随机生成一个储备池大小为 N 的 ESN。

（2）将训练集中所有样本输入 ESN，收集不同类的样本产生的状态矩阵，$\boldsymbol{X}_{\text{set}}=\left\{\boldsymbol{X}^j \mid j=1,2,\cdots,M\right\}$。接着使用式（2-2）计算每个类对应的状态相关矩阵，记录到集合 $\boldsymbol{R}_{\text{set}}=\left\{\boldsymbol{R}^j \mid j=1,2,\cdots,M\right\}$ 中。初始得到的 Conceptor 是基于随机选择的 α_{set}，这样并不能保证 Conceptor 能达到最优的分类效果。

（3）为了得到最优的 Conceptor，使用 ADE 优化孔径参数 α_{set}。如图 2-2（a）所示，每个 ADE 种群中的个体代表了不同类的孔径参数。在 ADE 每次迭代过程中，可以得到一组局部最优的孔径参数。基于每个个体，可以计算出一个大小为 $1\times S^{\text{total}}$ 的输出向量 $\boldsymbol{y}^o$，该向量记录实际的分类结果，如图 2-2（b）所示。

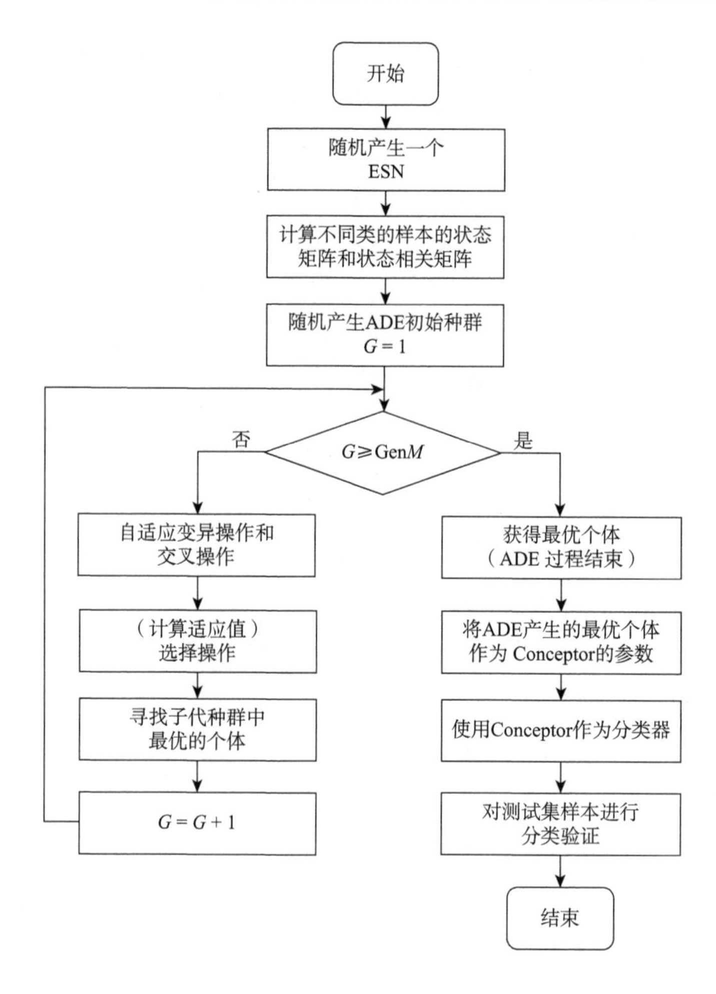

图 2-1　C_{ADE} 的流程图

其中，S^{total} 是训练集中样本的总数，可以通过式（2-13）计算：

$$S^{\mathrm{total}} = \sum_{j=1}^{M} S^{j} \tag{2-13}$$

其中，S^{j} 是训练集中第 j 类包含的样本个数；与 $\boldsymbol{y}^{o}$ 相同大小的向量 $\boldsymbol{y}^{e}$ 用于记录期望的分类结果。$\boldsymbol{y}^{o}$ 和 $\boldsymbol{y}^{e}$ 的差别被当作个体的适应值。也就是说，适应值函数是实际分类结果与期望分类结果之间的误差。

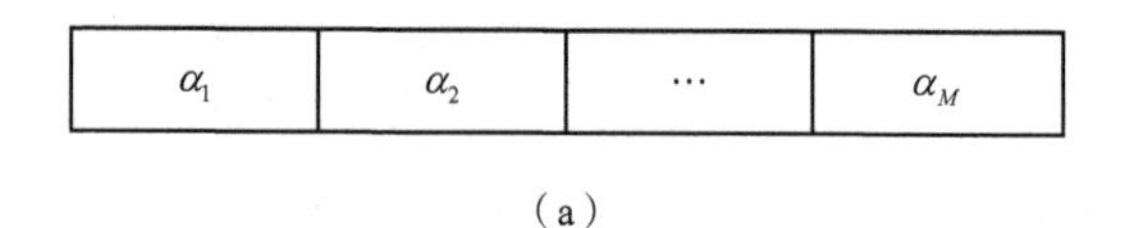

（a）

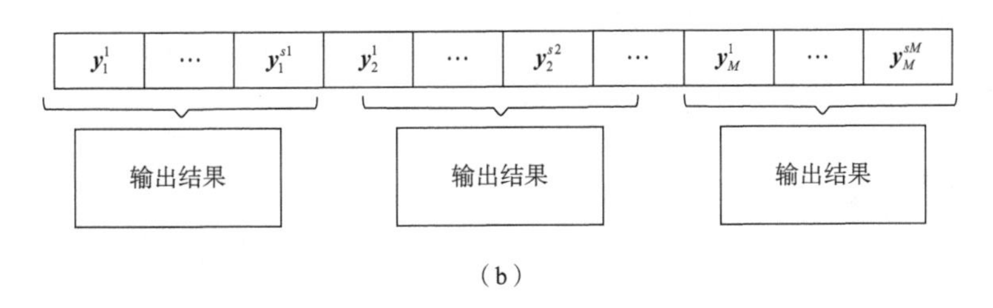

（b）

图 2-2　ADE 每个个体结构图

ADE 的流程如下。

步骤 1：初始化。初始化一些参数，包括种群大小 NP，最大迭代次数 Gen$M$，个体（也称作染色体）的维度 D，变异因子 F，交叉率 CR，基因 j 的取值范围 $\left(\left[U_{\min,j},U_{\max,j}\right]\right)$，生成初始化种群。

步骤 2：判断 ADE 迭代的终止条件是否达到。如果达到终止条件，跳到步骤 6；否则，运行到下一步。

步骤 3：对当代种群中所有个体执行自适应变异操作、交叉操作和选择操作，直到子代种群产生。

步骤 4：评估子代种群并得到种群中最优的个体，将该个体作为目前的全局最优个体。

步骤 5：设置 $G=G+1$。返回到步骤 2。

步骤 6：获得全局最优个体，ADE 算法迭代过程结束。

（4）将 ADE 迭代过程结束后获得的最优个体作为孔径参数 α_{set} 最优值，进而计算出最优的 Conceptor，训练过程结束。

（5）采用最优的 Conceptor 对测试集中的样本进行分类，验证 C_{ADE} 的有效性。

2.4　数值实验和结果分析

2.4.1　实验设置

本节中，大量数值实验被设计用于验证所提出的 C_{ADE} 的性能。本节所设计的实验基于 18 个常用的多变量时间分类数据集。为了与目前已知最优的分类方法进行性能比较，对每个数据集采用 10 折交叉验证（10-fold cross validation，10-CV）方法随机将数据集分为训练集和验证集。每次实验运行 5 次，取平均值作为该实验的最终结果。完成所有实验的个人电脑配置如下：操作系统是

Windows 7 个人版，处理器是 Intel（R）Core（TM）i7-4790K CPU @4.00 GHz、8 GB 内存。运行实验的软件环境是 Matlab 2014a。

2.4.2 数据集

本节将对所提出的 MTS 分类方法 C_{ADE} 进行实证研究。为了验证 C_{ADE} 的性能，将采用 18 个常用的 MTS 分类数据集对模型进行实验。笔者所使用的数据集跟 Górecki 和 Łuczak（2015）中使用的数据集一样，目的是使所提出的 C_{ADE} 能够跟 Górecki 和 Łuczak（2015）中提出的目前最优的分类方法进行公平的比较。表 2-1 给出了这 18 个数据集的相关信息（Bache and Lichman，2013；Blankertz et al.，2002；Olszewski，2001；Leeb et al.，2007；Keogh et al.，2011）[①]。表 2-1 中第一列给出了所有数据集的名称。第二列和第三列分别给出了每个数据集包含的类的个数和每个样本的变量个数。每个数据集的最长样本长度和最短样本长度在第四列以区间形式给出。第五列和第六列分别给出了每个数据集中包含的样本个数和数据集来源。所选择的 18 个数据集的特征是多种多样的，体现在数据集的类的个数、样本包含的变量个数、样本的长度和样本的数量等特征的取值范围跨度大。

表 2-1 用于验证 C_{ADE} 性能的 18 个数据集的描述

数据集	类的个数	变量个数	长度范围	样本个数	数据集来源
Arabic digits	10	13	[4，93]	8 800	UCI
Australian language	95	22	[45，136]	2 565	UCI
BCI	2	28	[500，500]	416	Blankertz
Character trajectories	20	3	[109，205]	2 858	UCI
CMU subject 16	3	62	[127，580]	58	CMUMC
ECG	2	2	[39，152]	200	Olszewski
Graz	3	3	[1 152，1 152]	140	Leeb
Japanese vowels	9	12	[7，29]	640	UCI
Libras	15	2	[45，45]	360	UCI
Non-invasive fetal ECG	42	2	[750，750]	3 765	UCR
Pen digits	10	2	[8，8]	10 992	UCI
Robot failure LP1	4	6	[15，15]	88	UCI

① Carnegie Mellon University Motion Capture Database. 2014. Arailable from：http://mocap.cs.Cmu.edu/.

续表

数据集	类的个数	变量个数	长度范围	样本个数	数据集来源
Robot failure LP2	5	6	[15，15]	47	UCI
Robot failure LP3	4	6	[15，15]	47	UCI
Robot failure LP4	3	6	[15，15]	117	UCI
Robot failure LP5	5	6	[15，15]	164	UCI
uWave Gesture Library	8	3	[315，315]	4 478	UCR
Wafer	2	6	[104，198]	1 194	Olszewski

2.4.3 数据预处理

为了提升 C_{ADE} 的分类性能，在开始实验的时候，先要对原始数据集从两方面进行数据预处理操作。首先，将原始数据进行规范化处理，其目的是将数据集中的每个数据规范到范围 $[0,1]$ 中。具体的规范化过程可以通过式（2-14）所示的线性转换进行：

$$x = \frac{x - x_{\min}}{x_{\max} - x_{\min}} \tag{2-14}$$

其中，$x_{\max}$ 和 $x_{\min}$ 分别表示数据集中最大值和最小值。该数据预处理过程主要是为了避免大数值范围产生的属性会控制小数值范围产生的属性的现象。

其次，作者提出的 C_{ADE} 不能处理不同长度的样本，所以，需要把每个数据集中所有样本规范到相同的样本长度 TL。将样本的长度 U 转换成 TL 可以通过线性插值法完成。在本章的实验中，笔者采用 Matlab 2014b 自带的线性插值函数 interp1 进行转换操作。关于 TL，其取值越大则转换后的样本替代原始的样本精度越高。但是，TL 取值越大也会造成更大的计算成本。为了权衡样本替换准确性和计算成本，本实验将所有数据集的 TL 的最大取值设置为 25。具体对应于每个数据集，TL 的取值与该数据集中样本的最大长度 $L_{\max}$ 相关：

$$\text{TL} = \left\lceil \frac{L_{\max}}{\left\lceil \frac{L_{\max}}{25} \right\rceil} \right\rceil \tag{2-15}$$

其中，$\lceil A \rceil$ 代表大于或等于 A 的最小整数。图 2-3 给出了实验所采用的 18 个数据集的样本长度。

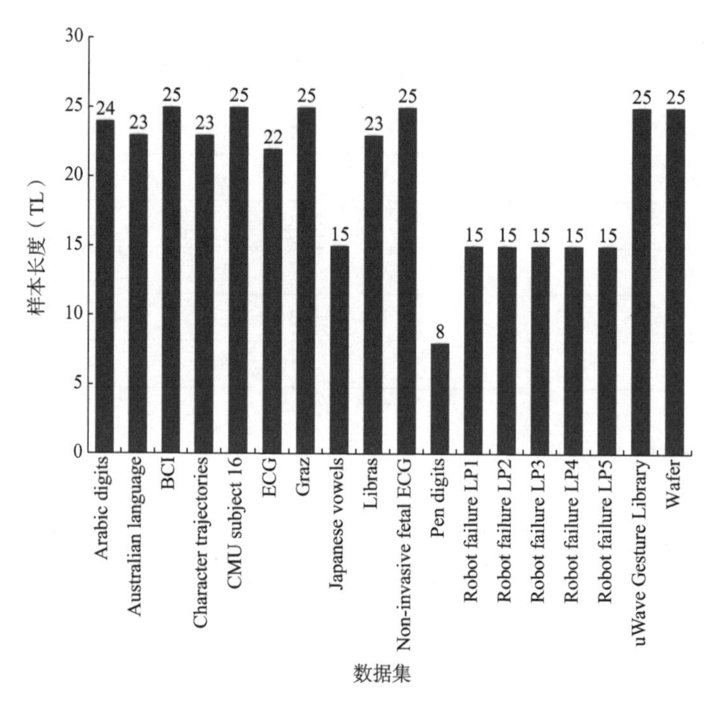

图 2-3　每个数据集转换后的样本长度

2.4.4　参数设置

C_{ADE} 的性能取决于 ESN 和 ADE 的参数设置。因此，本节设计了一系列实验用于研究相关参数对 C_{ADE} 的性能的影响。

在 ESN 中涉及的参数包括储备池参数。例如，储备池输入层节点的个数 IN，储备池大小 N，储备池内部连接权值矩阵 $\boldsymbol{W}$ 的稀疏程度 SP 和谱半径 SR。关于这些参数的设置，可以参考文献 Jaeger（2001a）。在本章的实验中，IN 的取值等于数据集的维度；N 从集合$\{10,20,30\}$中取值；SP 取值为 $10/N$。连接权值矩阵 $\boldsymbol{W}$、$\boldsymbol{W}^{\mathrm{in}}$ 和噪声矩阵 **bias** 的元素取值范围为$[-1,1]$。为了保证 ESN 的回声状态属性，SR 的取值必须小于 1。在本章中，为了确定最优的 SR 取值，从 18 个数据集中选取 4 个数据集对 SR 的不同取值进行实验。实验中，假设 SR 的取值范围为$\{0.5,0.6,0.7,0.8,0.9\}$，N 的取值范围为$\{10,20,30\}$。将每个 SR 和 N 的取值当作一组实验。那么，将设计 12 组实验用于确定 SR 的取值。实验结果如表 2-2 所示，每组实验的最优结果使用黑体进行标示。从实验结果可以看出，在 SR 取值为 0.5、0.6、0.7 和 0.8 时，对应 12 组实验中分别有 2 组、2 组、2 组和 7 组能够获得最优分类结果。当 SR 取值为 0.9 时，所有的分类结果都比 SR 取其他值的结果差。因此，SR 的取值设置为 0.8。

表 2-2 4 个数据集在 SR 取不同值的 10-CV 分类误差

数据集	储备池大小	SR				
		0.5	0.6	0.7	0.8	0.9
BCI	$N=10$	34.81	36.96	37.73	**32.59**	35.51
	$N=20$	33.83	34.62	34.55	**32.87**	34.73
	$N=30$	32.95	**32.71**	33.67	33.67	34.21
Pen digits	$N=10$	2.59	2.41	2.22	**1.65**	2.58
	$N=20$	1.81	1.82	1.87	**1.61**	1.66
	$N=30$	1.88	1.68	1.73	**1.56**	2.58
Robot Failure LP4	$N=10$	**3.18**	3.43	3.25	3.25	3.25
	$N=20$	2.85	**2.67**	**2.67**	2.85	3.25
	$N=30$	**3.10**	3.68	4.01	3.83	4.23
Wafer	$N=10$	2.53	2.46	2.51	**1.73**	2.35
	$N=20$	2.07	2.00	2.08	**1.78**	1.83
	$N=30$	1.88	1.88	**1.69**	1.75	1.70

关于 ADE 的参数设置将依照实验结果和已有文献的建议。根据已有文献（Onwubolu and Davendra，2006；Qu et al.，2013；Wang et al.，2014），部分 ADE 参数设置如下：NP=50；最小和最大的变异因子取值分别为 $F_{\min}=0.2$ 和 $F_{\max}=0.9$；CR=0.1。其他一些参数，如 Gen$M$ 和每个个体基因的取值范围将依据实验进行设置。当 Gen$M$ 取值很大时，将增加实验的计算成本。在实验中，假设 Gen$M$ 取值从 20 开始，以步长 10 增加到取值为 50 进行实验。结果表明，Gen$M$ 取值为 30 是一个合适的选择。也就是说，Gen$M$取值为 30 能够同时保证种群的搜索范围和收敛速率。

图 2-4 展示了 ADE 关于 4 个数据集“BCI”、“Pen digits”、“Robot failure LP4”和“Wafer”的收敛性能。对于每个数据集，采用不同大小的储备池，设置 $N=10$、$N=20$ 和 $N=30$ 分别进行 5 次实验。对于数据集的 10-CV 的每折的 ADE 收敛情况都在图中进行描述。

同时，Conceptor 的性能在很大程度中取决于孔径参数 α_{set}（ADE 个体的基因）的取值。根据对式（2-7）的直观判断，孔径参数的取值不宜过大也不能太小。如果孔径参数的取值过小，那么应用孔径参数提升 Conceptor 的性能的目的将不能实现，因为式（2-7）的组成部分 $\alpha^{-2}\boldsymbol{I}$ 将会取值很小，对于计算结果的影响可能被忽略。相反，如果孔径参数的取值过大，则 Conceptor 可能会受这些参数的严重影响，从而掩盖了其自身的性能。根据实验结果，对于 ADE 个体的基因取值范围规定如下：$U_{\min,j}=10$ 和 $U_{\max,j}=30\left(j=1,2,\cdots,D\right)$。

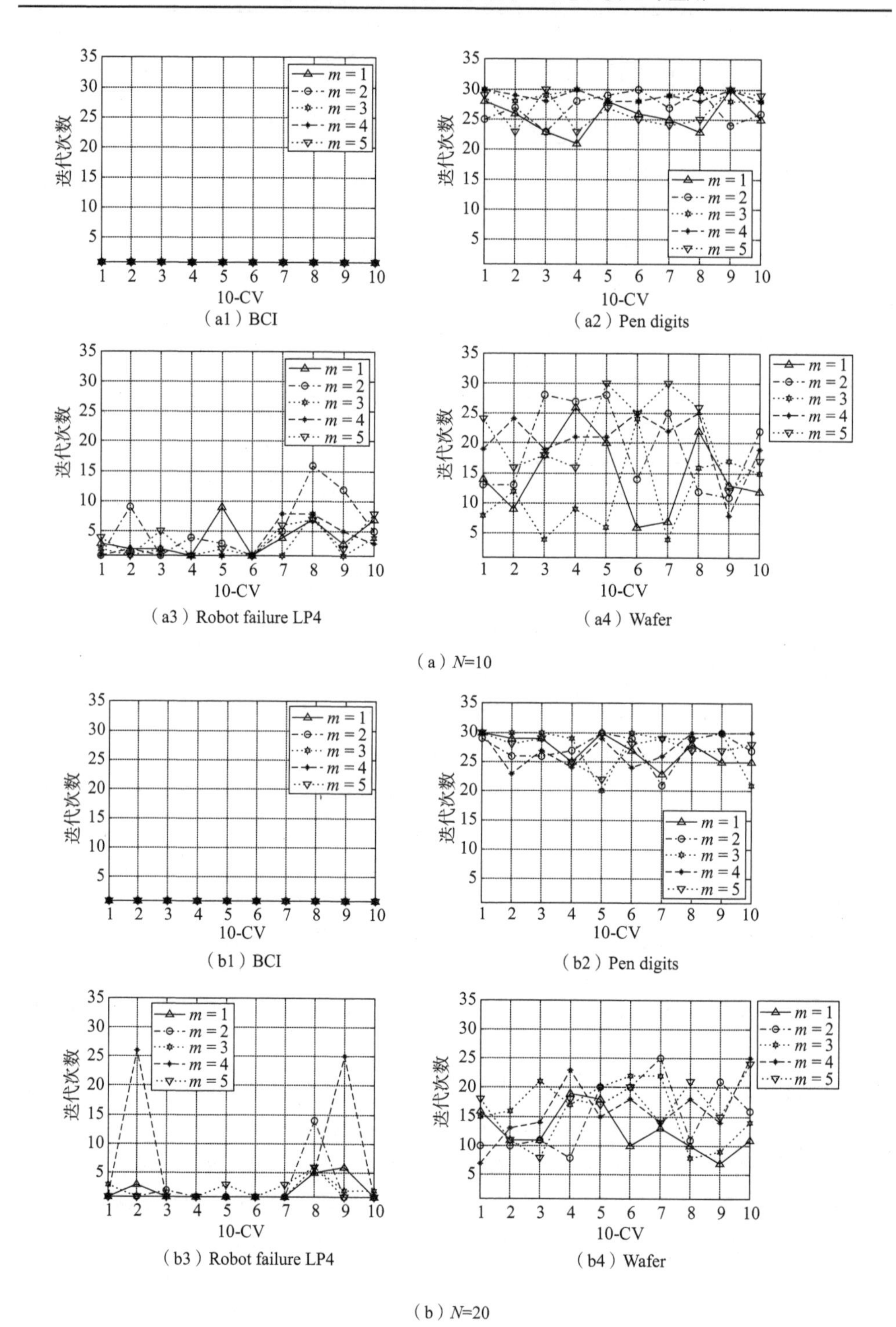

（a1）BCI

（a2）Pen digits

（a3）Robot failure LP4

（a4）Wafer

（a）N=10

（b1）BCI

（b2）Pen digits

（b3）Robot failure LP4

（b4）Wafer

（b）N=20

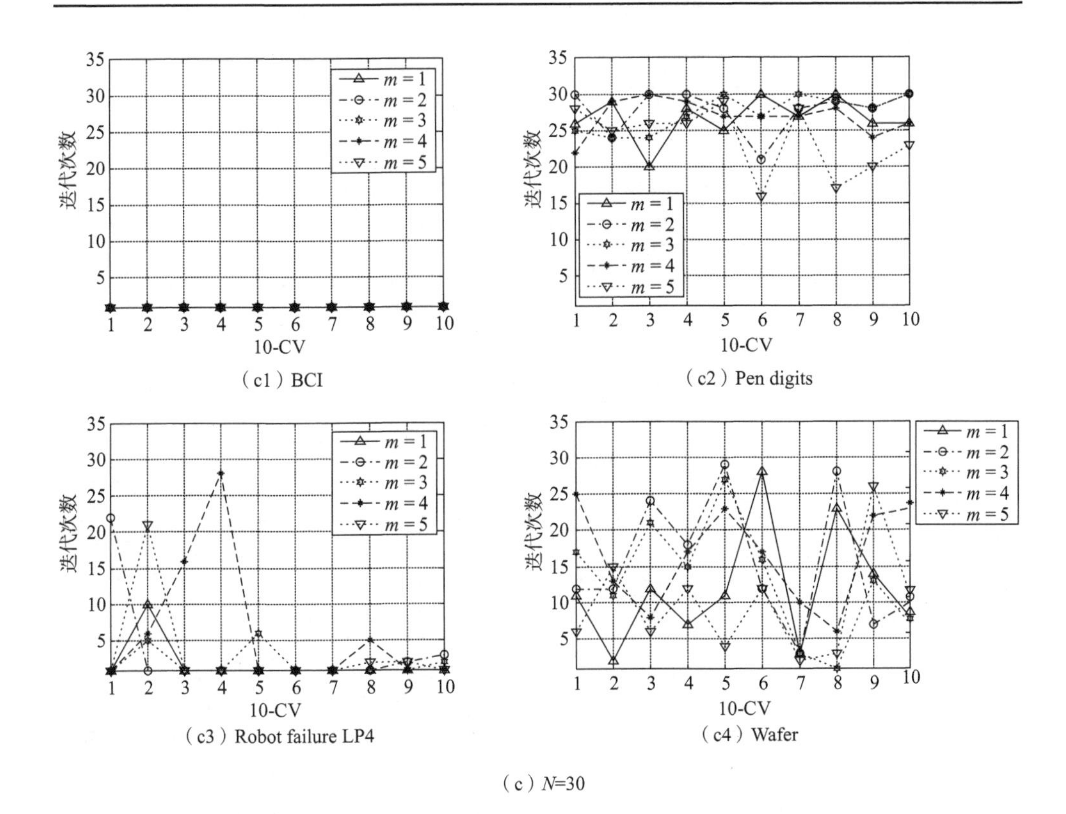

（c1）BCI

（c2）Pen digits

（c3）Robot failure LP4

（c4）Wafer

（c）N=30

图 2-4　ADE 关于“BCI”、“Pen digits”、“Robot failure LP4”和“Wafer”的收敛性能

对每个数据集进行 5 次实验，每次实验过程中 ADE 的最优迭代次数分别记录在图（a）N=10、图（b）N=20 和图（c）N=30 中

2.4.5　实验结果分析

表 2-3 给出了在 ESN 储备池 N 分别为 10、20 和 30 情况下，C_{ADE} 对于所有数据集的平均分类误差率和标准方差。每个数据集的最优的平均测试误差用黑体标注。从表 2-3 中可以看出，没有一种确定规模的储备池对所有 18 个数据集都能取得最好的分类结果。这意味着包含一定数目神经元的储备池对一些数据集能够取得很好的结果，而对另外的一些数据集则不能取得比较好的结果。然而，认为储备池规模越大越好的观点也是不正确的。每个数据集的最优储备池的规模如图 2-5 所示。

表 2-3　18 个数据集的 10-CV 误差率和标准差（%）

数据集	N=10		N=20		N=30	
	训练集	测试集	训练集	测试集	训练集	测试集
Arabic digits	0（0）	0.84（0.07）	0（0）	0.79（0.11）	0（0）	**0.77（0.05）**

续表

数据集	N=10		N=20		N=30	
	训练集	测试集	训练集	测试集	训练集	测试集
Australian language	0.18（0.14）	26.98（1.25）	0.16（0.22）	**24.66（0.98）**	0.20（0.18）	25.02（1.12）
BCI	0（0）	**32.59（1.55）**	0（0）	32.87（0.98）	0（0）	32.71（0.75）
Character trajectories	0.52（0.05）	2.16（0.26）	0.43（0.05）	2.16（0.16）	0.35（0.06）	**1.94（0.19）**
CMU subject 16	0（0）	1.60（2.33）	0（0）	**0（0）**	0（0）	0.4（0.8）
ECG	0.90（0.06）	**10.00（0.71）**	0.67（0.08）	10.70（0.51）	0.57（0.05）	11.2（0.75）
Graz	0（0）	**30.43（1.25）**	0（0）	30.57（1.14）	0（0）	31.57（0.95）
Japanese vowels	0（0）	**0.59（0.15）**	0（0）	1（0.23）	0（0）	1（0.23）
Libras	0（0）	4.72（0.51）	0（0）	5.22（0.56）	0（0）	**4.16（0.67）**
Non-invasive fetal ECG	12.68（0.35）	15.95（0.34）	11.34（0.58）	**14.84（0.47）**	11.43（0.57）	15.01（0.35）
Pen digits	1.41（0.05）	1.65（0.09）	1.36（0.07）	1.61（0.10）	1.32（0.02）	**1.56（0.07）**
Robot failure LP1	0（0）	1.25（0）	0（0）	1.00（0.50）	0（0）	**0.75（0.61）**
Robot failure LP2	0（0）	**23（1.13）**	0（0）	23.36（0.78）	0（0）	24.18（2.97）
Robot failure LP3	0（0）	**22.86（3.66）**	0（0）	24.05（1.13）	0（0）	24.18（2.56）
Robot failure LP4	0.66（0）	3.25（0.92）	0.62（0.08）	**2.85（0.41）**	0.51（0.08）	3.83（0.93）
Robot failure LP5	8.71（0.30）	28.28（0.92）	8.12（0.22）	29.05（1.19）	7.63（0.66）	**27.35（1.71）**
uWave Gesture Library	1.37（0.04）	2.30（0.09）	1.23（0.03）	2.30（0.06）	1.29（0.07）	**1.92（0.07）**
Wafer	0.70（0.05）	**1.73（0.10）**	0.69（0.03）	1.78（0.07）	0.62（0.04）	1.74（0.16）

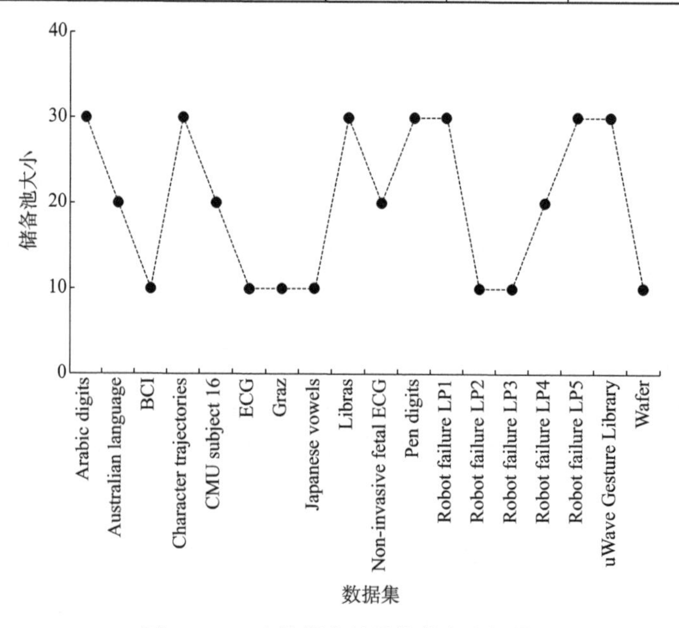

图 2-5 18 个数据集的最优储备池规模

为了验证 C_{ADE} 的性能，把 C_{ADE} 得到的分类误差率与其他已知模型 DTW、DDTW 和 DD_{DTW} 的分类误差率进行比较。DTW、DDTW 和 DD_{DTW} 三个模型是由 Górecki 和 Łuczak（2015）提出的。其中，DTW 模型采用标准的一维动态时间规整距离作为两个时间序列的相似性度量标准。DDTW 模型引入两个 MTS 样本之间的微分动态时间序列距离作为度量方法，这是标准 DTW 的扩展。DD_{DTW} 通过将标准的 DTW 和它的微分形式 DDTW 整合成一个参数化的距离作为度量方法。

C_{ADE}、DTW、DDTW 和 DD_{DTW} 四种模型关于 18 个测试数据集的分类结果如表 2-4 所示。相对误差被采用作为衡量两种方法相对性能的方法（Bauer and Kohavi，1999）。对于两种方法 A（基本方法）和 B（对比方法），其误差分别记为 δ_A 和 δ_B，则相对误差为 $\dfrac{\delta_B-\delta_A}{\delta_A}$。作为一种比较流行的度量方法，相对误差能够表示两个比较方法之间的优越性能。相对误差越小，对比方法比基本方法的性能更优。在本章中，所提出的 C_{ADE} 将作为对比方法，而 DTW、DDTW 和 DD_{DTW} 将作为基本方法，然后比较它们两两之间的模型性能。表 2-4 的后面三列给出了两两模型之间的相对误差，相应的图形表述形式如图 2-6 所示。平均相对误差是指两种比较方法在所有数据集上的相对误差的平均值。平均相对误差小于 0，说明对比方法 B 相对于基本方法 A 的预测性能有改进。

表 2-4 四种模型的最佳分类误差率（%）

数据集	C_{ADE}	DTW	DDTW	DD_{DTW}	$\dfrac{C_{\text{ADE}}-\text{DTW}}{\text{DTW}}$	$\dfrac{C_{\text{ADE}}-\text{DDTW}}{\text{DDTW}}$	$\dfrac{C_{\text{ADE}}-\text{DD}_{\text{DTW}}}{\text{DD}_{\text{DTW}}}$
Arabic digits	0.77	**0.19**	10.50	**0.19**	305.26	−92.67	305.26
Australian language	24.66	**18.05**	27.33	18.48	36.62	−9.77	33.44
BCI	**32.59**	44.89	52.92	40.15	−27.40	−38.42	−18.83
Character trajectories	1.94	1.36	1.78	**0.91**	42.65	8.99	113.19
CMU subject 16	**0**	3.67	10.67	3.67	−100.00	−100.00	−100.00
ECG	**10.00**	18.50	14.00	14.50	−45.95	−28.57	−31.03
Graz	**30.43**	37.14	40.00	30.71	−18.07	−23.93	−0.91
Japanese vowels	**0.59**	2.03	39.06	2.03	−70.94	−98.49	−70.94
Libras	**4.16**	8.61	4.17	5.00	−51.68	−0.24	−51.68
Non-invasive fetal ECG	14.84	9.99	16.84	**9.54**	48.55	−11.88	55.56
Pen digits	1.56	0.65	0.61	**0.50**	140.00	155.74	212.00
Robot failure LP1	**0.75**	12.64	22.50	14.86	−94.07	−96.67	−94.95
Robot failure LP2	**23**	32.00	38.00	32.00	−28.13	−39.47	−28.13
Robot failure LP3	**22.86**	29.00	29.00	25.00	−21.17	−21.17	−8.56
Robot failure LP4	**2.85**	10.08	20.45	10.08	−71.73	−86.06	−71.73
Robot failure LP5	**27.35**	29.30	37.32	28.75	−6.66	−26.71	−4.87
uWave Gesture Library	1.92	1.90	3.55	**1.50**	1.05	−45.92	28.00
Wafer	**1.73**	2.01	9.21	1.92	−13.93	−81.22	−9.90

续表

数据集	C_{ADE}	DTW	DDTW	DD_{DTW}	$\frac{C_{ADE}-DTW}{DTW}$	$\frac{C_{ADE}-DDTW}{DDTW}$	$\frac{C_{ADE}-DD_{DTW}}{DD_{DTW}}$
MEAN_1					1.36	−35.36	14.22
MEAN_2					−26.30	−43.72	−16.33

注：MEAN_1 表示 18 个数据集两种方法相比的相对误差平均值；MEAN_2 表示剔除 Arabic digits 和 Pen digits 这两个数据集后，剩余 16 个数据集两种方法相比的相对误差平均值；黑体数据表示最优结果

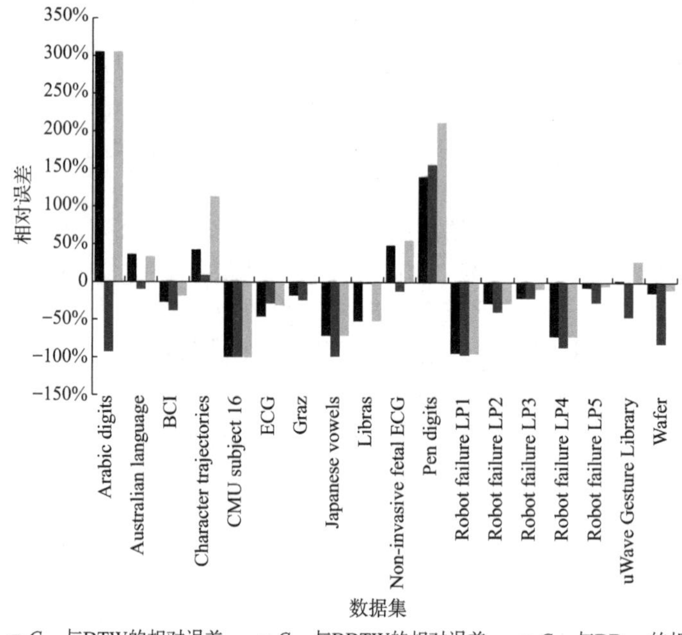

图 2-6 两两相互比较的模型在 18 个数据集上的相对误差

从表 2-4 和图 2-6 中可以看出，C_{ADE}模型比 DTW、DDTW 和 DD_{DTW}三种模型的分类性能更优，体现在以下两个方面。

（1）C_{ADE}模型能够比 DTW、DDTW 和 DD_{DTW}三种模型在更多的数据集上获得最优分类结果。具体来说，在所有 18 个数据集中，C_{ADE}能够比 DTW 在 12 个数据集上获得更好的结果，能够比 DDTW 在 16 个数据集上获得更好的结果，能够比 DD_{DTW}在 12 个数据集上获得更好的结果。因此，可以说 C_{ADE}可以在至少 2/3 的数据集上获得比上述三种模型更好的分类结果。对于“Arabic digits”、“Australian language”、“Character trajectories”、“Non-invasive fetal ECG”、“Pen digits”和“uWave Gesture Library”6 个数据集，C_{ADE}的分类效果比较差。这些数据集有一个共同的特征，那就是含有大量的样本。在表 2-3 中，可以看出一个关于这 6 个数据集的有趣现象：储备池规模越大，分类结果越好。因此，可

以把 C_{ADE} 对于这 6 个数据集的分类结果差的原因归结于有限的储备池规模。当 C_{ADE} 使用更大规模的储备池时，其对于这 6 个数据集的分类结果可能会更好。然而，合理大小的储备池规模是计算精度与运行时间之间的权衡。

（2）C_{ADE} 模型相对于 DTW、DDTW 和 DD_{DTW} 三种模型的平均相对误差有所减小。从表 2-4 的倒数第二行“MEAN_1”可以看出，C_{ADE} 相对于 DTW、DDTW 和 DD_{DTW} 的平均相对误差分别增加 1.36%，减小 35.36%和增加 14.22%。这个结果似乎暗示了 C_{ADE} 相对于 DTW 和 DD_{DTW} 而言不能获得更好的性能。其实不然，产生这个结果的根本原因是 C_{ADE} 相对于 DTW 和 DD_{DTW} 在数据集“Arabic digits”和“Pen digits”上获得了非常差的分类结果，导致平均相对误差不仅没有减小反而增加。尽管如此，这并不能说明 C_{ADE} 的性能很差，毕竟 C_{ADE} 比 DTW 在 18 个数据集中的 12 个数据集上获得更好的结果，且能够比 DD_{DTW} 在 18 个数据集中的 12 个数据集上获得更好的结果。

另外，C_{ADE} 相对于 DTW 和 DD_{DTW} 在数据集“Arabic digits”和“Pen digits”上获得了非常差的分类结果对平均相对误差影响很大。对于数据集“Arabic digits”，C_{ADE} 相对于 DTW 和 DD_{DTW} 的相对误差分别为 305.26%和 305.26%；对于数据集“Pen digits”，C_{ADE} 相对于 DTW 和 DD_{DTW} 的相对误差分别为 140.00%和 212.00%。正是由于 C_{ADE} 在这两个数据集上的分类结果不好，C_{ADE} 相对于 DTW 和 DD_{DTW} 的平均相对误差都增加到大于 0。如果不考虑这两个数据集，C_{ADE} 相对于 DTW 和 DD_{DTW} 的平均相对误差将会减小 26.30%和 16.33%。这个信息可以在表 2-4 的最后一行“MEAN_2”中获得。

为了进一步验证 C_{ADE} 模型与 DTW、DDTW 和 DD_{DTW} 三种模型的性能之间是否存在显著性差异，对各个模型的分类精度进行非参数统计检验。Friedman 检验显示，由于 p 值等于 0.802×10^{-4}，说明 C_{ADE} 模型与 DTW、DDTW 和 DD_{DTW} 三种模型之间存在显著性差异（p 值小于 0.05 存在显著性差异）。此外，在表 2-5 中所示的 Wilcoxon 符号秩检验的结果表明，C_{ADE} 模型显著优于 DTW 和 DDTW 模型，对应的 p 值分别为 0.027 8 和 0.000 5；C_{ADE} 模型没有显著优于 DD_{DTW} 模型，对应的 p 值为 0.093 6。

表 2-5　Wilcoxon 符号秩检验

模型比较	R^+	R^-	p 值	C_{ADE} 是否更优
C_{ADE} versus DTW	136	35	0.027 8	是
C_{ADE} versus DDTW	166	5	0.000 5	是
C_{ADE} versus DD_{DTW}	124	47	0.093 6	否

注：R^+表示正秩和；R^-表示负秩和

总而言之，C_{ADE}模型的性能优于 DTW、DDTW 和 DD_{DTW}三种模型，体现在对所有 18 个数据集进行单个检验或整体检验上。而且所有实验的最大标准差为 3.66%，说明 C_{ADE}模型的鲁棒性很好。

2.5 本 章 小 结

本章从一个全新的视角提出了 MTS 分类方法 C_{ADE}。一方面，笔者提出了如何利用一个 RNN 的网络状态空间推断出分类器，这与传统的利用 RNN 进行分类任务的方法完全不同。在学习过程中，将 MTS 样本输入网络并收集产生的网络状态，然后利用这些网络状态产生分类器。通过这种方式，C_{ADE}显性地考虑了 MTS 样本的二维属性（一个 MTS 样本在本质上是一个二维矩阵数据类型），即考虑了 MTS 样本数据类型的内在属性。另一方面，笔者阐述了如何利用有效的和有效率的智能算法 ADE 优化学习过程中产生的参数。

实验结果表明，C_{ADE} 的主要优势体现在以下三个方面：①与其他已知的最优 MTS 分类方法 DTW、DDTW 和 DD_{DTW}相比，C_{ADE}的分类精度更高。在所选择的 18 个数据集中，C_{ADE}能够比 DTW、DDTW 和 DD_{DTW}在至少 2/3 的数据集上获得更好的分类结果。如果不考虑数据集“Arabic digits”和“Pen digits”，C_{ADE} 与 DTW、DDTW 和 DD_{DTW}相比较的最好平均相对误差减小了 43.72%，最差平均相对误差减小了 16.33%。②所有实验结果的最大标准差为 3.66%，说明 C_{ADE}的鲁棒性很好。③C_{ADE}适用于不同的数据集，不会出现过度拟合问题。

然而，C_{ADE} 对于含有大量样本的数据集的分类结果不是很理想，主要是因为 C_{ADE} 平衡了计算精度和算法运行时间之间的关系。因此，未来关于该研究的扩展可以从降低 Conceptor 的计算复杂度、降低训练阶段的运行时间及提高大样本数据集的分类精度等几个方面进行。同时，扩展研究也可以采用新的技术从降低 MTS 样本的维度或长度等角度进行。例如，可以将 MTS 分类方法中的属性–值表示法与所提出的 C_{ADE}进行结合。

3 基于BSA优化ESN的时间序列预测

本章关注 ESN 的改进，然后使用改进的 ESN 用于单变量时间序列预测问题研究。使用智能算法 BSA 替代传统的线性回归方法优化 ESN 的输出连接权值矩阵，从而解决由线性回归方法计算输出连接权值矩阵造成的 ESN 网络过度适应问题，提升 ESN 模型的通用性及其预测精度，并通过大量数值实验进行性能验证。

3.1 引　　言

众所周知，ESN 属于储备池计算。由储备池计算方法的属性可知，网络中只有储备池到输出层的连接权值矩阵需要计算，而网络的其他连接权值矩阵，包括输入层到储备池的连接权值矩阵、储备池内部连接权值矩阵和输出层到储备池的反馈连接矩阵，都在网络初始化阶段随机生成并在整个训练过程中保持不变。在经典ESN中，储备池到输出层的连接权值矩阵$\boldsymbol{W}^{\text{out}}$采用线性回归方法进行计算。尽管线性回归方法能够节省计算成本，但是会导致网络的过度拟合。过度拟合是神经网络模型中一个常见问题，其基本现象是网络在训练过程中能够很好地拟合训练样本，然而，在测试过程中获得的结果与期望结果之间的误差很大。在标准 ESN 模型中，使用线性回归方法计算的$\boldsymbol{W}^{\text{out}}$将会很好地拟合训练样本，但是，该训练好的网络用于测试时可能表现不佳。因此，ESN 的$\boldsymbol{W}^{\text{out}}$需要通过其他一些方法进行优化，从而提升 ESN 的性能。

针对ESN的$\boldsymbol{W}^{\text{out}}$的优化是一个离散优化问题。此外，一般情况下，优化变量的维数等于储备池中神经元的个数。储备池中的神经元个数必须足够多（100~1 000 个），以便储备池能够很好地映射输出信号所含有的特征。总而言之，ESN 的$\boldsymbol{W}^{\text{out}}$优化是一个离散、高维、复杂和强非线性的优化问题。对于这样的优化问题，许多研究指出基于优化技术的进化算法在解决此类优化问题时能够表现出不错的效率。

进化算法的灵感来自生物进化的事实，包括基于种群的集体行为系统优化等。进化算法在解决神经网络优化这方面表现出了很强的能力。Kobialka 和 Kayani（2010）使用贪婪特征选择方法排除无关的 ESN 内部状态。Mirjalili 等（2012）提出混合粒子群算法和引力搜索算法来训练前馈神经网络，以减少局部极小值和解决当前进化学习算法收敛速度慢的问题。Wang 和 Yan（2015）提出以离散二进制粒子群优化算法（discrete binary particle swarm optimization algorithm，BPSO）作为特征选择方法来确定 ESN 的储备池到输出层的最佳连接结构，获得比经典特征选择方法最小角度回归（least angle regression，LAR）更好的结果。Wang 等（2015）提出了 ADE 算法来寻找反向传播神经网络（back-propagation neural network，BPNN）全局初始连接和阈值，以提高预测精度。类似地，Chouikhi 等（2017）应用普通粒子群优化算法（particle swarm optimization algorithm，PSO）对 ESN 的固定权值矩阵进行预训练，以提高网络的学习性能。

BSA 是一种进化算法范畴的新的智能算法（Civicioglu，2013）。BSA 在解决复杂优化问题时，是一种高效的、计算成本更低的、更容易实现的、参数更少的和更快地收敛的有效方法。BSA 一经提出便吸引了众多研究人员，且有关 BSA 的研究在各个领域不断取得成功，如数值优化（Civicioglu，2013；Wang et al.，2016a）、自动发电控制（Madasu et al.，2017）、社区发现（Zou et al.，2017）、功率流（Chaib et al.，2016）等。因此，BSA 可以作为一种有效的和有效率的方法用于优化 ESN 的输出连接权值矩阵。

基于以上的讨论，本章选取 ESN 作为基本的预测模型，并使用 BSA 优化 ESN 的输出连接权值矩阵。本章使用的时间序列预测研究流程如图 3-1 所示。BSA 在各个领域都有成功的应用，但是，Wang 等（2016a）表示，BSA 具有很强的全局搜索能力，但是其局部搜索能力比较弱，如何平衡这两种能力仍然是一个有挑战的任务。因此，为了平衡 BSA 的这两种能力，本章提出了三种 BSA 变体：APSS-BSA、AMFS-BSA 和 APSS&AMFS-BSA。这三种 BSA 变体采用了不同的自适应策略以提升 BSA 的性能，从而提升优化的 ESN 的性能。本章的主要贡献包括以下两个方面：①使用 BSA 或 BSA 变体优化的 ESN 用于时间序列预测；②提出三种 BSA 变体提升 BSA 自身的性能。

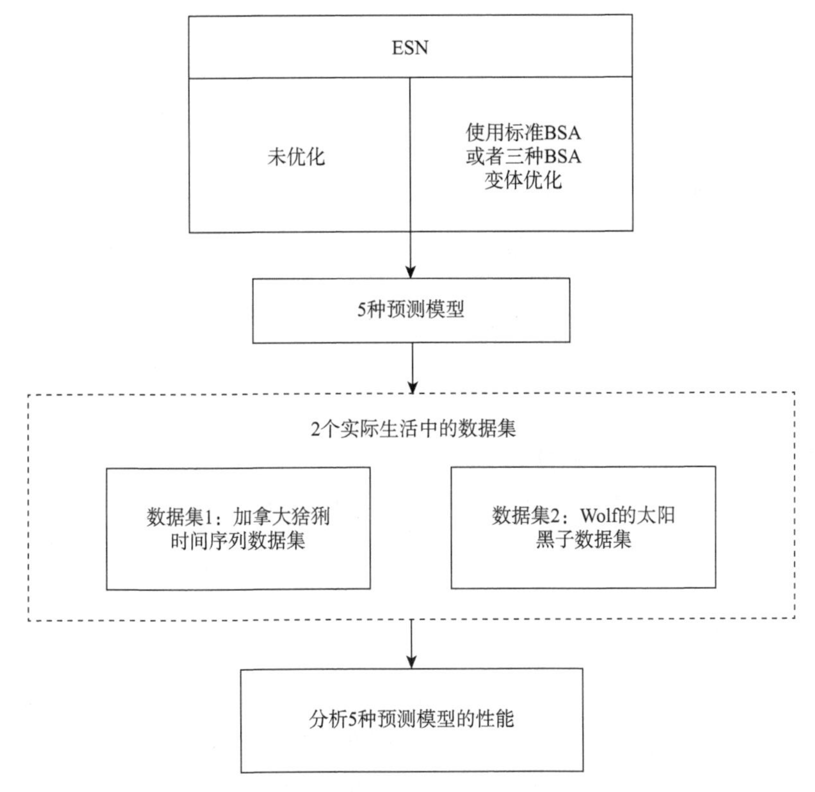

图 3-1　本章使用的时间序列预测研究流程图

3.2　BSA 及其改进

3.2.1　理论框架

BSA 是一种基于种群迭代的进化算法，主要包括 5 个基本算子：初始化（initialization）、选择Ⅰ（selection-Ⅰ）、变异（mutation）、交叉（crossover）和选择Ⅱ（selection-Ⅱ）。由于 BSA 在为下一次迭代确定搜索方向和产生新试验种群时会从历史种群中获取一个种群进行使用，因而，BSA 能够“记忆”历史种群的信息，这个特性增加了BSA的全局寻优能力。而且，BSA的参数简单，只有交叉概率这个参数需要设定，这在很大程度上降低了参数设置过程的难度，节省了计算成本。以上两个优点使得BSA在广泛的领域得到应用。BSA的一般结构如算法 3-1 所示。

算法 3-1 BSA 的一般结构

1. 初始化

repeat

2. 选择 I

 产生试验种群

3. 变异

4. 交叉

 end

5. 选择 Ⅱ

until 达到停止准则

BSA 的五个算子具体解释如下。

（1）初始化。当前种群 $\boldsymbol{P}$ 和历史种群 $\mathbf{old}\boldsymbol{P}$ 都是通过均匀分布实现的，如式（3-1）和式（3-2）所示：

$$P_{i,j} \sim U_j\left(\text{low}_j, \text{up}_j\right) \tag{3-1}$$

$$\text{old}P_{i,j} \sim U_j\left(\text{low}_j, \text{up}_j\right) \tag{3-2}$$

其中，$i=1,2,\cdots,\text{NP}$，$j=1,2,\cdots,D$；NP 和 D 分别表示种群的大小和所求解问题的编码的维度；$P_{i,j}$ 表示种群 $\boldsymbol{P}$ 中第 i 个个体的第 j 个维度的取值；$U_j\left(\text{low}_j,\text{up}_j\right)$ 表示以第 j 维变量的上界 up_j 和下界 low_j 为边界的均匀分布；P_i 和 $\text{old}P_i$ 分别表示种群 $\boldsymbol{P}$ 和种群 $\mathbf{old}\boldsymbol{P}$ 的第 i 个个体。

（2）选择 I 。BSA 的选择 I 操作是在每次迭代之前确定历史种群 $\mathbf{old}\boldsymbol{P}$，用于确定当代迭代的搜索方向。选择 I 操作采用“if-then”规则确定 $\mathbf{old}\boldsymbol{P}$，如式（3-3）所示：

$$\text{if } a<b \text{ then } \mathbf{old}\boldsymbol{P}=\boldsymbol{P} \mid a,b \sim U(0,1) \tag{3-3}$$

其中，a 和 b 是两个服从 $U(0,1)$ 均匀分布的随机变量。当 $\mathbf{old}\boldsymbol{P}$ 确定之后，$\mathbf{old}\boldsymbol{P}$ 采用式（3-4）来随机扰乱种群中的个体顺序：

$$\mathbf{old}\boldsymbol{P}=\text{permuting}\left(\mathbf{old}\boldsymbol{P}\right) \tag{3-4}$$

（3）变异。BSA 的变异主要通过式（3-5）实现：

$$\mathbf{Mutant}=\boldsymbol{P}+F\times\left(\mathbf{old}\boldsymbol{P}-\boldsymbol{P}\right) \tag{3-5}$$

其中，变异因子 F 通常取值为 $3\times\text{randn}$ [$\text{randn}\sim N(0,1)$，$N(0,1)$ 是标准正态分布]，其主要功能是控制搜索方向矩阵（ $\mathbf{old}\boldsymbol{P}-\boldsymbol{P}$ ）的幅度，并决定初始的实验种群 **Mutant** 的产生。

（4）交叉。BSA 的交叉策略与传统的进化算法不同，为了得到最终实验种群而进行的交叉操作是通过式（3-6）实现的：

$$T_{i,j}=\begin{cases}\text{Mutant}_{i,j}, & \text{map}_{i,j}=1\\ P_{i,j}, & \text{其他}\end{cases} \tag{3-6}$$

其中，**map** 矩阵是 0-1 矩阵，其初始元素全部为 1，在进行交叉时 **map** 按照式（3-7）进行更新：

$$\begin{cases}\text{map}_{i,u_{(1:\lceil \text{mixrate}\cdot\text{rand}\cdot D\rceil)}}=0, & a<b \mid u=\text{permuting}\left(\langle 1,2,\cdots,D\rangle\right)\\ \text{map}_{i,\text{randi}(D)}=0, & \text{其他}\end{cases} \tag{3-7}$$

其中，$\lceil\ \rceil$是向上取整操作；rand、a 和 b 是三个服从$U(0,1)$均匀分布的随机变量；randi( )是从离散均匀分布中产生的伪随机整数。交叉概率 mixrate 用来控制变异过程中每个个体实现变异的维度数目，通常设定为$\lceil \text{mixrate}\cdot\text{rand}\cdot D\rceil$。在执行完交叉操作之后，检查每个个体的所有维度的取值是否在其取值范围之内，对不在取值范围内的维度通过式（3-8）进行控制，以保证该个体是可行的。公式如下：

$$T_{i,j}=\text{rand}\cdot\left(\text{up}_j-\text{low}_j\right)+\text{low}_j \tag{3-8}$$

（5）选择Ⅱ。BSA 的选择Ⅱ操作主要是记录当代迭代过程中产生的最优解和已经获得的全局最优解。对于实验种群 $\boldsymbol{T}$ 中的每个个体 T_i，如果其适应值优于对应的原种群 $\boldsymbol{P}$ 中个体 P_i 的适应值，则用 T_i 去替换 P_i；否则，保持 P_i 不变。在种群 $\boldsymbol{P}$ 更新完成之后，如果种群 $\boldsymbol{P}$ 的最优解 P_{gbest} 比已经获得的全局最优解 P_{best} 更优，则用 P_{gbest} 去更新 P_{best}。

3.2.2　优缺点分析

BSA 的优点可以概括为以下几点：①与其他进化算法类似，BSA 算法原理简单，通用性较强，易于实现；②与其他进化算法相比，BSA 能够“记忆”历史种群的信息，这个特性增加了 BSA 的全局寻优能力；③BSA 的参数设置过程简单，只有交叉概率这个参数需要设置，这在很大程度上降低了参数设置过程的难度，节省了计算成本。

同时，BSA 也存在一些不足：①BSA 在解空间的全局搜索能力较强，而其局部搜索能力较弱；②BSA 对于无约束连续优化问题而言性能优越，但是，对于非连续优化问题，其性能还未得到验证；③BSA 的理论研究还有待进一步完善。

3.2.3　改进的 BSA

类似于其他进化算法，虽然标准的 BSA 在处理复杂的优化问题时能够体现优越的性能，但是其性能还有提升的空间。一方面，BSA 拥有一个记忆池用于“记忆”先前迭代过的种群信息，在每次迭代之前，随机选择一个历史种群和当代种群相结合，用于决定试验种群产生时的局部搜索方向。这个随机选择历史种群的策略虽然能够保证随机性，但是不能保证整体较优的种群以一个较大的概率被选中，从而影响了 BSA 的全局搜索能力。另一方面，在标准 BSA 中，变异因子 F 是随机给定的，并没有经过实验去验证。然而，这个参数对BSA的性能起着至关重要的作用，它能够平衡算法的搜索能力和收敛性之间的关系。基于此，笔者有足够的理由相信：如果BSA的这两个方面的内容能够得到优化，其整体性能必然能够提升。因此，本章提出了三种 BSA 变体，用来提升标准 BSA 的性能。以下将介绍三种 BSA 变体的具体内容。

1. BSA 变体 1：APSS-BSA

一般来说，进化算法的子代种群选择策略对于其自身的性能有着相当大的影响，BSA也不例外。在标准BSA中，选择 I 操作决定用于产生试验种群时的历史种群 **old*P***。虽然标准的选择 I 能够随机地从所有的历史种群中选择一个种群，随机性能够得到保证，但是不能保证所有的历史种群中较优的种群以较高的概率被选中作为当代的历史种群。为了解决这个问题，本节提出自适应种群选择策略（adaptive population selection scheme，APSS）去替换选择 I 操作中的随机选择策略，改进后的BSA 被称作 APSS-BSA。APSS 是基于轮盘赌的思想，其伪代码如算法 3-2 所示。

算法 3-2 APSS 的伪代码

输入：G，$P^{(i)}(i=1,2,\cdots,G)$

输出：old$P$

0 $\text{fitness}_{\text{total}}=0$，$\text{prob}_{(1:G)}=0$

1 **for** ***i*** from 1 to G **do**

2 计算每个种群 $P^{(i)}(i=1,2,\cdots,G)$ 的适应值，记为 fitness_i

3 $\text{fitness}_{\text{total}}=\text{fitness}_{\text{total}}+\text{fitness}_i$

4 **end**

5 **for** ***i*** from 1 to G **do**

6 $\text{prob}_i=\dfrac{\text{fitness}_i}{\text{fitness}_{\text{total}}}$

7 **end**

8 **for** ***i*** from 1 to G **do**

9 **if** $i==1$

10 $\text{lowProb}=0$，$\text{upProb}=\text{prob}_i$

11 **else**

```
12              lowProb = prob_i ,  upProb = Σ_{j=1}^{i} prob_j
13        end
14        if  lowProb ⩽ rand  &  rand < upProb
15              oldP = P^(i)
16              break
17        end
18 end
19 return oldP
```

在算法 3-2 中，计算种群 $P^{(i)}\left(i=1,2,\cdots,G\right)$（$G$ 是当前迭代次数）适应值的过程主要分为三个步骤：第一步，计算种群 $P^{(i)}$ 中每个个体 $P_j^{(i)}\left(j=1,2,\cdots,\text{popSize}\right)$ 的适应值，记为 $\text{fitness}_{P_j^{(i)}}$；第二步，将种群 $P^{(i)}$ 的所有个体的适应值累加，获得种群的适应值之和，记为 $\text{fitness}_{\text{total}\left(P^{(i)}\right)}=\sum_{j=1}^{\text{popSize}}\text{fitness}_{P_j^{(i)}}$；第三步，计算并获得种群 $P^{(i)}$ 的平均适应值，记为 $\text{fitness}_i=\dfrac{\text{fitness}_{\text{total}\left(P^{(i)}\right)}}{\text{popSize}}$。适应值是常用的测量期望输出和实际输出的误差函数值的倒数。

2. BSA 变体 2：AMFS-BSA

参数设置对于算法的性能也有重要的影响。在标准 BSA 中，变异因子 F 是随机给定的，并没有经过实验去验证。然而，这个参数对 BSA 的性能起着至关重要的作用，它能够平衡算法的全局搜索能力和收敛性之间的关系。如果 F 取值大，那么BSA的全局搜索能力会很强，然而获得的全局最优解可能展现出低精度。如果 F 取值小，那么 BSA 在迭代过程中的收敛速率会提高，然而其全局搜索能力会减弱。针对 F 的取值问题，本节提出用 AMFS 去替换标准 BSA 中随机给定的策略。AMFS 是受 ADE（Wang et al.，2015）的启发而得到的，其基本思想如下所示：

$$F=F_{\min}+\left(F_{\max}-F_{\min}\right)\times \mathrm{e}^{1-\frac{\text{Gen}M}{\text{Gen}M-G+1}} \tag{3-9}$$

其中，$F_{\max}$ 和 $F_{\min}$ 分别表示变异因子 F 的最大值和最小值；Gen$M$ 表示 BSA 的最大迭代次数；G 表示当前迭代次数。由式（3-9）可以看出，F 的取值是随算法的迭代而改变的，不同于标准 BSA 中随机取值之后保持不变的策略。在 BSA 迭代开始阶段，F 取值较大，用于保证搜索时种群的多样性；在随后的迭代过程中，F 取值逐渐变小，种群的搜索范围将收缩，主要是为了保证目前已经获得的优秀的个体能够被保留。

3. BSA 变体 3：APSS&AMFS-BSA

本节提出的第三个 BSA 变体称作 APSS&AMFS-BSA，该变体利用前文提到的 APSS 和 AMFS 同时去替代标准 BSA 中的相关操作。在一个 BSA 进程中，将 APSS 和 AMFS 策略结合起来主要是基于 BSA 的性能同时受种群选择策略和参数设置策略的影响。而且，APSS 和 AMFS 策略可以以一种相互促进的方式来提高 BSA 性能。APSS&AMFS-BSA 能够有效地提升标准 BSA 的搜索能力和收敛速率。

3.3 设计的 BSA-ESN 混合预测模型

3.3.1 模型简介

在本章的仿真实验中，选取经典的 ESN 作为时间序列预测的基本模型。所选取的 ESN 采用基本结构，并且设定输入层到输出层之间没有连接，输出层到输出层自身没有连接，且输出层到储备池没有反馈连接。具体的模型在第 1 章有详细介绍。在一般的情况下，ESN 的输出层的单元数目为 1。也就是说，本章中要优化的 ESN 的输出连接权值矩阵 $\boldsymbol{W}^{\text{out}}$ 的大小为 $1\times N$。不过，这里不仅仅采用经典的 ESN，而且还采用优化的 ESN。至于对 ESN 的优化，其优化目标是输出连接权值矩阵 $\boldsymbol{W}^{\text{out}}$，采用的方法是标准的 BSA 及三种 BSA 变体，因此，有以下五种预测模型。

（1）ESN：标准的 ESN 模型。

（2）BSA-ESN：ESN 优化模型，采用标准的 BSA 去优化输出连接权值矩阵 $\boldsymbol{W}^{\text{out}}$。

（3）APSS-BSA-ESN：ESN 优化模型，采用 BSA 变体 APSS-BSA 去优化输出连接权值矩阵 $\boldsymbol{W}^{\text{out}}$。

（4）AMFS-BSA-ESN：ESN 优化模型，采用 BSA 变体 AMFS-BSA 去优化输出连接权值矩阵 $\boldsymbol{W}^{\text{out}}$。

（5）APSS&AMFS-BSA-ESN：ESN 优化模型，采用 BSA 变体 APSS&AMFS-BSA 去优化输出连接权值矩阵 $\boldsymbol{W}^{\text{out}}$。

在以上五个模型中，模型（2）、（3）、（4）和（5）是优化的 ESN 模型，采用标准的 BSA 或者 BSA 变体优化了 ESN 的输出连接权值矩阵 $\boldsymbol{W}^{\text{out}}$。此时，BSA 的每个个体代表一个 $\boldsymbol{W}^{\text{out}}$ 的取值，其维度等于 ESN 储备池中神经元的数目，记为 D。在 BSA 的每次迭代过程中，将会获得一组个体，也就是一组 $\boldsymbol{W}^{\text{out}}$ 的取值。基于每个个体，可以得到网络的实际输出 $\hat{y}_t\left(t=1,2,\cdots,k\right)$（$k$ 是预测值的个数）。实际值 $\hat{y}_t$ 和期望值 y_t 之间的误差测量函数值的倒数作为 BSA 个体的适应值。

3.3.2　BSA 优化 ESN 的流程

利用 BSA（标准 BSA 或者 BSA 变体）优化 ESN 的输出连接权值矩阵 $\boldsymbol{W}^{\text{out}}$ 的流程如图 3-2 所示。主要流程可以分为以下几步。

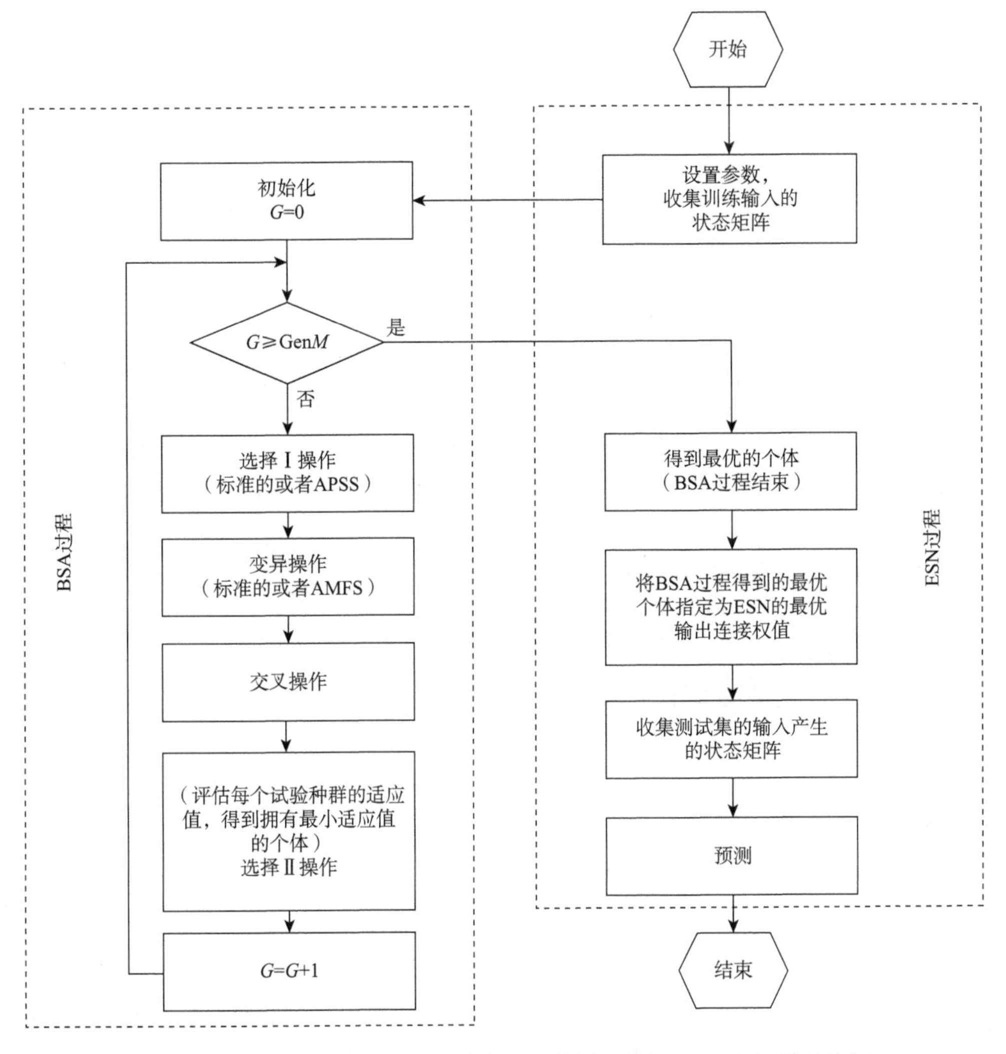

图 3-2　利用 BSA（标准 BSA 或者 BSA 变体）优化 ESN 的 $\boldsymbol{W}^{\text{out}}$ 的流程

步骤 1：参数设置和收集输入信号的状态矩阵。初始化设置表 3-1 中所示的所有参数，然后计算状态矩阵。

表 3-1　参数描述

ESN		BSA	
参数名称	参数描述	参数名称	参数描述
N	储备池大小	NP	种群大小
SP	稀疏度	Gen$M$	最大迭代次数
SR	谱半径	F	变异因子
WL	清洗长度	$F_{\min}$	最小变异因子
		$F_{\max}$	最大变异因子
		$\left[\text{low}_j, \text{up}_j\right], j=1,2,\cdots,D$	基因取值范围

步骤 2：使用式（3-1）和式（3-2）初始化 BSA 的两个种群 $\boldsymbol{P}$ 和 old$\boldsymbol{P}$。设置初始迭代数 $G=0$。

步骤 3：判断 BSA 的迭代次数是否达到最大迭代次数。如果当前迭代次数 G 等于最大迭代次数 Gen$M$，则 BSA 迭代过程结束，获得最优解；否则，流程继续执行。

步骤 4：依据 BSA 的选择Ⅰ、变异及交叉三个操作获得试验种群 $\boldsymbol{T}$。

步骤 5：计算实验种群 $\boldsymbol{T}$ 中每个个体的适应值。然后，按照 BSA 的选择Ⅱ操作更新种群 $\boldsymbol{P}$。比较当前迭代过程获得的最优个体的适应值与目前获得的全局最优个体的适应值，适应值较小的作为新的全局最优的适应值且对应的个体更新为全局最优个体。

步骤 6：更新 $G=G+1$。返回步骤 3。

步骤 7：将 BSA 获得的最优个体设置为 ESN 的最优输出连接权值矩阵 $\boldsymbol{W}^{\text{out}}$，ESN 网络训练完成。

步骤 8：将测试集中样本按顺序输入训练好的 ESN 进行预测。

3.4　数值实验和结果分析

3.4.1　实验设置

本章所设计的实验基于两个现实生活中产生的时间序列数据集。完成所有实验的个人电脑配置如下：操作系统是 Windows 7 个人版，处理器是 Intel（R）

Core（TM） i7-4790K CPU @4.00 GHz、8 GB 内存。运行实验的软件环境是Matlab 2016b。

3.4.2 数据集

两个现实生活中产生的时间序列数据集被用来验证本章所提出的五种预测模型的可行性及其有效性。第一个时间序列是加拿大猞猁时间序列，主要为1821~1934年观测到的被困猞猁的数量（Campbell and Walker，1977）。第二个时间序列是太阳黑子时间序列，主要为1700~1987年每年观察到的太阳表面的太阳黑子的数量（Cottrell et al.，1995）。这两个时间序列拥有非线性特征，如波动和周期性趋势，因此，被广泛应用于验证非线性时间序列预测模型的研究（Zhang，2003；Ghiassi and Saidane，2005；Khashei and Bijari，2012；Adhikari，2015；Wang et al.，2015）。ESN拥有良好且灵活的非线性建模能力和很强的自适应能力，因此，这两个时间序列适用于验证标准ESN和优化ESN的可行性和有效性。在应用这两个时间序列时，主要考虑的是单步预测。

3.4.3 数据预处理及性能评估标准

为了提高本章所提出的五种预测模型的性能，在开始实验的时候，先要对原始数据进行规范化处理。规范化的目的是使数据集中的每个数据被规范到范围$[0,1]$中，可以通过使用式（3-10）进行线性化转换：

$$x = \frac{x - x_{\min}}{x_{\max} - x_{\min}} \tag{3-10}$$

其中，$x_{\max}$和$x_{\min}$分别表示数据集中的最大值和最小值。为了获得更好的实验效果，加拿大猞猁数据集会先使用log函数（以10为底）进行处理，然后再进行数据规范化处理（Adhikari，2015；Wang et al.，2015）。数据预处理主要是为了避免大数值范围产生的属性控制小数值范围产生的属性。

目前，用于测量时间序列预测模型精度的方法有很多（Zhang，2003；Ghiassi and Saidane，2005；Khashei and Bijari，2012；Adhikari，2015；Wang et al.，2015）。本章将采用三种常用的评估预测精度的方法：MSE、MAD和MAE[①]，具体定义如下：

① MSE（mean squared error），均方误差；MAD（mean absolute deviation），平均绝对偏差；MAE（mean absolute error），平均绝对误差。

$$\text{MSE}=\frac{1}{k}\sum_{t=1}^{k}\left(\hat{y}_t-y_t\right)^2 \tag{3-11}$$

$$\text{MAD}=\frac{1}{k}\sum_{t=1}^{k}\left|\hat{y}_t-\bar{\hat{y}}\right| \tag{3-12}$$

$$\text{MAE}=\frac{1}{k}\sum_{t=1}^{k}\left|\hat{y}_t-y_t\right| \tag{3-13}$$

其中，$\hat{y}_t$ 和 y_t 分别表示预测值和实际值；k 表示预测值的个数；$\bar{\hat{y}}$ 表示所有预测值的平均值，计算公式为

$$\bar{\hat{y}}=\frac{1}{k}\sum_{t=1}^{k}\hat{y}_t \tag{3-14}$$

3.4.4 参数设置

本章所提出的五种预测模型的性能主要取决于采用的ESN的性能，而ESN受其结构和参数的影响。一般地，ESN 的输出层单元数目为 1，输入层单元的数目从集合 $\{1,2,\cdots,10\}$ 中选择，储备池的大小从集合 $\{200,300,500\}$ 中选择。因此，对于五种预测模型中的每个预测模型，本章会研究 300 个候选结构并选择其中最优的结构作为该模型的最终结构。ESN 其他的一些参数，如储备池稀疏度（SP），储备池内部连接权值矩阵 $\boldsymbol{W}$ 的谱半径（SR），将会按照已有文献给出的推荐进行设置。也就是说，储备池稀疏度（SP）设置为 5%，谱半径（SR）设置为 0.8（Jaeger，2001a）。连接权值矩阵 $\boldsymbol{W}$ 和 $\boldsymbol{W}^{\text{in}}$ 随机产生并保持不变，且 $\boldsymbol{W}$ 和 $\boldsymbol{W}^{\text{in}}$ 中的元素在区间 $[-1,1]$ 中进行取值。

BSA 中参数对于所提出的模型的性能也起着至关重要的作用。关于BSA的参数设置，主要是基于一系列实验和已有文献的建议。具体参数设置如下：①种群大小设置为 100；②最大迭代次数设置为 100；③交叉概率 mixrate 设置为 1.0；④原始变异因子 $F=3\cdot\text{randn}$ [randn ~ $N(0,1)$，$N(0,1)$ 是标准正态分布]，最大和最小的变异因子分别设置为 0.9 和 0.1（Civicioglu，2013）。

3.4.5 对比实验 1：加拿大猞猁时间序列

加拿大猞猁时间序列记录的是加拿大北部地区的麦肯齐河区域（Mackenzie River district）1821~1934 年每年困住的猞猁的数目。依照已有的关于该时间序列的研究（Zhang，2003；Khashei and Bijari，2012；Adhikari，2015；Wang et al.，2015），该序列的前 100 个数据（87.7%，1821~1920 年）指定为训练集，后 14

个数据（12.3%，1921~1934 年）设计为测试集。本章对于该数据集的使用基本与已有文献类似，除了一个细微的差别：训练集的最后 14 个数据指定为训练过程中的验证集，其主要目的是确定每个预测模型的 300 个实验候选结构中的最优结构。类似于已有研究（Zhang，2003；Khashei and Bijari，2012；Adhikari，2015；Wang et al.，2015），MSE 和 MAE 被选为精度测量指标来评估预测模型的性能。BSA 的每个个体的适应值函数选择为 MSE，各种模型预测情况如图 3-3 所示。

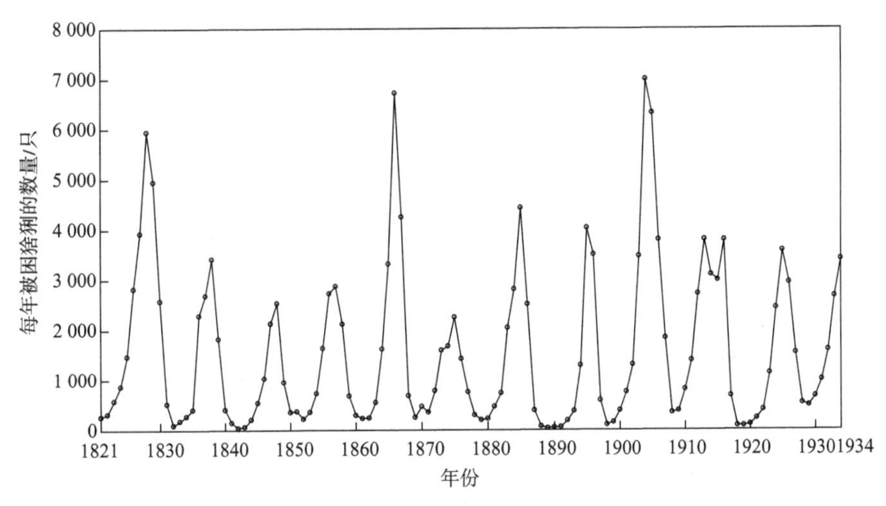

图 3-3　加拿大猞猁时间序列（1821~1934 年）预测情况

对于本章所提出的五种预测模型中的每个模型，在训练阶段会设计 300 个实验候选结构，从而从所有候选结构中选择一个作为该模型的最优结构。表 3-2 显示了所有五种预测模型的最优模型结构和相关训练误差。BSA 和 BSA 变体在优化 ESN 输出权重矩阵过程中的收敛情况如图 3-4 所示，从图中可以看出 APSS&AMFS-BSA 在收敛速率和精度上比 BSA、APSS-BSA 和 AMFS-BSA 更优。

表 3-2　五种预测模型的最优模型结构和相关训练误差

模型	误差（MSE）		模型结构
	训练集	验证集	
ESN	$3.743\,8\times10^{-21}$	0.106 2	8×300×1
BSA-ESN	0.066 8	0.094 3	1×200×1
APSS-BSA-ESN	0.636 0	0.095 6	1×500×1
AMFS-BSA-ESN	0.063 2	0.092 9	1×300×1
APSS&AMFS-BSA-ESN	0.051 7	0.086 0	2×200×1

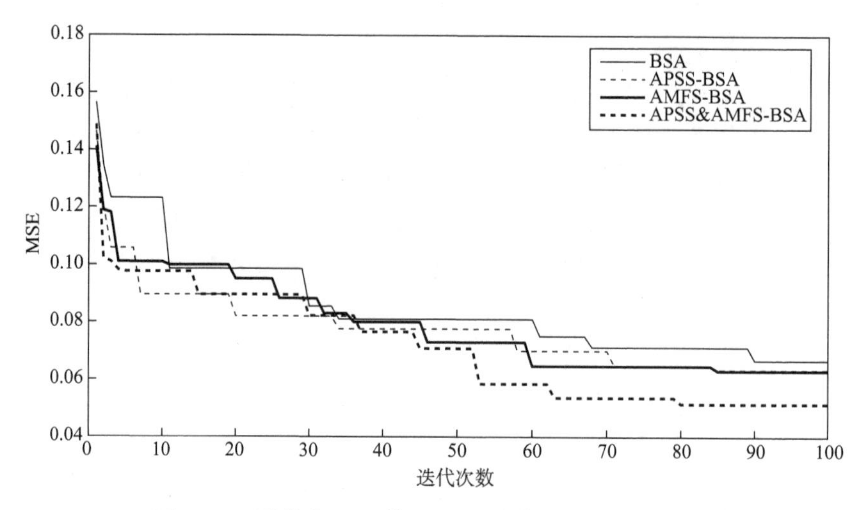

图 3-4　四种优化 ESN 模型 BSA 迭代过程的 MSE 趋势

本章所提出的五种模型的预测结果和该序列的测试集的期望结果如表 3-3 和图 3-5 所示。在表 3-3 中，最优的预测结果用黑体特别标注。

表 3-3　五种模型的预测结果和该序列的测试集的期望结果

年份	实际值	ESN	BSA-ESN	APSS-BSA-ESN	AMFS-BSA-ESN	APSS&AMFS-BSA-ESN
1921	2.359 8	2.189 4	2.254 7	2.373 4	2.331 2	2.304 5
1922	2.601 0	2.850 1	2.602 3	2.684 0	2.641 5	2.676 9
1923	3.053 8	2.719 8	3.051 5	2.963 7	2.916 4	2.923 7
1924	3.386 0	3.269 7	3.430 0	3.453 5	3.374 4	3.413 4
1925	3.553 2	3.619 0	3.593 5	3.577 2	3.554 2	3.546 0
1926	3.467 6	3.162 6	3.357 4	3.443 6	3.459 5	3.448 9
1927	3.186 7	3.227 1	3.089 1	3.169 1	3.133 6	3.109 9
1928	2.723 5	2.916 4	2.863 4	2.931 1	2.800 2	2.819 7
1929	2.685 7	2.437 6	2.665 3	2.630 6	2.495 0	2.539 2
1930	2.820 9	2.840 9	2.733 4	2.825 5	2.733 7	2.840 1
1931	3.000 0	2.938 7	3.081 3	3.134 6	3.000 9	3.093 0
1932	3.201 4	3.254 3	3.215 8	3.262 4	3.171 9	3.263 5
1933	3.424 4	3.358 6	3.340 4	3.330 9	3.303 4	3.319 0
1934	3.531 0	3.401 5	3.417 6	3.429 1	3.427 6	3.495 9

续表

年份	实际值	ESN	BSA-ESN	APSS-BSA-ESN	AMFS-BSA-ESN	APSS&AMFS-BSA-ESN
MSE		0.031 576	0.006 476	0.007 740	0.007 174	**0.005 627**
MAE		0.146 553	0.067 277	0.069 878	0.063 557	**0.062 648**

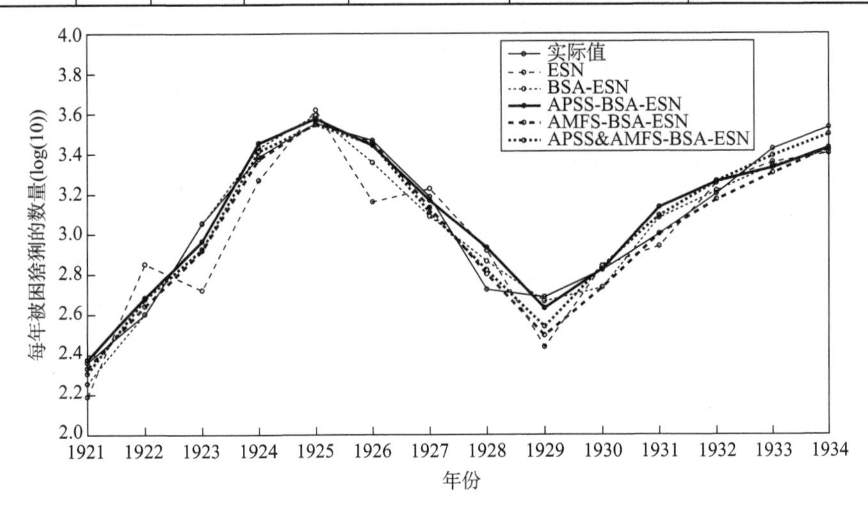

图 3-5 五种模型的预测结果和期望结果

从表 3-2 和表 3-3 中的结果可以看出：将标准 ESN 预测模型的性能与四种优化的 ESN 预测模型的性能相比较时，标准的 ESN 预测模型在训练过程中能够得到很小的训练误差，但是在测试过程中会得到很大的测试误差；相反，四种优化的 ESN 预测模型在训练过程中获得的训练误差较大，而在测试过程中会得到更加小的测试误差。笔者有理由相信产生这种现象的原因是标准的 ESN 预测模型在训练过程出现了过拟合问题。也就是说，对于标准 ESN 模型，其输出连接权值矩阵 $\boldsymbol{W}^{\text{out}}$ 是通过线性回归算法计算的，可能导致网络的严重过拟合问题。然而，四种优化的 ESN 预测模型能够获得比标准 ESN 预测模型更好的预测结果，似乎没有陷入很严重的过拟合。这也就是采用 BSA（标准 BSA 或者 BSA 变体）去优化 ESN 输出连接权值矩阵 $\boldsymbol{W}^{\text{out}}$ 的动机。

相对误差是一种比较流行的度量方法，它表示两个比较方法之间的性能差异。相对误差越小，则对比方法比基本方法的性能更优。对于两种方法 A（基本方法）和 B（对比方法），其误差分别记为 δ_A 和 δ_B，则相对误差为 $\dfrac{\delta_B-\delta_A}{\delta_A}$。本章所提出的 APSS&AMFS-BSA-ESN 预测模型将作为对比方法，而所提出的其他四种预测模型 ESN、BSA-ESN、APSS-BSA-ESN、AMFS-BSA-ESN 及已有文献中的一些模型将作为基本方法。表 3-4 显示采用 MSE 作为测量方法的两两相比较模型的相对误差。

表 3-4　两两相比较模型的相对误差

模型		MSE	MAE	相对误差（MSE）
已有模型	Zhang 的 hybrid ARIMA/ANN	0.017 233	0.103 972	−67.35%
	Khashei 和 Bijari 的 ANN/PNN	0.014 872	0.079 628	−62.16%
	Khashei 和 Bijari 的 ARIMA/PNN	0.011 461	0.084 381	−50.90%
	Wang 等的 ADE-BPNN	0.010 392	0.070 623	−45.85%
	Adhikari 的线性组合法	0.006	0.068	−6.22%
提出的模型	ESN	0.031 576	0.146 553	−82.18%
	BSA-ESN	0.006 476	0.067 277	−13.11%
	APSS-BSA-ESN	0.007 740	0.069 878	−27.30%
	AMFS-BSA-ESN	0.007 174	0.063 557	−21.56%
	APSS&AMFS-BSA-ESN	**0.005 627**	**0.062 648**	**0**

注：黑体数字表示最好的结果

从表 3-4 可以得出：APSS&AMFS-BSA-ESN 预测模型比所提出的其他四种预测模型 ESN、BSA-ESN、APSS-BSA-ESN、AMFS-BSA-ESN 及已有文献中的一些预测模型的预测精度更高。具体表现如下。

（1）APSS&AMFS-BSA-ESN 预测模型比所提出的其他四种预测模型 ESN、BSA-ESN、APSS-BSA-ESN 和 AMFS-BSA-ESN 的预测结果更加准确。当采用 MSE 作为误差测量方法时，APSS&AMFS-BSA-ESN 预测模型相对于 ESN、BSA-ESN、APSS-BSA-ESN 和 AMFS-BSA-ESN 预测模型的预测精度分别提升了 82.18%、13.11%、27.30%和 21.56%。因此，APSS&AMFS-BSA-ESN 预测模型相对于所提出的其他四种预测模型而言能够获得更加准确的预测精度。该信息可以在表 3-4 的最后一列“相对误差（MSE）”中观察到。

为了进一步验证 APSS&AMFS-BSA-ESN 预测模型与所提出的其他四种预测模型的性能之间是否存在显著性差异，以预测结果与期望结果之间的相对误差为测量方法，对测量结果进行非参数统计检验。预测结果与期望结果之间的相对误差越小，说明预测结果越接近期望结果。表 3-5 展示了所提出的五种预测模型的预测结果与期望结果之间的绝对误差。Friedman 检验显示，p 值等于 0.140 5，说明 APSS&AMFS-BSA-ESN 预测模型与所提出的其他四种预测模型的性能之间不存在显著性差异（p 值小于 0.05 才存在显著性差异）。此外，在表 3-6 中所示的 Wilcoxon 符号秩检验的结果表明 APSS&AMFS-BSA-ESN 模型显著优于标准 ESN

模型，对应的 p 值为 0.015 7；而 APSS&AMFS-BSA-ESN 模型没有显著优于 BSA-ESN、APSS-BSA-ESN 和 AMFS-BSA-ESN 模型，对应的 p 值分别为 0.826 1、0.925 0 和 0.509 8。这个检验结果进一步说明了优化的 ESN 模型比标准的 ESN 模型的性能更好。

表 3-5 五种预测模型的预测结果与期望结果之间的绝对误差

年份	ESN	BSA-ESN	APSS-BSA-ESN	AMFS-BSA-ESN	APSS&AMFS-BSA-ESN
1921	0.170 4	0.105 1	0.013 6	0.028 6	0.055 3
1922	0.249 1	0.001 3	0.083 0	0.040 5	0.075 9
1923	0.334 0	0.002 3	0.090 1	0.137 4	0.130 1
1924	0.116 3	0.044 0	0.067 5	0.011 6	0.027 4
1925	0.065 8	0.040 3	0.024 0	0.001 0	0.007 2
1926	0.305 0	0.110 2	0.024 0	0.008 1	0.018 7
1927	0.040 4	0.097 6	0.017 6	0.053 1	0.076 8
1928	0.192 9	0.139 9	0.207 6	0.076 7	0.096 2
1929	0.248 1	0.020 4	0.055 1	0.190 7	0.146 5
1930	0.020 0	0.087 5	0.004 6	0.087 2	0.019 2
1931	0.061 3	0.081 3	0.134 6	0.000 9	0.093 0
1932	0.052 9	0.014 4	0.061 0	0.029 5	0.062 1
1933	0.065 8	0.084 0	0.093 5	0.121 0	0.105 4
1934	0.129 5	0.113 4	0.101 9	0.103 4	0.035 1

表 3-6 Wilcoxon 符号秩检验

模型比较	R^+	R^-	p 值	APSS&AMFS-BSA-ESN是否更优
APSS&AMFS-BSA-ESN versus ESN	14	91	0.015 7	是
APSS&AMFS-BSA-ESN versus BSA-ESN	49	56	0.826 1	否
APSS&AMFS-BSA-ESN versus APSS-BSA-ESN	51	54	0.925 0	否
APSS&AMFS-BSA-ESN versus AMFS-BSA-ESN	63	42	0.509 8	否

（2）APSS&AMFS-BSA-ESN 预测模型比已有文献中的一些预测模型的性能更优。如表 3-4 所示，已有文献中的一些预测模型包括 hybrid ARIMA/ANN（Zhang，2003）、ANN/PNN（Khashei and Bijari，2012）、ARIMA/PNN（Khashei and Bijari，2012）、ADE-BPNN（Wang et al.，2015）和线性组合法（Adhikari，2015）等。APSS&AMFS-BSA-ESN 预测模型比上述五种已有模型的性能更优，体现在以 MSE 作为测量误差时，误差分别相对减小 67.35%、62.16%、50.90%、45.85%和 6.22%。该信息也可以在表 3-4 的最后一列"相对误差（MSE）"中观察到。

3.4.6 对比实验 2：太阳黑子时间序列

太阳黑子序列描述的是每年在太阳表面观测到的黑子的数量。其中，1700~1987 年的 288 年间（228 个数据）成为一个标准的时间序列，被很多文献用来评估各种各样的预测模型（Zhang，2003；Ghiassi and Saidane，2005；Adhikari，2015），包括线性回归模型、非线性回归模型和神经网络模型等。标准太阳黑子时间序列如图 3-6 所示。

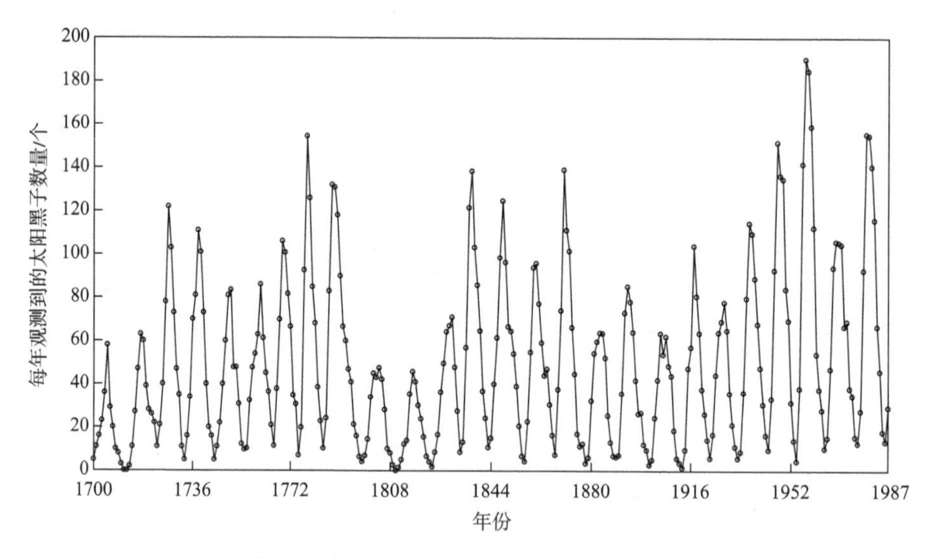

图 3-6 太阳黑子时间序列（1700~1987 年）

在已有的研究中，对于该时间序列的训练集和测试集的划分不同（Zhang，2003；Ghiassi and Saidane，2005；Adhikari，2015）。一方面，Zhang（2003）应用该序列来评估他提出的 ANN、ARIMA 和混合模型。他使用该序列的前 221 个数据（1700~1920 年）作为训练集，分别使用接着的 35 个数据（1921~1955 年）和 67 个数据（1921~1987 年）作为测试集。两种误差测量方法 MSE 和 MAD 被用来评估三种预测模型。Ghiassi 和 Saidane（2005）使用该序列来验证 SPSS、DAN2-M1 和 DAN2-M2 模型的性能，他们采用了与 Zhang（2003）相同的数据集划分方法，也采用了相同的误差测量方法。另一方面，Adhikari（2015）也使用该序列来验证一个线性组合模型，不过他采用不同的数据集划分方法：前 253 个数据（1700~1952 年）作为训练集，最后 35 个数据（1953~1987 年）作为测试集。而且，他采用的误差测量方法是 MSE 和 MAE。

为了验证本章所提出的五种模型的性能，我们对该数据集采用了类似于已有研究的三种划分方法。方案 1 和方案 2 使用前 221 个数据（1700~1920 年）作为训练集，分别使用紧接着的 35 个（1921~1955 年）和 67 个数据（1921~1987 年）作为测试集。方案 3 则使用前 253 个数据（1700~1952 年）作为训练集，紧接着的 35 个数据（1953~1987 年）作为测试集。不同于已有文献对该数据集的划分，这三种划分方法得到的训练集中的最后 35、56 和 35 个数据分别作为验证集，用于从每个预测模型的 300 个实验候选结构中获得最优的结构。经过训练阶段，所提出的预测模型的最优结构和相关训练误差如表 3-7 所示。所提出的五种预测模型和已有预测模型的预测结果如表 3-8 所示，其中最优的结果用黑体特别标注。图 3-7~图 3-9 分别展示了五种预测模型对于三种数据集划分方法的预测性能。

表 3-7　五种预测模型的最优模型结构和相关训练误差

模型	训练集（1700~1920 年）						训练集（1700~1952 年）		
	方案 1（1921~1955 年）			方案 2（1921~1987 年）			方案 3（1953~1987 年）		
	误差（MSE）		结构	误差（MSE）		结构	误差（MSE）		结构
	训练集	验证集		训练集	验证集		训练集	验证集	
ESN	$5.881\,0\times10^{-15}$	754.830 5	10×500×1	$1.908\,9\times10^{-15}$	1 531.943 3	10×500×1	58.301 6	1 177.409 8	1×500×1
BSA-ESN	218.946 8	251.704 1	1×300×1	241.796 3	236.987 0	2×200×1	258.649 5	290.659 9	2×200×1
APSS-BSA-ESN	315.860 4	328.568 3	2×500×1	229.006 8	252.734 4	1×200×1	233.310 3	300.032 3	1×200×1
AMFS-BSA-ESN	257.866 6	199.515 5	6×200×1	204.898 4	231.184 2	2×200×1	227.768 9	256.725 8	5×300×1
APSS&AMFS-BSA-ESN	207.393 0	258.598 1	3×500×1	206.306 8	237.430 2	2×200×1	233.163 2	233.906 4	4×200×1

表 3-8　五种预测模型和已有预测模型的预测结果

模型		训练集（1700~1920 年）		训练集（1700~1952 年）
		方案 1（1921~1955 年）	方案 2（1921~1987 年）	方案 3（1953~1987 年）
		MSE（MAD）	MSE（MAD）	MSE（MAE）
已有模型	Zhang 的 ARIMA	217（11.3）	306（13.0）	N/A
	Zhang 的 ANN	205（10.2）	351（13.5）	N/A
	Zhang 的 Hybrid	187（10.8）	280（12.8）	N/A
	Ghiassi 的 SPSS	167（10.1）	359（14.1）	N/A
	Ghiassi 的 DAN2-M1	197（10.2）	286（11.9）	N/A
	Ghiassi 的 DAN2-M2	146（9.6）	266（12.3）	N/A
	Adhikari 的线性组合法	N/A	N/A	311（13.49）
提出的模型	ESN	448（14.5）	1 165（21.8）	1 826（30.62）
	BSA-ESN	**107（4.5）**	231.4（6.1）	320（13.79）
	APSS-BSA-ESN	150（6.0）	258（7.1）	369（15.19）

续表

模型		训练集（1700~1920 年）		训练集（1700~1952 年）
		方案 1（1921~1955 年）	方案 2（1921~1987 年）	方案 3（1953~1987 年）
		MSE（MAD）	MSE（MAD）	MSE（MAE）
提出的模型	AMFS-BSA-ESN	130（6.6）	241（5.9）	296（12.74）
	APSS&AMFS-BSA-ESN	119（5.8）	**214（6.4）**	**286（12.10）**

注：N/A 表示不适用

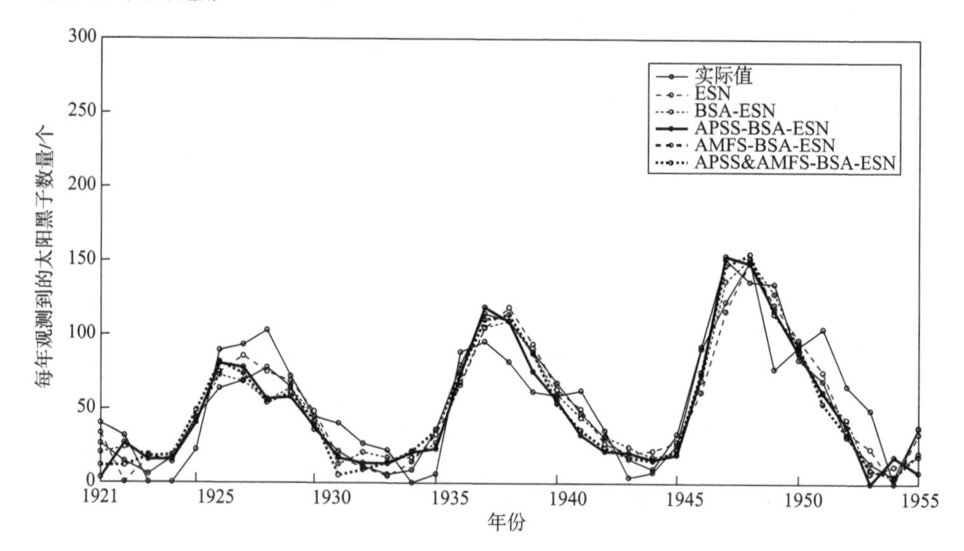

图 3-7　五种预测模型的预测结果（方案 1）

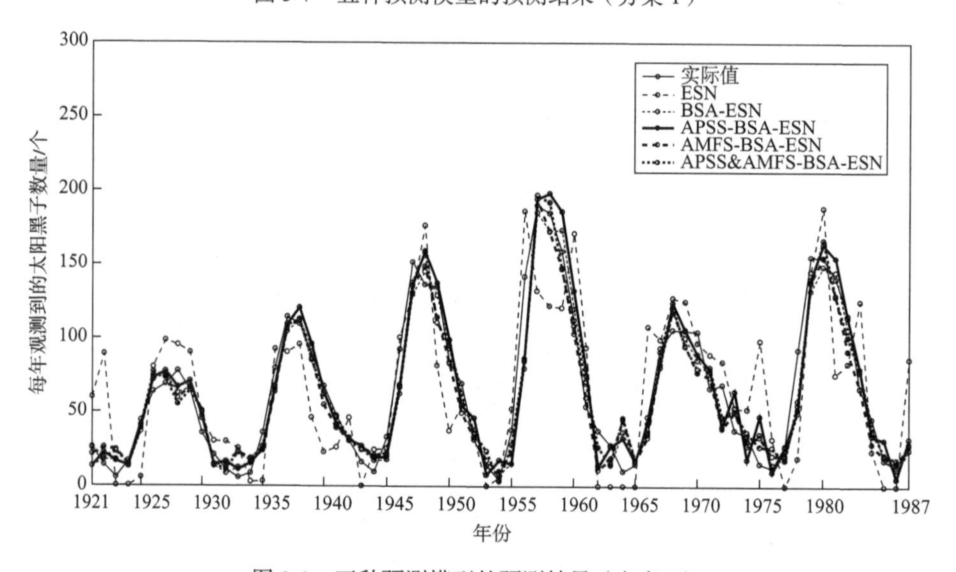

图 3-8　五种预测模型的预测结果（方案 2）

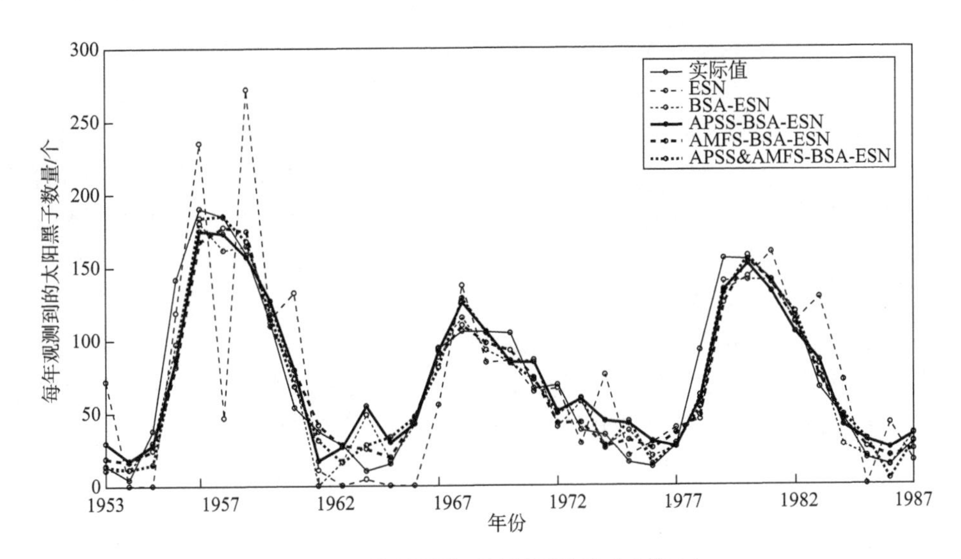

图 3-9 五种预测模型的预测结果（方案 3）

将表3-7和表3-8中所包含的信息进行整合，可以发现在加拿大猞猁时间序列训练过程中存在的现象在本时间序列训练过程中也存在。这个信息可以进一步确认优化的ESN比标准的ESN的性能更优。另外，从表3-8中可以看出，在方案1和方案2中，APSS&AMFS-BSA-ESN的预测精度比已有模型及本章所提出的其他四种模型的预测精度高。但是，将APSS&AMFS-BSA-ESN的预测性能与BSA-ESN的性能进行比较时，可以发现在方案 1 中 APSS&AMFS-BSA-ESN 的预测精度比BSA-ESN的预测精度低，但是，在方案2中APSS&AMFS-BSA-ESN的预测精度比BSA-ESN的预测精度高。至于方案3，APSS&AMFS-BSA-ESN的预测精度比本章所提出的其他四种预测模型及已有模型的预测精度都要高。

3.5 本章小结

为了提升ESN的性能，本章提出了几种优化的ESN，它们的主要思想是解决ESN过度拟合的问题。不同于基本的ESN使用传统的线性回归方法计算输出连接权值$\boldsymbol{W}^{\text{out}}$，优化的ESN使用BSA（标准BSA或者BSA变体）去优化$\boldsymbol{W}^{\text{out}}$，进而避免ESN在训练过程中造成过度拟合。尽管标准BSA在解决复杂优化问题时已经有很好的性能，但是就像其他进化算法一样，它还有提升的空间。为此，本章提出三种BSA变体：APSS-BSA、AMFS-BSA和APSS&AMFS-BSA，用于提升BSA的性能。本章验证的模型包括 ESN、BSA-ESN、APSS-BSA-ESN、AMFS-BSA-ESN

和 APSS&AMFS-BSA-ESN，验证它们在两个广泛使用的时间序列数据集的可行性和有效性。从实验结果中可以得出如下结论：①四种优化的 ESN 模型在总体上能够获得比标准的 ESN 模型更高的预测精度；②APSS&AMFS-BSA-ESN 模型是本章所提出的五种模型中性能最优的，并且它比目前存在的其他预测模型的性能更加优越。有一点值得注意的是，相对于标准的ESN模型，四种优化的ESN模型能够获得更加高的预测精度，但是，BSA 过程需要耗费一些时间，所以优化的 ESN 模型比标准的 ESN 模型更加耗时。

在未来，可以使用其他更有效的智能算法来优化ESN的输出权值矩阵 $\boldsymbol{W}^{\text{out}}$ 。这是基于使用 BSA 优化的 ESN 模型相对于基本的 ESN 模型是相对耗时的事实。同时，也可以应用进化算法来优化具有更复杂结构的 ESN 的输出权值矩阵，因为与 ESN 文献中使用的结构相比，本章所采用的结构是相对简单的。

4　基于组合 ESN 的时间序列预测

组合预测模型不仅在精度和误差变化方面优于单一预测模型，而且能够简化模型的构建和选择过程，同时把预测过程作为一个整体进行处理。本章提出一种基于组合神经网络的单变量时间序列预测模型 NNsLEF，该模型将属于不同种类的四种神经网络进行线性组合，从而能使组合模型继承各个神经网络的优点，进而提升组合预测模型的精度。

4.1　引　　言

在时间序列预测研究领域，提高预测的性能是一个重要而困难的任务。研究者在这个领域已经进行了大量的研究，并提出了一些改进方法，如 ARIMA、SVM 和神经网络等。这些方法拥有各自的优缺点，并不存在哪种方法能全面优于其他方法的情况。在这种情况下，组合预测成为一种有效的和流行的研究方向（Yin et al.，2016）。组合预测方法最早由 Bates 和 Granger（1969）在 20 世纪 60 年代提出。从贝叶斯模型均值的角度可以证明组合预测的理论合理性（Hoeting et al.，1999）。具体而言，在正确的时间序列数据生成过程未知的情况下，可以通过对几种预测模型进行预测，然后将每个模型的预测结果进行加权计算，从而得到最终的结果。

越来越多的研究表明，组合预测模型相对于个体预测模型的优势不仅体现在可以获得更加准确和可靠的预测结果上，而且体现在其能够简化模型构造和选择的过程上，同时还能将整个预测过程作为一个整体进行处理（Kourentzes et al.，2014a）。一般来说，组合预测模型相对于个体预测模型有以下四点优势：①组合预测模型在训练后，在实际预测阶段能获得更好的预测精度；②每个个体预测模型通常可以从不同的或是互补的角度去描述时间序列数据的产生过程；③组合预测的自适应策略可以从合作模块产生的一系列部分解中构造出一个完整的解空间，也就是说，组合预测模型可以允许每个个体模型“占据一定的解空间”；④组合预测可能会减少结构破坏，降低模型不确定性，减少模型错误，从而提高预测的准确性。总而言之，组合预测可以弥补每个个体预测模型的不足，从个体预测模型之间的相互作用中获益，并降低使用单一预测模型的风险。组合预测模型已被广泛应用在各个领域。Newbold 和 Granger（1974）对 106 个单变量时间序列利用不同的单一预测模型及不同的组合预测模型进行验证，结果表明组合预测效果通常优于单一模型。Bopp（1985）采用经济计量模型、时间序列模型和单方程回归模型及三种模型的组合对汽油消费量进行预测，结果表明组合预测模型能获得更好的效果。Andrawis 等（2011）对 NN5 预测竞赛中使用的 111 个自动取款机（automatic teller machine，ATM）上每日的提现额的时间序列利用大约 140 个单一预测模型及组合预测模型进行预测，实验结果表明组合预测模型的性能更优。Kourentzes 等（2014b）指出组合预测模型能够适应使用不同频率采集的样本数据，而且能够在所有短期、中期和长期的预测序列中获得更加准确的预测精度。Adhikari（2015）基于8个时间序列数据对基于4个个体预测模型组合模型和个体预测模型进行性能验证，实验结果表明组合预测模型能够比 4 个个体预测模型在所有 8 个时间序列上获得更好的预测结果。

组合预测的优异表现促使学者们研究了不同的组合方法，多年来积累了宝贵的知识。尽管已经取得了一定的成就，但是仍面临一系列的挑战。

（1）组合预测的第一个相当大的挑战是如何从广泛的预测模型池中选择几个个体预测模型进行组合。组合预测可以继承个体预测模型预测性能，因此，组合预测会比单独的个体预测模型在性能上更优。也就是说，如果个体预测模型能够获得很好的预测结果，那么组合预测的结果会更好。在选择个体预测模型时，需要保证被选中个体模型的多样性。保证个体预测模型的多样性是一种防止过度关注某一类模型的措施，可以从选用不同的预测模型、不同的模型参数、不同的数据预处理过程和不同的外生输入变量等方式保证模型的多样性。

目前，对于组合预测中的个体预测模型的选择方法还没有通用的指南，然而，一些不同的组合技术已经被提出。其中，组合神经网络是一种主要的技术。神经网络是灵活的非线性数据驱动模型，具有很好的预测性能，故神经网络已经成为一种广泛使用的预测模型，如能源（Li et al.，2013）、金融（Bodyanskiy and Popov，2006）、旅游（Song and Li，2008；Chen et al.，2012）、电力负荷（Hippert et al.，2001；Ren et al.，2016）和气候（Fildes and Kourentzes，2011）等。神经网络的主要优点是其灵活的建模能力和展现出来的自适应和数据驱动的机制。神经网络已经被证明是通用的和强大的近似器（Hornik et al.，1989），可以用于近似不同形式的线性和非线性时间序列的数据生成过程。同时，神经网络的文献在实证证据和大规模的比较研究的基础上，极力主张将不同的神经网络模型进行组合，进而避免单一的神经网络模型陷入无法达到预期精度的困境（Barrow et al.，2010；Taieb et al.，2012；Crone et al.，2011；Kourentzes et al.，2014a；Versace et al.，2004）。

尽管神经网络的强大的近似能力使它在时间序列数据建模方面取得了巨大的成功，但是如何科学地确定神经网络的结构是一个巨大的挑战。在神经网络的成功应用中，选择合适的网络结构和参数是至关重要的（Hill et al.，1996）。大多数神经网络是多层感知机（multilayer perceptron，MLP）。MLP 使用 McCulloch- Pitts 神经元模型，该模型是基于加法的集成函数。因此，在为时间序列预测设计的 MLP 中，某些设计因素如神经网络的结构、输入层和隐藏层的神经元的数量都能对神经网络的预测精度产生显著影响（Zhang et al.，1998）。神经网络的输出层的神经元数量通常设置为 1。也就是说，尽管神经网络是传统预测技术的一种很有前景的替代方法，但它们在确定最优拓扑结构和设置参数方面会遇到问题。因此，在找到一个令人满意的神经网络模型之前，应该建立大量的具有不同结构和参数值的实验模型。学者们进行了大量的研究并提出了许多很好的建议。例如，在一个神经网络中可以设计多于 1 个的隐藏层，然而只有 1 个隐藏层结构的神经网络更受欢迎（Adhikari，2015；Hornik et al.，1989；Wang et al.，2015；Zhang et al.，1998）。神经网络中输入层神经元有助于说明观察值之间的关系；隐藏层的神经元定义数据中的属性并帮助建立输入和输出之间的非线性关系。输入层和隐藏层的神经元数量对于提高神经网络的性能也起着相当大的影响（Aladag，2011；Aras and Kocakoç，2016；Lachtermacher and Fuller，1995）。然而，上述这些因素可能会随着问题的改变而改变。因此，确定这些因素在神经网络中的应用是一个至关重要且困难的问题。尽管还没有系统的理论可以应用，但是学者们还是提出了一些启发式方法来解决这个问题（Aladag，2011；Aladag et al.，2010；Anders and Korn，1999；Aras and Kocakoç，2016；Egrioglu et al.，2008；Heravi et al.，2004；Lachtermacher and Fuller 1995）。然而，所有的方法都不能有效地在所有类型的神经网络中应用。

（2）组合预测的另一个重要的挑战是在组合方案中确定每个个体模型的贡献。也就是说，需要确定每个个体预测模型的权重，这将严重影响组合预测的准确性。为了克服这个困难，学者们提出了许多权重组合方法。其中，最简单的是静态类型的，在这类方法中，唯一的权重向量依据历史数据确定，并且在整个预测周期内使用（Martins and Werner，2012）。统计学上的平均技术，如简单均值、中位数和截尾均值，以不加权或者加权的方式成为最传统和最基本的权重组合方法，因为它们没有明确地确定每个个体模型的权重。简单平均法是最早的和最简单的权重组合方法，它给组合模型中的每个个体模型分配大小相等的权重。研究表明，简单均值方法可以达到非常好的准确度，并优于其他一些先进的线性权重组合方法（Clark and McCracken，2009；de Menezes et al.，2000；Makridakis and Winkler，1983）。然而，简单均值方法对于极端值非常敏感。中位数也是一种常用的统计学意义的权重组合方法（Agnew，1985；Jose and Winkler，2008；Barrow et al.，2010）。这种方法可能会过滤掉预测值中的异常值，因而可能会对基于均值的预测性能产生负面影响。截尾均值是另一种常用的统计学意义的权重组合方法（Jose and Winkler，2008）。这种方法先丢弃相同数量的产生最小值和最大值的个体模型，然后对剩下的个体模型取均值进行组合。简单均值法和中位数法是截尾均值法的两个特例。截尾均值法只能在组合预测模型中的个体模型的数量在 3 个以上时应用。也就是说，组合预测模型中个体模型的数量需满足 $n \geqslant 3$。当 $n = 3,4$ 时，截尾均值法与中位数法是一样的情况，这些统计学上的平均技术在不同的预测应用中被广泛使用，研究者提出的这些方法之间没有显著差异（Kourentzes et al.，2014b；McNees，1992）。相对于静态类型的权重组合方法，其他一些组合方法也被研究。与静态方法不同，这些技术在某种意义上可以被认为是动态的，它们的一个共同特征是应用一个权重生成框架动态地决定最优的组合权重。这类动态权重组合方法的主要优点是能够放松样本内的性能依赖和抽象的统计复杂度。研究表明，这些动态权重组合方法能够提高预测的精度（Adhikari，2015；Elliott and Timmermann，2004；Hall and Mitchell，2007；Pauwels and Vasnev，2016；Dos Santos and Vellasco，2015）。

基于以上的讨论，本章提出一个基于神经网络的线性组合预测模型 NNsLEF 用于时间序列预测。所提出的组合预测模型能够整合神经网络和动态权重组合方法的优点，从而提升预测性能。本章的主要贡献包括以下三个方面。

（1）属于不同类型的 BPNN、动态结构神经网络（dynamic architecture for ANN，DAN2）、EANN 和 ESN 被选择作为组合预测模型的个体预测模型。

（2）设计用于确定每个神经网络的输入层和隐藏层节点个数的启发式算法——IHSH。

（3）设计用于确定每个个体预测模型最优权重的动态权重组合方法——ITVPNNW。

（1）和（2）主要是为了克服前面所述的组合预测的第一个挑战，即组合预测中的个体模型的选择问题。（3）是为了克服组合预测的第二个挑战，即组合预测中每个个体模型的权重分配问题。

4.2　所选个体预测模型分析

时间序列预测通过预测模型分析历史数据进而预测未来值。使用单个的预测模型的风险相对较大，即使是“最优的”预测模型也容易暴露不足和出现错误。然而，结合几种“非最优的”预测模型可以模拟实际的数据生成过程（Andrawis et al.，2011；Armstrong，2001；Lemke and Gabrys，2010；Lin et al.，2014）。也就是说，组合预测作为个体预测技术的成功替代技术，可以克服使用单个预测技术的不可避免的限制。在一个典型的组合预测框架中，从个体预测模型池中选择几种合适的个体预测模型是很重要的。尽管每个个体模型都不要求是最优的，但是，被选择的模型既不应该包括性能极其差的模型也不应该放弃任何潜在的性能优越的模型。同时，个体模型的多样性必须得到保证。个体模型的数量是影响组合预测精度的另一个重要因素。然而，由于缺乏理论指导，这一因素很难确定。从经验和实验结果进行分析，在组合预测框架中包含 4 个或者 5 个个体预测模型是提升组合预测精度的好选择（Adhikari，2015；Armstrong，2001；Makridakis and Winkler，1983；Zhou et al.，2002）。

构成本章所提出的组合预测模型 NNsLEF 的 4 个个体预测模型都是神经网络模型，具体是BPNN、DAN2、EANN和ESN。所选择的四种神经网络分属不同的类别，用于保持个体预测模型的多样性。同时，通过考虑不同神经网络的输入层和隐藏层神经元的组合，也可以实现多样性。接下来将会对这四种神经网络的基本概念和建模方法进行简要的介绍。

4.2.1　BPNN

由 Rumelhart 和 McClelland（1986）提出的 BPNN 是一种时间序列预测中最常用的前馈神经网络。BPNN 以误差反向传播学习算法而闻名，是一种基于梯度下降的有监督学习的网络（Zhang et al.，1998；Andrawis et al.，2011；Wang et al.，2015）。BPNN 在预测领域广受好评，主要是因为该网络具有非参数化和非线性建模能力，具有很强的适应性及并行计算能力。标准的 BPNN 包含一个输入层、一个或者多个隐藏层和一个输出层。一般来说，具有一个隐藏层的 BPNN（图 4-1）能够在时间序列预测应用中获得满意的精度（Wang et al.，2015）。

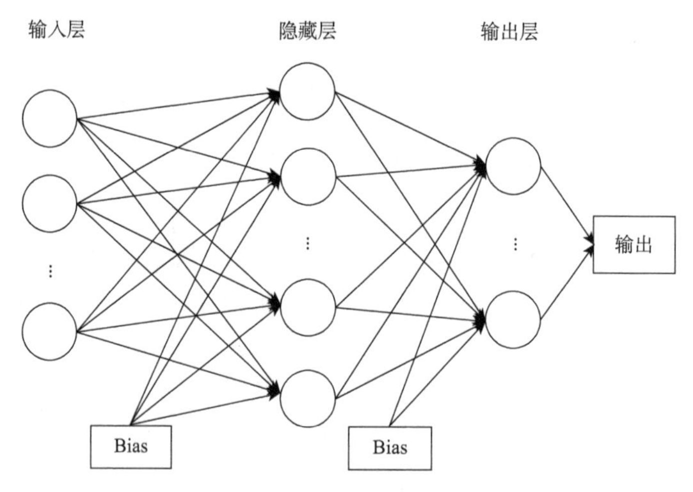

图 4-1 具有一个隐藏层的 BPNN 结构图

4.2.2 DAN2

由 Ghiassi 和 Saidane（2005）提出的 DAN2 属于前馈神经网络，不过采用了与传统前馈神经网络不同的结构。DAN2 在时间序列预测中能够产生很好的预测结果（Ghiassi and Saidane，2005；Ghiassi et al.，2005），其基本原理是，在网络中的每一层上进行学习和知识累积，将获得的信息向下一层传播并进行调整，重复学习、传播和调整过程直到达到期望的网络性能标准。也就是说，在 DAN2 中误差和信息都是前向传播的，这一点与传统的 BPNN 有所不同。一般地，DAN2 的网络结构如图 4-2 所示。尽管 DAN2 的网络结构看起来很复杂，但是其网络结构和经典的前馈神经网络类似。DAN2 在本质上包含一个输入层、一个或多个隐藏层和一个输出层。输入层接收外部的信号输入。一旦输入层的节点数量确定，训练集中所有的样本将同时对网络进行训练。这个特点与传统的前馈神经网络不同。DAN2 的每个隐藏层包含四个固定的节点：一个“*C*”节点、一个“CAKE”节点和两个“CURNOLE”节点。DAN2 的训练过程从一个特殊的层开始，其中“CAKE”节点用来捕获输入数据的线性特征。因此，“CAKE”节点的输入是输入数据和“*C*”节点数据的加权线性组合。其中，加权的权重可以通过经典线性回归或者人工智能方法（如 BSA）获得。在 DAN2 训练过程的停止准则到达之前，隐藏层会一直有顺序地动态生成。当期望的精度在第一个训练阶段达到时，DAN2 可以简化成一个线性模型。DAN2 的最后一个“CAKE”节点代表网络的输出。

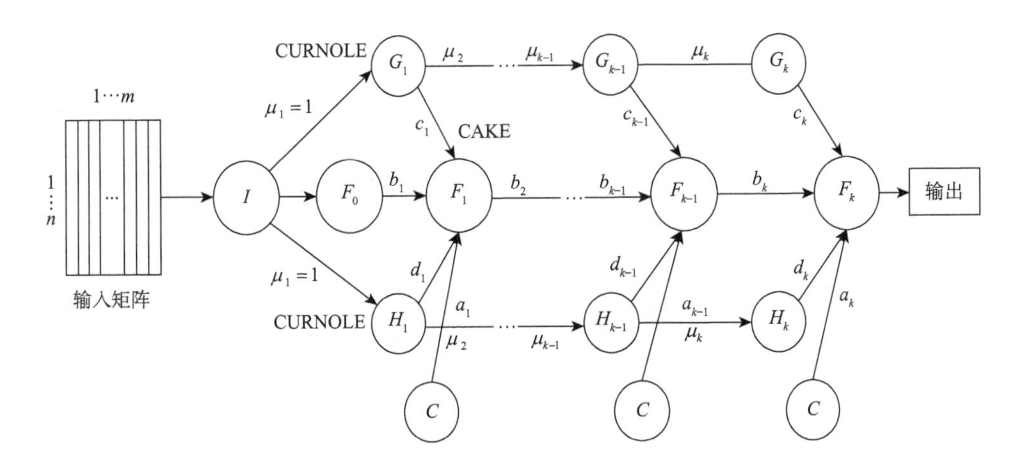

图 4-2　DAN2 网络结构图

4.2.3　EANN

EANN 的提出首先是为了解决语音信号处理问题（Elman，1990），但是它同时在时间序列预测问题上表现优异（Adhikari，2015；Chandra and Zhang，2012；Lemke and Gabrys，2010；Zhao et al.，2013）。EANN 是一个局部 RNN，其网络结构如图 4-3 所示。从图 4-3 中可以看出，EANN 包含四层：一个输入层、一个上下文层、一个隐藏层和一个输出层。额外的上下文层主要是复制上一步迭代过程中隐藏层的输出，用以保存先前的网络信息。这个网络不仅在隐藏层和输出层之间有连接，而且在隐藏层和输入层及上下文层之间存在大量的并行连接。自连接使网络对历史输入很敏感，因此允许网络执行输入和目标模式之间的非线性时变映射（Chandra and Zhang，2012；Zhao et al.，2013）。目前，针对 EANN 的结构选择的研究很少。但是，一个被广泛认可的事实是，为了更好地映射输入数据的特性，EANN 的隐藏层节点数目要比前馈神经网络的隐藏层节点数目多（Lemke and Gabrys，2010）。

4.2.4　ESN

众所周知，ESN 属于储备池计算。在经典 ESN 中，储备池到输出层的连接权值矩阵 $\boldsymbol{W}^{\text{out}}$ 采用线性回归方法进行计算。尽管线性回归方法能够节省计算成本，但是会导致网络的过度拟合问题。过度拟合是神经网络模型中存在的一个常见问题，其基本现象是，网络在训练过程中能够很好地拟合训练样本，然而，在测试过程中获得的结果与期望结果之间的误差很大。在标准 ESN 模型中，使用线性回

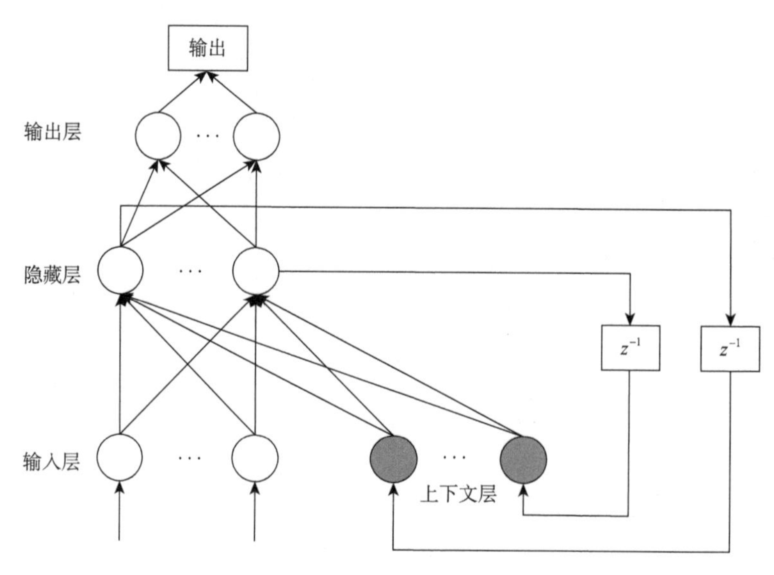

图 4-3 EANN 结构图

归方法计算的 $\boldsymbol{W}^{\text{out}}$ 将会很好地拟合训练样本，但是，该训练好的网络用于测试时可能表现不佳。因此，ESN 的 $\boldsymbol{W}^{\text{out}}$ 需要通过其他一些方法进行优化，从而提升 ESN 的性能。

由 Jaeger（2001a）提出的 ESN 也是一种 RNN。ESN 耦合“时间参数”，因此能够有效地应用于时间序列预测问题（Andrawis et al.，2011；Jaeger and Haas，2004）。与上述三种神经网络相比，ESN 拥有最简单的网络结构和训练过程，即网络也是有三层结构并且只有储备池到输出层的连接权值矩阵需要训练，而其他各层的连接权值矩阵在训练过程开始之前随机初始化并保持不变。本章选取的 ESN 采用基本结构，并且设定输入层到输出层之间没有连接，输出层到输出层自身没有连接，输出层到储备池没有反馈连接，输出层的神经元数目为 1。

4.2.5 模型选择合理性分析及模型比较

组合预测模型能够从个体模型中继承其性能，因此，从模型池中选择合适的个体模型进行组合是很有必要的。在本章中，最终被选择作为组合预测模型的个体预测模型是 BPNN、DAN2、EANN 和 ESN。这些模型的基本概念和建模方法在前 3 章已经有所介绍。在本章中，将比较这四种模型，给出它们各自的优缺点，并讨论选择它们的合理性。

（1）BPNN 是最常用的前馈神经网络之一。它在非线性时间序列建模中是有效的且有效率的，因为它不需要任何关于时间序列数据生成过程的先验假设（Zhang，2003；Wang et al.，2015）。BPNN 是有监督的梯度下降训练算法，因而流行。然而，该网络的训练算法有一个缺点是容易陷入局部最优而导致不能达到全局最优（Wang et al.，2015）。对参数设定稍有偏差，就可能会产生灾难性的输出。而且，BPNN 对于线性时间序列的建模不是很有效，预测精度对于网络结构很敏感。

（2）DAN2 属于前馈神经网络。但是，DAN2 采用的网络结构与 BPNN 不同，表现在输入信号的利用，转换函数的选择，隐藏层的结构、数量和内部节点之间的关系等几个方面（Ghiassi et al.，2005）。而且，DAN2 采用了与 BPNN 不同的训练机制。如果在第一步训练过程中能够达到期望的精度，那么 DAN2 模型可以简化成线性模型且训练过程终止。DAN2 的这一特点使其不同于其他三种网络模型，从而可能增加选择模型的多样性。

（3）包括BPNN和DAN2的前馈神经网络在发掘时间序列数据中潜在的模式时，能够识别出数据之间的空间关系却会忽略数据之间的时间关系。RNN 可以通过创建网络的内部状态来克服这个限制，允许网络展现出动态的时间行为。EANN 是一个局部 RNN，拥有一个上下文层和反馈连接（Elman，1990；Lemke and Gabrys，2010；Lim and Goh，2007）。这种结构使得网络具有动态特性，能够完成输入信号和目标模式的映射。然而，EANN 相对于前馈神经网络计算成本更高，因为 EANN 会拥有更好的隐藏层节点数目（Lemke and Gabrys，2010；Zhao et al.，2013）。

（4）类似于 EANN，ESN 也属于 RNN。ESN 最显著的特征是只有隐藏层到输出层的权重需要训练，其他所有的权重在网络初始化阶段随机生成并保持不变（Jaeger，2001b）。此外，考虑到网络的回声状态非常丰富，隐藏层到输出层的权重的适应过程可以被看作一个简单的线性回归过程。这个特征使得 ESN 的训练过程很简单。在 BPNN、DAN2 和 EANN 中出现的网络结构和权重训练等问题，在 ESN 中基本可以避免。ESN 促进了 RNN 的实际应用，并被证明在时间序列预测方面表现优越（Andrawis et al.，2011；Jaeger and Haas，2004）。

4.3 线性组合预测模型

本小节将介绍所提出的线性组合预测模型。该组合预测模型基于前 3 章所介绍的四种神经网络模型。

4.3.1 线性组合预测模型概述

在时间序列预测应用中，组合多个预测模型形成一个组合预测模型是使用单一预测模型的成功替代方案（Timmermann，2006）。在一个线性组合框架中，设 $\boldsymbol{Y}=\left[y_1,y_2,\cdots,y_{N_0}\right]^{\mathrm{T}}$（$N_0$ 是预测值的个数）代表预测目标；$\hat{\boldsymbol{Y}}^{(i)}=\left[\hat{y}_1^{(i)},\hat{y}_2^{(i)},\cdots,\hat{y}_{N_0}^{(i)}\right]^{\mathrm{T}}(i=1,2,\cdots,n)$ 代表第 i 个个体预测模型的预测结果，则线性组合预测模型的预测结果可以通过式（4-1）计算：

$$\hat{\boldsymbol{Y}}=\sum_{i=1}^{n}w_i\hat{\boldsymbol{Y}}^{(i)} \tag{4-1}$$

其中，n 表示个体预测模型的数量；$w_i(i=1,2,\cdots,n)$ 表示每个个体模型的权重，且满足 $\sum_{i=1}^{n}w_i=1$ 和 $w_i\geqslant 0\ \forall i$。为了达到组合预测模型的最佳性能，组合预测模型的预测结果和个体预测模型的预测结果之间需满足以下约束（Adhikari，2015）：

$$\lambda\left(\boldsymbol{Y},\hat{\boldsymbol{Y}}\right)\leqslant\lambda\left(\boldsymbol{Y},\hat{\boldsymbol{Y}}^{(i)}\right),\ \forall i(i=1,2,\cdots,n) \tag{4-2}$$

其中，λ 表示误差度量函数，如可以选用经常使用的 RMSE、MAPE①、MSE 或 MAE 等。

4.3.2 线性组合预测模型介绍

本章所提出的线性组合模型 NNsLEF 是 BPNN、DNA2、EANN 和 ESN 4 个神经网络模型的线性组合，框架如图 4-4 所示。

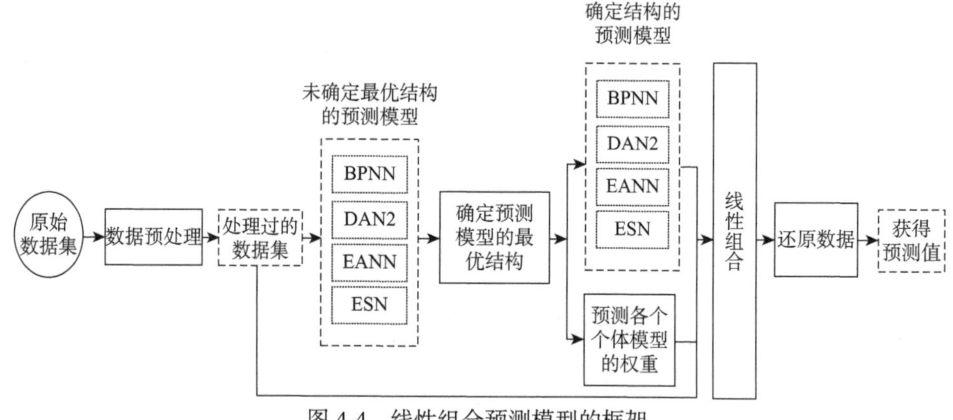

图 4-4 线性组合预测模型的框架

① RMSE：root mean squared error，均方根误差；MAPE：mean absolute percentage error，平均绝对百分比误差。

NNsLEF 可以通过整合神经网络模型各自的优点和动态权重组合方法的优势来提高预测性能，可以分为以下四个阶段：①划分训练集样本的训练–验证样本子集对；②选择每个个体预测模型最优的结构；③确定每个个体模型的组合权重；④组合个体预测模型。

1. 划分训练集样本的训练–验证样本子集对

在训练开始阶段，将训练集划分成一系列连续的训练–验证样本子集对是必要的。例如，对于时间序列数据集 $\boldsymbol{Y}=\left[y_1,y_2,\cdots,y_N\right]^{\mathrm{T}}$，首先将其划分成训练集 $\boldsymbol{Y}_{\mathrm{tr}}=\left[y_1,y_2,\cdots,y_{N_{\mathrm{tr}}}\right]^{\mathrm{T}}$ 和测试集 $\boldsymbol{Y}_{\mathrm{ts}}=\left[y_{N_{\mathrm{tr}}+1},y_{N_{\mathrm{tr}}+2},\cdots,y_{N_{\mathrm{tr}}+N_{\mathrm{ts}}}\right]^{\mathrm{T}}$。符号 N、N_{tr} 和 N_{ts} 分别表示时间序列的样本数量、训练集的样本数量和测试集的样本数量，很明显它们之间满足 $N=N_{\mathrm{tr}}+N_{\mathrm{ts}}$。对于训练集 $\boldsymbol{Y}_{\mathrm{tr}}=\left[y_1,y_2,\cdots,y_{N_{\mathrm{tr}}}\right]^{\mathrm{T}}$，又可以按照式（4-3）将其划分成 $M\left(M\ll N_{\mathrm{tr}}\right)$ 对连续的训练–验证样本子集（Adhikari，2015），记为 $\left(\boldsymbol{Y}_{\mathrm{tr}}^{(j)},\boldsymbol{Y}_{\mathrm{vd}}^{(j)}\right)\left(j=1,2,\cdots,M\right)$。

$$
\begin{aligned}
&\boldsymbol{Y}_{\mathrm{tr}}^{(j)}=\left[y_1,y_2,\cdots,y_{\mathrm{base}+j-1}\right]^{\mathrm{T}}\\
&\boldsymbol{Y}_{\mathrm{vd}}^{(j)}=\left[y_{\mathrm{base}+j},y_{\mathrm{base}+j+1},\cdots,y_{\mathrm{base}+j+(N_{\mathrm{vd}}-1)}\right]^{\mathrm{T}}\\
&\forall j=1,2,\cdots,M
\end{aligned}
\tag{4-3}
$$

其中，N_{vd} 是验证集中样本的数量；$\mathrm{base}\left(\mathrm{base}=N_{\mathrm{tr}}-N_{\mathrm{vd}}-M+1\right)$ 是第一个训练子集 $\boldsymbol{Y}_{\mathrm{tr}}^{(1)}$ 中的样本数量。最后一个训练–验证样本子集对中的训练样本子集的样本数量与验证样本子集的样本数量之和等于 N_{tr}。从式（4-3）可以看出，一个新的训练–验证样本子集对的生成需要经过以下两个步骤：①将样本 $y_{\mathrm{base}+j}$ 添加到训练子集 $\boldsymbol{Y}_{\mathrm{tr}}^{(j)}$ 中；②将样本 $y_{\mathrm{base}+j+N_{\mathrm{vd}}}$ 添加到验证子集 $\boldsymbol{Y}_{\mathrm{vd}}^{(j)}$ 中，同时从 $\boldsymbol{Y}_{\mathrm{vd}}^{(j)}$ 中删去第一个样本 $y_{\mathrm{base}+j}$。因此，在连续的训练集样本的训练–验证样本子集对划分过程中，训练样本子集的样本数量逐步增加 1 个，而验证样本子集的样本数量保持不变。下面是训练集样本的训练–验证样本子集对划分的一个例子：

$$
\begin{aligned}
&j=1:\quad \boldsymbol{Y}_{\mathrm{tr}}^{(1)}=\left[y_1,y_2,\cdots,y_{13}\right]^{\mathrm{T}},\quad \boldsymbol{Y}_{\mathrm{vd}}^{(1)}=\left[y_{14},y_{15},y_{16},y_{17}\right]^{\mathrm{T}}\\
&j=2:\quad \boldsymbol{Y}_{\mathrm{tr}}^{(2)}=\left[y_1,y_2,\cdots,y_{14}\right]^{\mathrm{T}},\quad \boldsymbol{Y}_{\mathrm{vd}}^{(2)}=\left[y_{15},y_{16},y_{17},y_{18}\right]^{\mathrm{T}}\\
&j=3:\quad \boldsymbol{Y}_{\mathrm{tr}}^{(3)}=\left[y_1,y_2,\cdots,y_{15}\right]^{\mathrm{T}},\quad \boldsymbol{Y}_{\mathrm{vd}}^{(3)}=\left[y_{16},y_{17},y_{18},y_{19}\right]^{\mathrm{T}}\\
&j=4:\quad \boldsymbol{Y}_{\mathrm{tr}}^{(4)}=\left[y_1,y_2,\cdots,y_{16}\right]^{\mathrm{T}},\quad \boldsymbol{Y}_{\mathrm{vd}}^{(4)}=\left[y_{17},y_{18},y_{19},y_{20}\right]^{\mathrm{T}}
\end{aligned}
$$

其中，$N_{\mathrm{tr}}=20$，$N_{\mathrm{vd}}=4$，$M=4$。约束 $M\ll N_{\mathrm{tr}}$，确保后续的训练过程不会对

时间序列中的异常值敏感。

2. 选择每个个体预测模型最优的结构

对于神经网络模型，选择合适的模型结构是获得成功的关键。最传统和最通用的神经网络结构选择方法是基于训练集的训练–验证样本子集$\left(\boldsymbol{Y}_{\mathrm{tr}}^{(M)},\boldsymbol{Y}_{\mathrm{vd}}^{(M)}\right)$。例如，对于一个神经网络模型，在验证集$\boldsymbol{Y}_{\mathrm{vd}}^{(M)}$中获得最小的验证误差的模型结构被认为是该模型的最优结构，并因此从所有候选模型结构中选择出来作为该模型的确定结构。这样的选择方法是基于一种假设，即这种“最优”模型结构可以为当前的问题提供最佳的解决方案。尽管这种传统的模型结构选择策略已经流行了很多年，但是使用此种方法获得的模型结构可能在训练阶段过度适应，也可能对验证子集$\boldsymbol{Y}_{\mathrm{vd}}^{(M)}$过度适应，而在测试阶段表现不佳。

为了解决过度适应问题，在神经网络的一定的结构空间中进行搜索，并针对每个结构使用连续的训练集样本的训练–验证样本子集对$\left(\boldsymbol{Y}_{\mathrm{tr}}^{(j)},\boldsymbol{Y}_{\mathrm{vd}}^{(j)}\right)(j=1,2,\cdots,M)$进行训练和验证，以便能够在所有候选模型结构中选出最优的结构。IHSH 是依据这个概念设计的，用以确定所选模型的最优模型结构。IHSH 的基本原理是，在神经网络中，输入层神经元被认为比隐藏层神经元更重要（Aladag，2011；Aras and Kocakoç，2016；Jasic and Wood，2003；Lachtermacher and Fuller，1995；Zhang et al.，2001）。本章所选择 BPNN、EANN 和 ESN 的模型结构是指输入层和隐藏层神经元的数量，而对于 DAN2，模型结构是指输入层神经元的数目和隐藏层的层数。IHSH 的伪代码如算法 4-1 所示。

算法 4-1 IHSH

输入：训练集样本的训练–验证样本子集对$\left(\boldsymbol{Y}_{\mathrm{tr}}^{(j)},\boldsymbol{Y}_{\mathrm{vd}}^{(j)}\right)(j=1,2,\cdots,M)$，验证子集的大小$N_{\mathrm{vd}}$，第$i$个预测模型的结构数目$\kappa_i$，实验次数$\tau$

输出：第i个预测模型的最优结构

1. **for** $j=1$ to M **do**
2.   **for** $m=1$ to κ_i **do**
3.   将$\boldsymbol{Y}_{\mathrm{tr}}^{(j)}$输入第$i$个预测模型的第$m$个候选结构（记为$\Gamma_i^{(m)}$）中，利用训练好的该结构对$\boldsymbol{Y}_{\mathrm{vd}}^{(j)}$预测$\tau$次，计算平均值记为$\hat{\boldsymbol{Y}}_{\mathrm{vd}}^{(j)(m)}$
4.   使用误差测量方法 RMSE 计算误差$\lambda\left(\hat{\boldsymbol{Y}}_{\mathrm{vd}}^{(j)(m)},\boldsymbol{Y}_{\mathrm{vd}}^{(j)}\right)$（误差结果记为$\mathrm{RMSE}_j^{(m)}$），将$\mathrm{RMSE}_j^{(m)}$作为第$i$个预测模型的第$m$个候选结构对于$\boldsymbol{Y}_{\mathrm{vd}}^{(j)}$的误差并将其加入集合$\Theta_i^j$
5.   **end**

6. 从集合 Θ_i^j 中确定最小的 $\mathrm{RMSE}_j^{\mathrm{best}}$，并将对应的候选结构 Γ_i^{best} 加入集合 Ω_i

7. **end**

8. 应用算法 4-2 从集合 Ω_i 中选择最优的结构，并将其确定为第 i 个预测模型的最优结构

IHSH 用于选择第 i 个预测模型的最优结构的流程可以分为两步。

第一步，使用连续的训练–验证样本子集对 $\left(\boldsymbol{Y}_{\mathrm{tr}}^{(j)},\boldsymbol{Y}_{\mathrm{vd}}^{(j)}\right)(j=1,2,\cdots,M)$ 训练第 i 个预测模型的每个候选结构。例如，对于训练–验证样本子集对 $\left(\boldsymbol{Y}_{\mathrm{tr}}^{(j)},\boldsymbol{Y}_{\mathrm{vd}}^{(j)}\right)$，模型 i 的第 $m(m=1,2,\cdots,\kappa_i)$ 个候选结构将使用 $\boldsymbol{Y}_{\mathrm{tr}}^{(j)}$ 进行训练并使用训练好的网络预测 $\boldsymbol{Y}_{\mathrm{vd}}^{(j)}$，重复训练–预测过程 τ 次，计算并收集平均预测值 $\hat{\boldsymbol{Y}}_{\mathrm{vd}}^{(j)(m)}$，加入集合 Θ_i^j 中。注意，κ_i 是指第 i 个预测模型的候选结构的数量。在 Θ_i^j 完全得到之后，计算每一对预测值和期望值 $\left(\hat{\boldsymbol{Y}}_{\mathrm{vd}}^{(j)(m)},\boldsymbol{Y}_{\mathrm{vd}}^{(j)}\right)(m=1,2,\cdots,\kappa_i)$ 之间的误差，获得误差空间。产生最小误差的 $\left(\hat{\boldsymbol{Y}}_{\mathrm{vd}}^{(j)(m)},\boldsymbol{Y}_{\mathrm{vd}}^{(j)}\right)$ 所对应的候选模型结构 $\Gamma_i^{(m)}$ 被认作局部最优的模型结构，将其加入集合 Ω_i 之中。当前使用的误差度量方法是常用的 RMSE，其定义如下：

$$\mathrm{RMSE}=\sqrt{\frac{1}{k}\sum_{t=1}^{k}\left(\hat{y}_t-y_t\right)^2} \tag{4-4}$$

其中，$\hat{y}_t$ 和 y_t 分别代表预测值和实际值；k 代表预测值的数量。除了 RMSE，在后文中还将应用以下三种误差度量方法：MAPE、MSE 和 MAE。这些方法有以下优缺点：MAE 和 MSE 可以有效地评估绝对预测误差，但是对极端误差非常敏感；RMSE 与 MAE 的性质相似，但是其对极端误差的敏感性要低很多而且更加稳定；MAPE 可以评估 MAE 的百分比，独立于测量的单位（Adhikari，2015）。它们的定义如下：

$$\mathrm{MAE}=\frac{1}{k}\sum_{t=1}^{k}\left|\hat{y}_t-y_t\right| \tag{4-5}$$

$$\mathrm{MSE}=\frac{1}{k}\sum_{t=1}^{k}\left(\hat{y}_t-y_t\right)^2 \tag{4-6}$$

$$\mathrm{MAPE}=\frac{1}{k}\sum_{t=1}^{k}\frac{\left|\hat{y}_t-y_t\right|}{y_t} \tag{4-7}$$

第二步，为第 i 个个体预测模型选择合适的全局最优模型结构。通过第一步的计算，得到模型 i 的局部最优模型结构的集合 Ω_i，因此，该模型的全局最优结构可以从该集合中选择。为了从集合 Ω_i 中选择最优的模型结构，笔者设计了一

个启发式算法，其伪代码如算法 4-2 所示。该启发式算法的基本原理是，在确定神经网络的结构时，输入层神经元数目相对于隐藏层神经元数目有相对优先级。算法 4-2 的主要流程如下：①依据输入层神经元的数目将 Ω_i 划分成不同的子集。也就是说，具有相同的数量的输入层神经元的结构划分到同一个子集 $\tilde{\Omega}_i^h(h=1,2,\cdots,k)$ 中，k 表示子集的个数。②从 $\tilde{\Omega}_i^h(h=1,2,\cdots,k)$ 中找出具有相同元素个数的。③选出具有最大元素个数 $\eta_i^{\max}$ 的子集 $\tilde{\Omega}_i^{\text{best}}$，依据隐藏层神经元数目或隐藏层的层数再将子集 $\tilde{\Omega}_i^{\text{best}}$ 划分成一系列的子集，记子集的子集中含有最多的元素数量为 $\upsilon_i^{t\max}$，找出该子集的子集并记录相关的模型结构为 $\Delta_i^{t\text{best}}$。④比较当前局部最大值 $\upsilon_i^{\max}$ 和 $\upsilon_i^{t\max}$，如果 $\upsilon_i^{t\max}$ 大于 $\upsilon_i^{\max}$，则用 $\upsilon_i^{t\max}$ 和 $\Delta_i^{t\text{best}}$ 分别去更新 $\upsilon_i^{\max}$ 和 Δ_i^{best}；否则，不进行操作。⑤重复流程③和④，直到所有大小为 $\eta_i^{\max}$ 的子集全部计算完毕。⑥计算过程结束，获得最优的模型结构 Δ_i^{best}。

算法 4-2　从集合 Ω_i 中选择全局最优结构的算法

输入：第 i 个模型的局部最优结构集合 Ω_i，训练集样本的训练–验证样本子集对数 M

输出：第 i 个模型的最优结构 Δ_i^{best}

1. $\sigma=1$，$\tilde{\Omega}_i^{\sigma}=\{\ \}$
2. **for** $j=1$ to M **do**
3. 　　从集合 Ω_i 中选择第 j 个元素，记为 $\Omega_i^{(j)}$
4. 　　**for** $k=1$ to σ **do**
5. 　　　　**if** 集合 $\Omega_i^{(j)}$ 的输入层神经元个数与集合 $\tilde{\Omega}_i^k$ 中的结构的神经元个数相同
6. 　　　　　　将 $\Omega_i^{(j)}$ 加入 $\tilde{\Omega}_i^k$ 中　// 拥有相同输入层神经元数目的结构划分到相同的子集合中
7. 　　　　**else**
8. 　　　　　　$\sigma=\sigma+1$
9. 　　　　　　创建一个新的且为空的子集合 $\tilde{\Omega}_i^{\sigma}=\{\ \}$，并将 $\Omega_i^{(j)}$ 加入 $\tilde{\Omega}_i^{\sigma}$
10. 　　　　**end**
11. 　　**end**
12. **end**
13. 计算每个子集合 $\tilde{\Omega}_i^k(k=1,2,\cdots,\sigma)$ 中包含的元素数目 η_i^k，找出最大的 η_i^k，记为 $\eta_i^{\max}$

14. $\upsilon_i^{\max}=0$， $\Delta_i^{\text{best}}=[\ ]$
15. **for** $k=1$ to σ **do**
16. 　　**if** η_i^k 等于 $\eta_i^{\max}$
17. 　　　　将相对应的集合 $\tilde{\Omega}_i^k$ 记为 $\tilde{\Omega}_i^{\text{best}}$，依照隐藏层神经元数目/隐藏层数将 $\tilde{\Omega}_i^{\text{best}}$ 划分成一系列子集　// 拥有相同隐藏层神经元数目/隐藏层层数的结构被划分到同一个子集中
18. 　　　　从所有子集中确定拥有最多元素 $\upsilon_i^{t\max}$ 的子集，将对应子集记录的结构记为 $\Delta_i^{t\text{best}}$ //如果多个子集有相同的元素个数，随机选择一个子集
19. 　　　　**if** $\upsilon_i^{t\max}>\upsilon_i^{\max}$
20. 　　　　　　$\Delta_i^{\text{best}}=\Delta_i^{t\text{best}}$， $\upsilon_i^{\max}=\upsilon_i^{t\max}$
21. 　　　　**else**
22. 　　　　　　**continue**
23. 　　　　**end**
24. 　　**else**
25. 　　　　**continue**
26. 　　**end**
27. **end**
28. **return** 最优结构 Δ_i^{best}

3. 确定每个个体模型的组合权重

至于组合权重，尽管基于历史预测误差的最简单和最传统的静态统计加权方法被大量文献采用，并且呈现“难以击败”的结果。但是，这种方法缺乏一个辅助模型来更新预测周期范围内的信息。因此，考虑使用动态方法实现组合权重在预测周期内的动态变化。

在实践中，动态生成组合权重的方法并不总是能够胜过传统的静态方法，但是，组合权重随时间变化或者自适应调整常常可以提高预测性能（Timmermann，2006）。然而，建立一个显性的动态方法模型是一个非常复杂的任务，而且不能保证一定会提升最终的预测性能。因此，本章的一个主要目标是建立可以获得比传统静态方法更好的性能和放宽预测性能对历史数据的过分依赖的组合权重模型。ITVPNNW 因此被提出，其将一系列的训练样本内产生的个体预测模型的权重视作一个新时间序列。新时间序列的潜在的模式可以通过使用基于 BSA 优化的 BPNN（BSA-BPNN）进行拟合，此处采用的是标准 BSA。从训练好的 BSA-BPNN 模型中可以预测期望的组合权重。

ITVPNNW 的伪代码如算法 4-3 所述，可以分为两个主要步骤。

算法 4-3 确定个体预测模型的组合权重的算法

输入：训练集样本的训练–验证样本子集对 $\left(\boldsymbol{Y}_{\mathrm{tr}}^{(j)},\boldsymbol{Y}_{\mathrm{vd}}^{(j)}\right)(j=1,2,\cdots,M)$，验证子集的大小 N_{vd}，预测模型的个数 $n(n=4)$，试验次数 τ

输出：预测模型的预测权重向量 $\boldsymbol{W}$

1. $\boldsymbol{W}=[\ ]$ // 将 $\boldsymbol{W}$ 初始化为一个空的列向量
2. **for** $j=1$ to M **do**
3.   **for** $i=1$ to n **do**
4.   将 $\boldsymbol{Y}_{\mathrm{tr}}^{(j)}$ 输入第 i 个预测模型，并用训练好的网络对 $\boldsymbol{Y}_{\mathrm{vd}}^{(j)}$ 预测 τ 次，计算平均值 $\hat{\boldsymbol{Y}}_{\mathrm{vd}}^{(j)(i)}$
5.   使用 3 种误差度量方法（MAE、RMSE 和 MAPE）计算误差 $\lambda\left(\hat{\boldsymbol{Y}}_{\mathrm{vd}}^{(j)(i)},\boldsymbol{Y}_{\mathrm{vd}}^{(j)}\right)$，分别记录对应的误差 MAE_i^j、RMSE_i^j 和 MAPE_i^j
6.   **end**
7.   使用式（4-9）计算权重 $\boldsymbol{w}^j=\left[w_1^j,w_2^j,\cdots,w_n^j\right]^{\mathrm{T}}$
8. $\boldsymbol{w}=\left[\boldsymbol{w}^{\mathrm{T}},\left(\boldsymbol{w}^j\right)^{\mathrm{T}}\right]^{\mathrm{T}}$ //将 $\boldsymbol{w}^j$ 追加到 $\boldsymbol{W}$ 中
9. **end**
10. 将 $\boldsymbol{w}(1:n(M-1))$ 作为训练集训练 BPNN（$n\times h\times n$），使用 BSA 优化 BPNN 的连接权值和阈值
11. 将 $\boldsymbol{w}((n(M-1)+1):nM)=\left[w_1^M,w_2^M,\cdots,w_n^M\right]^{\mathrm{T}}$ 输入训练好的 BSA-BPNN 中，得到预测的权重向量 $\boldsymbol{w}=\left[w_1,w_2,\cdots,w_n\right]^{\mathrm{T}}$

第一，确定产生一系列的样本内的个体模型的权重。例如，对上一阶段获得的具有最优模型结构的每个个体模型再一次用系列的 $\left(\boldsymbol{Y}_{\mathrm{tr}}^{(j)},\boldsymbol{Y}_{\mathrm{vd}}^{(j)}\right)(j=1,2,\cdots,M)$ 进行训练和验证，计算每次验证的误差，然后按照每个模型的误差给其分配权重。对于个体模型的权重分配，一个普遍认同的原则是，具有较大误差的个体模型在组合模型中获得相对较小的权重。基于这个原则，可以按照每个个体模型的归一化无偏逆绝对预测误差给其分配权重，具体过程如式（4-8）所示：

$$w_i=\frac{e_i^{-1}}{\sum_{i=1}^{n}e_i^{-1}},\quad \forall i=1,2,\cdots,n \tag{4-8}$$

其中，e_i 表示第 i 个模型的预测误差。第 i 个模型关于第 j 个训练集样本的训练–验证样本子集对 $\left(\boldsymbol{Y}_{\text{tr}}^{(j)},\boldsymbol{Y}_{\text{vd}}^{(j)}\right)$ 的验证误差通过式（4-9）计算：

$$w_i^j = \frac{\exp\left(v_i^j\right)}{\sum_{i=1}^{n}\exp\left(v_i^j\right)},\ \forall i = 1,2,\cdots,n; j = 1,2,\cdots,M \tag{4-9}$$

其中，$v_i^j = \left(\text{MAE}_i^j + \text{RMSE}_i^j + \text{MAPE}_i^j\right)^{-1}$。MAE、RMSE 和 MAPE 代表第 i 个模型关于第 j 个验证子集的三类误差。式（4-9）的误差计算机制使用了 Softmax 分布。显然，每个个体模型分配的权重是非负且无偏的，即 $\sum_{i=1}^{n} w_i^j = 1$ 和 $w_i^j \geqslant 0\ \forall i$。训练样本内的第 j 次预测实验包括使用样本内的训练子集 $\boldsymbol{Y}_{\text{tr}}^{(j)}$ 去训练模型，并使用样本内的验证子集 $\boldsymbol{Y}_{\text{vd}}^{(j)}$ 去验证模型的精度。设列向量 $\boldsymbol{w}^j = \left[w_1^j, w_2^j, \cdots, w_n^j\right]^{\text{T}} (j = 1,2,\cdots,M)$ 代表所有 n 个模型在第 j 次预测实验所分配的权重，其中，$[\bullet]^{\text{T}}$ 表示 $[\bullet]$ 的转置。当将训练集样本内的所有预测实验做完，可以得到 M 个权重列向量。将这些权重列向量并联起来可以得到一个 $B\times 1\left(B = n\times M\right)$ 维的权重列向量 $\boldsymbol{w} = \left[\left(\boldsymbol{w}^1\right)^{\text{T}}, \left(\boldsymbol{w}^2\right)^{\text{T}}, \cdots, \left(\boldsymbol{w}^M\right)^{\text{T}}\right]^{\text{T}}$，该列向量是关于个体预测模型的权重序列，可以被当作一个新的时间序列。图 4-5 展示了关于两个数据集在训练过程中产生的个体预测模型的权重序列，纵轴和横轴分别代表权重值 $w_i^j \left(i = 1,2,\cdots,n; j = 1,2,\cdots,M\right)$ 及其在权重列向量 $\boldsymbol{W}$ 中的序号。值得注意的是，权重序列中显示了常见的重复模式。产生这种现象的主要原因是通过采用滑动窗口机制来形成连续的训练集样本的训练–验证样本子集对。

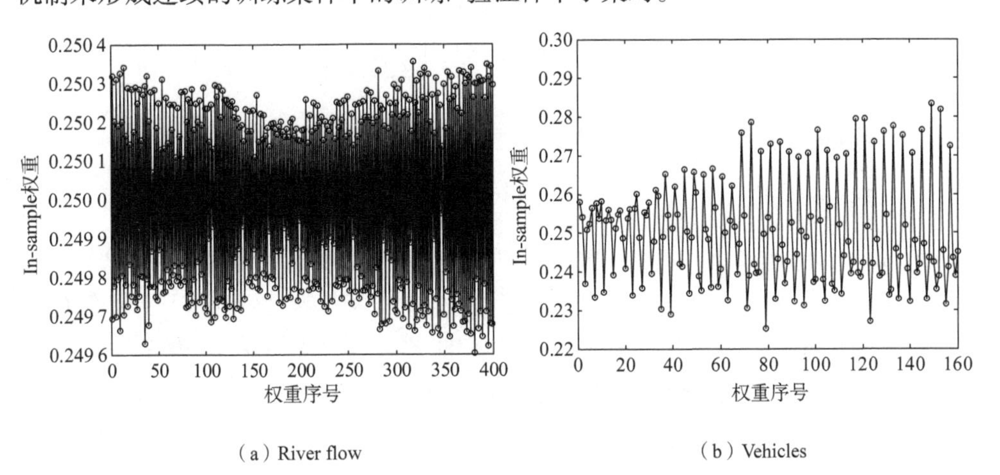

（a）River flow　　（b）Vehicles

图 4-5　组合预测模型中的个体预测模型的权重序列

第二，采用BSA-BPNN模型，识别和理解在权重序列中出现的重复模式，并使用该模型预测组合预测模型中个体模型的权重组合。BSA-BPNN 模型满足以下几点：①整个数据集的特征可以近似地反映在训练数据集上。②BPNN 在识别数据集中反复出现的模式时是非常强大和有效的。而且，这个网络模型有一个简单的结构，即输入层和输出层神经元的数量都与个体预测模型的数量相等，只有隐藏层神经元的数量需要确定。③BSA 在解决优化问题时表现出优越的性能，能够用于初步寻找 BPNN 的全局最优初始连接权值和阈值。因此，所设计的 BSA-BPNN 的模型结构是 $n\times h\times n$（图 4-6），其中，h表示的是隐藏层神经元的个数。使用权重向量 $\boldsymbol{w}^j=\left[w_1^j,w_2^j,\cdots,w_n^j\right]^{\mathrm{T}}(j=1,2,\cdots,M-1)$ 和 $\boldsymbol{w}^{j+1}=\left[w_1^{j+1},w_2^{j+1},\cdots,w_n^{j+1}\right]^{\mathrm{T}}$ $(j=1,2,\cdots,M-1)$ 分别作为网络的输入和期望输出用于训练该 BSA-BPNN 模型，将最后一个权重向量 $\boldsymbol{w}^M$ 输入训练好的网络用于预测最终的个体模型组合权重 $\boldsymbol{w}=\left[w_1,w_2,\cdots,w_n\right]^{\mathrm{T}}$。

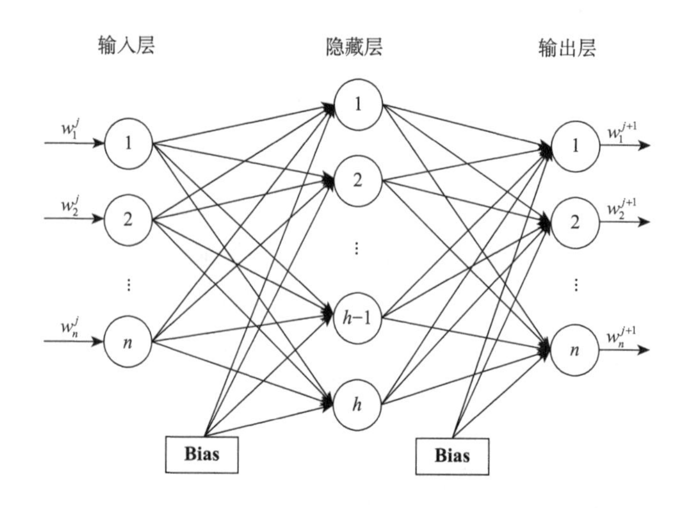

图 4-6 具有相同的输入层和输出层神经元数量的单隐藏层 BPNN 网络结构

4. 组合个体预测模型

在前三个阶段之后，各个个体预测模型的最优结构和相应的权重都已确定，NNsLEF 的训练过程结束，训练好的组合模型可以用于预测。将整个训练集 $\boldsymbol{Y}_{\mathrm{tr}}$ 输入确定结构的个体模型 i，预测相应的 $\boldsymbol{Y}_{\mathrm{ts}}$，预测结果记为 $\hat{\boldsymbol{Y}}^{(i)}$。结合 $\hat{\boldsymbol{Y}}^{(i)}(i=1,2,\cdots,n)$ 和个体预测模型的权重组合 $\boldsymbol{W}$，通过式（4-1）可以计算最终的组合预测输出 $\hat{\boldsymbol{Y}}$。NNsLEF 的伪代码如算法 4-4 所示。

算法 4-4　NNsLEF 的伪代码

输入：训练集 $\boldsymbol{Y}_{\text{tr}}=\left[y_1,y_2,\cdots,y_{N_{\text{tr}}}\right]^{\text{T}}$，测试集大小 N_{ts}，$n(n=4)$ 个预测模型（BPNN、DAN2、EANN 和 ESN），试验次数 τ

输出：组合预测结果 $\hat{\boldsymbol{Y}}=\left[\hat{y}_{N_{\text{tr}}+1},\hat{y}_{N_{\text{tr}}+2},\cdots,\hat{y}_{N_{\text{tr}}+N_{\text{ts}}}\right]^{\text{T}}$

1. 应用算法 1 确定各个预测模型的网络结构
2. 应用算法 2 确定组合预测模型中各模型的权重 $\boldsymbol{w}=\left[w_1,w_2,\cdots,w_n\right]^{\text{T}}$

for $i=1$ to n **do**

将 $\boldsymbol{Y}_{\text{tr}}$ 输入第 i 个模型中，并使用训练好的模型对 $\boldsymbol{Y}_{\text{ts}}$ 预测 τ 次，然后计算预测结果的平均值 $\hat{\boldsymbol{Y}}^{(i)}=\left[\hat{y}^{(i)}_{N_{\text{tr}}+1},\hat{y}^{(i)}_{N_{\text{tr}}+2},\cdots,\hat{y}^{(i)}_{N_{\text{tr}}+N_{\text{ts}}}\right]^{\text{T}}$

end

使用式 $\hat{\boldsymbol{Y}}=\sum_{i=1}^{n}w_i\hat{\boldsymbol{Y}}^{(i)}$ 计算最终的预测结果

4.4　数值实验和结果分析

4.4.1　实验设置

本节中，大量数值实验被设计用于验证所提出的组合预测模型 NNsLEF 的性能。本节所设计的实验基于 8 个现实生活中产生的时间序列数据集。完成所有实验的个人电脑配置如下：操作系统是 Windows 7 个人版，处理器是 Intel（R）Core（TM）i7-4790K CPU @4.00 GHz、8 GB 内存。运行实验的软件环境是 Matlab 2014a。

4.4.2　数据集

本节对所提出的组合预测模型 NNsLEF 进行实证研究。为了测试 NNsLEF 的性能，将采用 8 个数据集对模型进行验证。采用的数据集跟 Adhikari（2015）中使用的数据集一样，目的是使所提出的 NNsLEF 能够跟 Adhikari（2015）提出的目前最优的线性组合模型（简称 AsM）进行公平的比较。表 4-1 给出了这些数据集的基本信息。如表 4-1 所示，第一列列举了数据集的名称，第二列描述了数据集的特征，第三、四和五列分别描述了数据集的总的大小、训练集的大小和测试集的大小。

表 4-1 用于验证 NNsLEF 性能的 8 个数据集的描述

数据集	特征	数据集大小	训练集大小	测试集大小
Lynx	Stationary，nonseasonal	114	100	14
Sunspots	Stationary，nonseasonal	288	253	35
River flow	Stationary，nonseasonal	600	500	100
Vehicles	Nonstationary，nonseasonal	252	200	52
RGNP	Nonstationary，nonseasonal	85	70	15
Wine	Monthly seasonal	187	132	55
Airline	Monthly seasonal	144	132	12
Industry	Quarterly seasonal	64	48	16

4.4.3 数据预处理

为了提升组合预测模型 NNsLEF 的性能，在开始实验的时候，先要对原始数据进行规范化处理，其目的是使数据集中的每个数据被规范到范围$[0,1]$中。可以通过式（4-10）所示的线性转换进行规范化处理：

$$x=\frac{x-x_{\min}}{x_{\max}-x_{\min}} \tag{4-10}$$

其中，$x_{\max}$和$x_{\min}$分别表示数据集中的最大值和最小值。所有 8 个数据集中，数据集“Lynx”会先使用 log 函数（以 10 为底）进行处理，然后再进行数据规范化过程，主要是为了保持与其他相关文献的处理方法一致（Adhikari，2015），以便获得更好的实验效果。

4.4.4 参数设置

NNsLEF 的性能依赖于各个神经网络模型的性能，然而，各个神经网络模型的性能又依赖于它们的模型结构。总的来说，本章所选择的 4 个个体模型的输出层都只有一个神经元。每个个体模型的具体参数设置过程如下：BPNN 和 EANN 都设定只有一个隐藏层，且使用的训练函数为神经网络工具箱中的 trainlm 函数（Demuth et al.，2010）。BPNN 和 EANN 的输入层和隐藏层的神经元数量分别从集合$\{3,4,\cdots,12\}$和$\{12,13,\cdots,24\}$中选择。DAN2 和 ESN 的输入层神经元数量都从集合$\{3,4,\cdots,12\}$中选择，但是，DAN2 的隐藏层的层数设定最大不超过 5 层且每个隐藏层的神经元个数固定为 4 个，而 ESN 的隐藏层神经元的数量（储备池的大小）从集合$\{30,40,\cdots,120\}$中选择。因此，对于 BPNN、EANN、ESN 和 DAN2，将分别有$\kappa_1=100$、$\kappa_2=100$、$\kappa_4=100$和不超过$\kappa_3=50$个候选模型结构可供选择。至于 BSA-BPNN 模型，输入层和输出层的神经元数量等于组合预测模型中的个体预测模型的个数，只有隐藏层的神经元数量 h 需要确定，假设 h 从集合$\{12,13,\cdots,24\}$中选择。各个个体预测模型对于 8 个数据集的最优的模型结构信息如表 4-2 所示。注意，对于 BPNN、EANN 和 ESN，表中的$p\times q\times 1$表示输入层的神经元数量为 p，隐藏层的神经元数量为 q 和输出层的神经元数量为 1；而对于 DAN2，p、q 和 1 分别表示输入层的神经元数量、隐藏层的层数和输出层的神经元数量。

表 4-2　各个个体预测模型对于 8 个数据集的最优的模型结构信息

数据集	BPNN	DAN2	EANN	ESN	h
Lynx	3×9×1	8×0×1	3×16×1	3×30×1	14
Sunspots	8×12×1	8×0×1	8×16×1	3×40×1	13
River flow	8×9×1	3×1×1	8×9×1	8×80×1	16
Vehicles	3×11×1	7×2×1	3×9×1	3×30×1	12
RGNP	5×16×1	4×0×1	3×15×1	8×60×1	12
Wine	8×8×1	3×1×1	8×11×1	8×30×1	12
Airline	11×12×1	12×3×1	11×12×1	11×90×1	17
Industry	4×17×1	4×0×1	4×16×1	11×60×1	13

其他的一些参数，如NNsLEF训练阶段的参数M、N_{vd}和τ，ESN相关的参数和BSA相关的参数等对于NNsLEF的性能都起着至关重要的作用。对于参数M，如果取值很大，将会导致训练过程对于异常值非常敏感，同时也会增加训练集样本的训练-验证样本子集对的对数从而增加训练时间；相反，如果取值很小，将导致训练不足。M 值通过公式$M=\lceil \text{coeff}\times N_{\text{tr}}\rceil$确定，其中系数 coeff 取值为$\{0.1,0.2,0.3\}$，$N_{\text{tr}}$是训练集$\boldsymbol{Y}_{\text{tr}}$的样本数量。$\lceil C\rceil$表示取大于或等于 C 的最小整数。根据实验结果，对于所有数据集$M=\lceil 0.2\times N_{\text{tr}}\rceil$是一个不错的取值选择。对于另一个重要参数$N_{\text{vd}}$，取值等于每个数据集的测试集样本的大小，也就是$N_{\text{vd}}=N_{\text{ts}}$。同时，对于实验重复次数$\tau$取值为 5。

ESN 相关的参数包括输入层节点的数量、储备池大小 N、储备池内部连接权值矩阵 $\boldsymbol{W}$ 的稀疏度 SP 和谱半径 SR。其中，输入层节点的数量和储备池大小按照前文中提到的进行设置，而储备池内部连接矩阵的稀疏度和谱半径分别设为$\text{SP}=10/N$和$\text{SR}=0.8$。注意，ESN 的输入层到储备池的连接权值矩阵$\boldsymbol{W}^{\text{in}}$和储备池内部连接权值矩阵 $\boldsymbol{W}$ 在网络初始化阶段随机生成并保持不变，且它们的元素取值范围是$[-1,1]$。

BSA 相关的参数设置是基于一系列实验的，从实验结果设置各参数，具体如下：种群大小设为 100；最大迭代次数设为 100；变异因子 mixrate 设为 1.0。

4.4.5 实验结果分析

本章提出的组合预测模型 NNsLEF 将和 4 个个体预测模型及文献（Adhikari，2015）中使用的 AsM 模型进行比较。为了公平地跟 AsM 模型进行比较，MAE 和 MSE 两种误差度量方法被用来评估各个模型的预测精度。表 4-3 给出了所有模型的预测结果，其中最优的结果用黑体进行标注。特别地，“River flow”、“Wine”和“Industry”3 个时间序列使用的是转换后的结果，它们实际的 MAE 等于表中给出的 MAE 乘以 100，而实际的 MSE 等于表中给出的 MSE 乘以 10 000。

表 4-3　不同预测模型的最优预测结果

数据集	误差	BPNN	DAN2	EANN	ESN	AsM	NNsLEF
Lynx	MAE	0.091	0.125	0.086	0.095	0.068	**0.067**
	MSE	0.013	0.024	0.012	0.016	0.006	**0.006**
Sunspots	MAE	13.242	16.997	15.1	13.106	13.49	**11.451**
	MSE	305.354	509.055	401.057	302.93	311	**210.485**
River flow	MAE	*0.654*	1.54	0.834	*0.684*	**0.638**	0.723
	MSE	*1.001*	5.19	1.688	1.107	0.978	**1.372**
Vehicles	MAE	2.099	2.073	2.177	1.955	2.001	**1.878**
	MSE	6.428	6.407	6.89	6.191	5.531	**5.397**
RGNP	MAE	16.873	11.747	14.513	29.46	9.903	**9.567**
	MSE	678.162	206.696	315.293	1 133	139	**131.085**
Wine	MAE	2.766	2.954	2.893	2.737	**1.923**	2.303
	MSE	16.201	15.859	13.106	12.185	7.524	**9.113**
Airline	MAE	14.083	12.5	14.583	12.167	7.434	**7**
	MSE	244.417	260.667	264.25	230.5	86.63	**64.833**
Industry	MAE	1.419	1.391	1.335	1.667	1.272	**1.011**
	MSE	2.355	2.624	2.266	3.186	2.576	**1.302**

注：黑体数据表示最优结果

图 4-7 给出了所使用的 8 个数据集预测结果的图形描述，在每张图中描述了 BPNN、DAN2、EANN、ESN 和 NNsLEF 模型的预测结果及期望得到的实际结果。

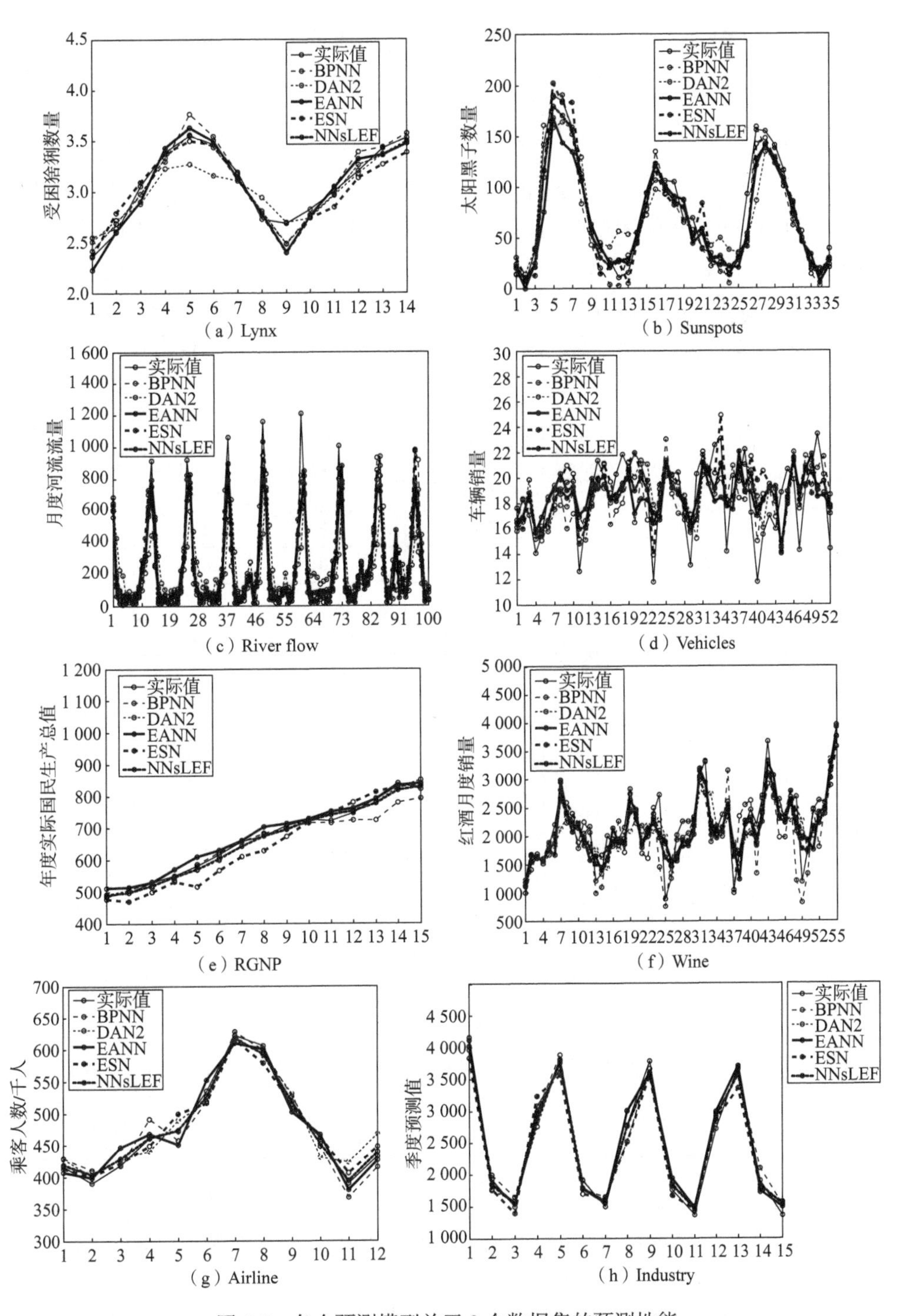

图 4-7　各个预测模型关于 8 个数据集的预测性能

相对误差被用来衡量两种方法的相对性能（Bauer and Kohavi，1999）。对于两种方法 A（基本方法）和 B（对比方法），其误差分别记为 δ_A 和 δ_B，则相对误差为 $\frac{\delta_B-\delta_A}{\delta_A}$。作为一种比较流行的度量方法，相对误差能够表示两个比较方法之间的优越性能。相对误差越小，则对比方法比基本方法的性能更优。在本章中，所提出的组合预测模型 NNsLEF 将作为对比方法，而 BPNN、DAN2、EANN、ESN 和 AsM 将作为基本方法，然后比较它们两两之间的模型性能。表 4-4 显示了两两相比较模型之间的相对误差。平均相对误差指两种比较方法在所有数据集上的相对误差的均值。相对误差的均值小于 0 说明对比方法 B 相对于基本方法 A 的预测性能有改进。

表 4-4 模型之间两两相比较的相对误差

数据集	误差	$\frac{\text{NNsLEF-BPNN}}{\text{BPNN}}$	$\frac{\text{NNsLEF-DAN2}}{\text{DAN2}}$	$\frac{\text{NNsLEF-EANN}}{\text{EANN}}$	$\frac{\text{NNsLEF-ESN}}{\text{ESN}}$	$\frac{\text{NNsLEF-AsM}}{\text{AsM}}$
Lynx	MAE	−0.263 7	−0.464 0	−0.220 9	−0.294 7	−0.014 7
	MSE	−0.538 5	−0.750 0	−0.500 0	−0.625 0	0
Sunspots	MAE	−0.135 3	−0.326 3	−0.241 7	−0.126 3	−0.151 1
	MSE	−0.310 7	−0.586 5	−0.475 2	−0.305 2	−0.323 2
River flow	MAE	*0.105 5*	−0.530 5	−0.133 1	*0.057 0*	0.133 2
	MSE	*0.370 6*	−0.735 6	−0.187 2	*0.239 4*	0.402 9
Vehicles	MAE	−0.105 3	−0.094 1	−0.137 3	−0.039 4	−0.061 5
	MSE	−0.160 4	−0.157 6	−0.216 7	−0.128 3	−0.024 2
RGNP	MAE	−0.433 0	−0.185 6	−0.340 8	−0.675 3	−0.033 9
	MSE	−0.806 7	−0.365 8	−0.584 2	−0.884 3	−0.056 9
Wine	MAE	−0.167 4	−0.220 4	−0.203 9	−0.158 6	0.197 6
	MSE	−0.437 5	−0.425 4	−0.304 7	−0.252 1	0.211 2
Airline	MAE	−0.502 9	−0.440 0	−0.520 0	−0.424 7	−0.058 4
	MSE	−0.734 7	−0.751 3	−0.754 7	−0.718 7	−0.251 6
Industry	MAE	−0.287 5	−0.273 2	−0.242 7	−0.393 5	−0.205 2
	MSE	−0.447 1	−0.503 8	−0.425 4	−0.591 3	−0.494 6
MEAN	MAE	−0.223 7	−0.316 8	−0.255 1	−0.256 9	−0.024 2
	MSE	−0.383 1	−0.534 5	−0.431 0	−0.408 2	−0.067 1

从表 4-3 和表 4-4 中可以看出，不管是在单个数据集的预测性能上还是在所有 8 个数据集的综合预测性能上，NNsLEF 模型比 4 个个体预测模型和已知最优的 AsM 模型的性能都更优。具体表现如下。

（1）NNsLEF 模型相对于 4 个个体模型的预测性能有所提升：①当单独关注

每个数据集时，NNsLEF 模型能够比 BPNN、DAN2、EANN 和 ESN 等模型在 7、8、8 和 7 个数据集上获得更好的预测结果。因此，可以认为 NNsLEF 模型在 8 个数据集上的预测精度几乎能够超过所有 4 个个体预测模型。对于“River flow”数据集，NNsLEF 模型的预测性能比 BPNN 和 ESN 的预测性能差。这个信息已经在表 4-3 和表 4-4 中用斜体标注。造成这种不太满意的结果的原因是多方面的。但是，“River flow”数据集的显著特征是含有大量样本，因此，本章可以将产生这一结果的原因归结于有限的计算复杂度和运行时间。②当关注预测模型在所有 8 个数据集中的总体性能时，NNsLEF 模型也能比其他 4 个个体模型获得更好的预测结果。在使用 MAE 和 MSE 进行误差度量时，NNsLEF 模型相对于 BPNN、DAN2、EANN 和 ESN 等模型的平均相对误差提升比例分别为 22.37%和 38.31%、31.68%和 53.45%、25.51%和 43.10%、25.69%和 40.82%。这个信息如表 4-4 中最后一行“MEAN”所示。

（2）NNsLEF 模型相对于已知最优的模型 AsM 的预测性能也有所提升：①当单独关注每个数据集时，NNsLEF 模型能够比 AsM 模型在 6 个数据集上获得更好的预测结果。具体地，对于“River flow”和“Wine”这两个数据集，NNsLEF 模型比 AsM 模型的性能差。其中，NNsLEF 模型在数据集“River flow”上性能不佳的原因可能是式（4-2）未被满足。尽管如此，这并不能说明 NNsLEF 模型的性能很差。②当关注预测模型在所有 8 个数据集中的总体性能时，会得到 NNsLEF 模型的性能不差的证据支撑。因为在使用 MAE 和 MSE 进行误差度量时，NNsLEF 模型相对于 AsM 模型的平均相对误差提升比例为 2.42%和 6.71%。这个信息也可在表 4-4 中最后一行“MEAN”得到。

为了进一步验证 NNsLEF 模型与四个个体预测模型及 AsM 模型的性能之间是否存在显著性差异，对各个模型的 MSE 结果进行非参数统计检验。Friedman 检验显示，p 值等于 0.001，说明 NNsLEF 与 4 个个体预测模型及 AsM 模型之间存在显著性差异（p 值小于 0.05 表示存在显著性差异）。此外，表 4-5 所示的 Wilcoxon 符号秩检验的结果表明，NNsLEF 模型显著优于 BPNN、DAN2、EANN 和 ESN 模型，对应的 p 值分别为 0.025、0.012、0.012 和 0.025；而 NNsLEF 模型没有显著优于 AsM 模型，对应的 p 值为 0.161。

表 4-5　Wilcoxon 符号秩检验

对比模型	R^+	R^-	p 值	NNsLEF 是否更优
NNsLEF versus BPNN	34	2	0.025	是
NNsLEF versus DAN2	36	0	0.012	是
NNsLEF versus EANN	36	0	0.012	是
NNsLEF versus ESN	34	2	0.025	是
NNsLEF versus AsM	28	8	0.161	否

总而言之，在对单个的数据集进行检验或对所有 8 个数据集进行整体检验时 NNsLEF 模型的性能优于 4 个个体模型和已知最优的 AsM 模型。

4.5 本章小结

本章提出了一种新颖的且有效的线性组合预测模型 NNsLEF，其目的是提高线性预测的精度。提出的 NNsLEF 模型为组合预测提供了有用的建议：①四种广泛使用的神经网络模型 BPNN、DAN2、EANN 和 ESN 被选作组合预测模型的个体预测模型，并使用 IHSH 机制确定每个模型的网络结构。②提出动态权重组合方法 ITVPNNW 用于确定每个个体模型在组合模型中的权重。因此，NNsLEF 能够整合神经网络和动态权重组合方法的优点，从而提升组合预测模型的预测精度。

通过一系列的实验，组合模型 NNsLEF 的性能得到验证，具体可以得到如下结论：①NNsLEF 模型能够比 BPNN、DAN2、EANN 和 ESN 等模型在 7、8、8 和 7 个数据集上获得更好的预测结果，MAE/MSE 的平均相对误差提升比例分别为 22.37%和 38.31%、31.68%和 53.54%、25.51%和 43.1%、25.69%和 40.82%。②NNsLEF 模型能够比 AsM 模型在 6 个数据集上获得更好的预测结果，MAE/MSE 的平均相对误差提升比例为 2.42%和 6.71%。③NNsLEF 模型适用于不同的数据集类型，包括平稳及非平稳、季节性及非季节性，不会出现明显的过度拟合现象。因此，提出的 NNsLEF 模型是解决复杂时间序列预测问题的一个较好的选择。

5　基于小波 ESN 的旅游需求预测

准确预测游客到达人数有利于政府科学合理地确定旅游景点开发类型、占地规模和容量，对当地交通业、住宿业和餐饮业管理具有重要意义。本章从 ESN 储备池拓扑结构和神经元类型两方面对 ESN 模型进行改进，构建了具有小世界网络和小波神经元的ESN旅游需求预测新模型，即SW-W-ESN模型，并通过多个数据集进行性能验证。

5.1　引　　言

旅游业对许多国家非常重要，旅游产品和旅游服务创造了巨大的经济效益，旅游行业提供了大量的就业机会，包括建筑、运输、接待等。因此，旅游业直接或间接地促进了 GDP（gross domestic product，国内生产总值）增长。与建筑、制造或零售等行业不同，旅游产品和旅游服务无法储存。因此，为了降低产能过剩的财务成本或未满足需求的机会成本，对其进行合理的规划至关重要。其中，对游客人数的预测尤其重要，因为它是未来需求的指标，从而为后续规划和政策制定提供基本信息。相关从业人员可以据此对员工、接待能力、资源管理及定价策略进行规划和决策。私营部门和政府机构可以利用这些基本信息来规划未来的运营，并预见相关资源的需求量。准确预测可以实现有效的政府政策规划，从而促进目的地的旅游业和经济发展（张瑛和赵建峰，2020）。

2018 年，全球旅游业持续快速增长，中国既为世界输出了稳定增长的客流量，同时也吸引了越来越多来自世界各地的游客。《文旅融合：全球自由行报告》指出：中国旅游市场规模在2018年持续增长，中国旅游企业也在不断提升自身实力，在旅游消费市场具有越来越强的竞争力。中国的文化资源和自然景观在世界上处于领先地位，国际开放性、信息和通信能力、旅游基础设施水平和游客服务水平也有显著提高。据报告，2018 年上半年我国国内旅游人数达到 28.26 亿人次，比上年同期增长 11.4%（刘洋，2019）。发展旅游行业，需要充分了解旅游需求。旅游需求决定了旅游企业的发展战略和运作模式。旅游需求有很强的季节性和不可存储性，使得旅游资源的需求和供给之间存在较大矛盾。如果旅游需求预测结果不准确，会导致旅游资源安排不合理、服务质量低、游客体验差等一系列问题，严重影响企业的发展，所以企业也越来越重视旅游需求的预测。准确地预测可以促进旅游业的健康、快速发展，并为决策者和旅游规划者提供有用的参考信息。鉴于旅游需求预测的科学性和重要性，很多学者将其作为研究方向并得到了大量的研究成果，很多方法的有效性已经在实践中被证明。每年各大研究机构都会发布年度旅游报告，对旅游市场进行总结及展望，对未来旅游市场进行定性和定量的分析预测，定性的预测一般包括对某一旅游项目的前景预测，更多人对定量的预测更感兴趣，如某一地区或景点的旅游人数。对旅游人数实现精准预测可以最有效地进行资源配置，既能提高客户满意度，又能减少资源浪费，达到双赢的目的。然而，准确预测游客人数非常困难，并受到许多因素的影响。

由于旅游对全球经济发展越来越重要，公共和私营部门都为该行业提供了大量资源。政府和企业需要准确的预测来制定有效的公共政策并做出良好的商业投资决策，因此做出了相当大的努力来提高旅游需求预测的准确性。20 世纪 90 年代之前，传统的时间序列模型被大量应用于旅游预测，一般来说，传统的时间序列模型，如 Naïve Ⅰ、Naïve Ⅱ、指数平滑和基于自回归移动平均（autoregressive moving average，ARMA）的模型已被广泛用作评估和比较相对新模型的基准。基于传统的 ARMA 模型，研究者提出了一些改进模型，如 ARIMA 和季节性自回归集成移动平均（season ARIMA，SARIMA）。除了基于线性 ARMA 的模型，一些“部分线性”时间序列模型也被用于旅游需求预测。Chu（2014）使用逻辑回归来预测拉斯维加斯的旅游需求。Chu（2011）引入了分段线性回归来预测中国澳门的旅游流量。基于数据中识别的模式，该方法将历史旅游数据分成产生不同回归参数的片段。

此外，许多非线性模型已被用于旅游需求预测。Saayman 和 Botha（2015）已应用平滑过渡自回归（smooth transition autoregressive，STAR）模型来预测南非的游客人数，并将 STAR 模型与其他几个时间序列模型进行比较。与其他方法相比，STAR 模型的优势在于可以平滑地改变回归参数。另一个用于旅游需求预测的非线性模型是马尔可夫转换（Markov switching，MS）模型，该模型已被 Chaitip 和 Chaiboonsri（2014）用于预测泰国的国际游客人数。该模型将数据序列分为高季节状态和低季节状态，能够在两种方案之间切换，并且对于每种方案实施不同的回归模型。

随着计量经济学方法的发展，学者更倾向于使用计量经济预测模型（Song and Li，2008）。计量经济预测模型探索游客数量与影响因素之间的因果关系，在存在相关关系时尤为有效。广泛使用的计量经济学方法包括误差修正模型、自回归分布式滞后模型、矢量自回归模型和时变参数模型。

20 世纪 90 年代开始，ANN 模型被运用到旅游人数的预测中。在 ANN 方法中，BPNN 是最速梯度下降法，是时间序列预测中应用最广泛的神经网络技术，因为它具有很高的学习准确度和快速的回顾速度。因此，在 Chen 等（2012）的三项研究中，BPNN 也被应用于旅游需求预测中。MLP 可以通过三个或更多节点内的非线性激活函数来线性组合输入变量（Cuhadar et al.，2014）。与 MLP 作为监督学习模型不同，径向基函数（radial basis function，RBF）网络是另一种结合有监督和无监督学习的 ANN 方法。在旅游需求预测中使用的其他 ANN 方法有广义回归神经网络（generalized regression neural network，GRNN）（Cuhadar et al.，2014）和 EANN（Claveria et al.，2015）。GRNN 具有分配有特定计算功能的四个层，可以直接根据训练数据估计任意函数，而不需要迭代训练过程。

支持向量回归（support vector regression，SVR）是另一种被广泛用于旅游需求预测的人工智能方法（Hong et al.，2011）。SVR 通过最小化结构风险实现全局最优，而不是在 ANN 中实现局部最优。在实际应用中，更多地将 SVR 与其他参数选择方法相结合。

粗糙集方法是一种信息丰富的技术，擅长处理模糊数据，并利用定量和定性数据识别混合数据中的关系和模式。旅游数据被认为受到定性和定量数据的影响，因此适合使用粗糙集方法进行旅游预测。

模糊时间序列也被用于旅游需求的预测。Chen 等（2010）应用基于自适应网络的模糊推理系统（adaptive network-based fuzzy inference system，ANFIS）预测每年到中国台湾的游客。Hadavandi 等（2011）提出了一种新的混合智能模型，将 GA 引入模糊系统。

除上述人工智能模型类别外，Wu 等（2012）首次将稀疏高斯过程回归（Gauss process regression，GPR）模型引入旅游需求预测。GP 是一种非参数回归工具，可以通过训练提供不确定性估计并识别噪声和参数。GPR 模型既降低了计算复杂度又提高了泛化能力。Sun 和 Liu（2016）利用 Cuckoo 搜索算法优化马尔可夫链灰色模型参数的研究，结合马尔可夫链和灰色模型来预测中国入境旅游需求。

尽管人工智能模型产生的令人满意的预测性能促进了人工智能模型的开发，但构建全新模型来预测旅游需求并未成为新趋势。相反，混合模型经常被采用，旨在通过系统地组合建模过程来利用所涉及的人工智能单一模型的不同方面并使旅游需求预测的限制最小化。

2010 年以后，混合模型已成为旅游需求预测的新趋势，尤其是基于人工智能的混合模型，包括 SVR、ANN 和 GA 的不同分类模型被系统地组合以提高预测的准确性。Wu 和 Cao（2016）将季节性 SVR 与果蝇优化算法（fruit fly optimization algorithm，FOA）相结合。选择 FOA 优化方法是因为其编程代码更短，并且达到全局最优的速度更快。

ESN 理论上可以对所有非线性函数进行拟合，在需求预测领域具有宽广的应用前景。虽然具有随机拓扑和权重的储备池对某些基准问题有效，但它们不一定是最优的。因此，很多学者对储备池拓扑结构进行研究来改善 ESN 的预测性能。这些研究包括具有生物特性的储备池（Ozturk et al.，2007）、分层储备池（Deng and Zhang，2007）、简单环形储备池（Strauss et al.，2012）和基于复杂网络的储备池（薄迎春等，2012）。

一般来说，研究者会选择 S 形函数作为储备池神经元激励函数，而 S 形函数相互不正交，在函数逼近过程中，会产生很多冗余的信息。针对此类问题，Cui 等（2014）采用 Symlets 小波神经元部分取代部分 S 形神经元，Symlets 小波函数通过伸缩变换和平移变换，可以产生一个函数集，所有的函数源于一个母函数，但存在细微的差异，丰富了状态储备池的状态空间。

目前，使用复杂网络对 ESN 储备池进行改进的研究还较少，复杂网络结构与 ESN 预测精度的关系也未从理论上得到解决，该领域还有广阔的研究空间。在本章中，使用小世界网络结构来取代储备池的随机结构；在完成储备池拓扑结构的设计后，同时使用小波函数和 S 形函数作为神经元激励函数，使得储备池神经元具有丰富的变换形式。

5.2 具有小世界特性的小波 ESN 预测模型

5.2.1 具有小世界特性的 ESN 储备池设计

1998 年，Watts 和 Strogatz 提出了小世界网络概念，并建立了 Watts-Strogatz 模型。实证结果表明，大多数实际网络都具有小世界特性（较小的最短路径）和聚类特性（较大的聚类系数）。

网络由节点和连接节点的边组成。网络中的路径由一系列交替的节点和边构成，以节点开始并以节点结束。节点或边可以在同一路径中出现多次，并且路径中的边数是路径的长度。如果图形是连通的，从一个节点开始，可以通过有限的路径长度到达其他所有节点。一对节点之间的最短路径称为两点间的路径长度。在未加权网络中的任何一对节点之间，可以计算路径长度，该长度指从起始节点到目的地节点必须经过的最小边数。如果所有节点对的平均路径长度较小，聚合系数高，则称网络是小世界网络，或满足小世界属性。图 5-1 给出了三种小世界网络。

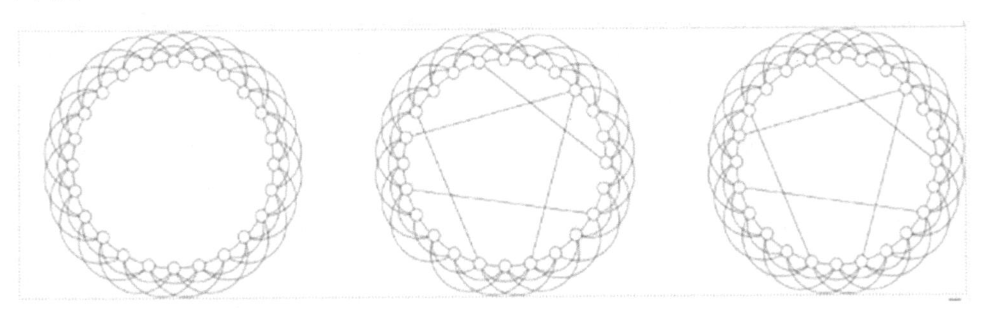

（a）每个节点与距离最近的三个点连接　（b）Watts-Strogatz 小世界网络　（c）Newman-Watts 小世界网络

图 5-1　小世界网络结构图

为了讨论小世界网络的数学性质，引入全局群聚系数 C（Newman，2000；Newman and Watts，1999）：

$$C=\frac{3\times G_{\Delta}}{3\times G_{\Delta}+G_{\Lambda}} \tag{5-1}$$

其中，G_{Δ} 表示封闭三点组的数量；G_{Λ} 表示开放三点组的数量。

然后，引入平均路径长度的表达式：

$$l_G=\frac{1}{n(n-1)}\sum_{i,j}d\left(v_i,v_j\right) \tag{5-2}$$

其中，n 表示节点的个数；$d\left(v_i,v_j\right)$ 表示两点间的距离。

人们认为许多现实社交网络具有小世界性质，但是要证明是非常困难的，因为需要知道所有节点对的路径长度。所以 Watts-Strogatz 小世界网络及其改进提出了易处理的近似模型，才使小世界网络更具有应用价值。

小世界网络结构用于取代 ESN 储备池的随机结构，避免了明显的模块化结构。不同的群集包含的神经元个数不同，并且采用不同类型的神经元，这使得储备池神经元的变换极为丰富，增强了储备池处理信息的能力。

传统的 ESN 储备池是随机生成的，神经元之间耦合很强，限制了模型的预测能力。使用小世界网络结构取代 ESN 储备池传统的随机结构，避免了明显的模块化结构。不同的群集包含不同数量的神经元，并且采用不同类型的神经元，这使得储备池神经元的变换极为丰富，从而增强了储备池处理信息的能力。因此，使用小世界网络代替储备池传统的随机结构。小波函数具有良好的局部特性和变换特性，可以在不增加储备池规模的情况下，极大地扩展储备池的状态空间，这将有助于改善储备池的非线性逼近能力。

小世界网络结构并不具体指代某一种网络结构，而是具有小世界特性的网络结构的统称。不同的小世界结构在功能和特征上存在一定的差异。有许多学者研究了小世界网络结构，并提出了一些小世界网络的设计方法。薄迎春等（2012）设计了一个具有特定的群集个数、节点之间双向连接而且节点可以进行自反馈的小世界网络。先将支撑节点平均放置在选定区域内，然后按照概率增加新的节点。生成小世界网络的过程比较简单，但是生成网络后，还需要将该网络转换成连接矩阵：首先按照新节点与支撑节点的距离对节点进行重新排列，其次确定每个神经元所属的群集，最后确定连接强度。至此，才能生成储备池连接矩阵。可以看出，这是一个十分复杂的过程，使用起来难度很大。ESN 的出现减少了传统神经网络的计算复杂度，在对 ESN 进行改进时，笔者还是希望所提方法能够简单实用，为了提高 ESN 的预测精度而大幅度增加其复杂性是不合适的。所以，本章提出了一种简单的小世界网络构造方法，可以直接生成储备池连接矩阵，生成过程分为以下几步。

（1）确定储备池规模 N 和群集个数 Q。N 个神经元大致均分到 Q 个群集，每个群集的神经元个数分别为 $N_1, N_2, \cdots, N_Q$，且满足 $\left(N_1 + N_2 +, \cdots, + N_Q = N\right)$。群集中的第一个神经元为主神经元，对应小世界网络中的关键节点，其他神经元为支撑神经元。

（2）生成 Q 个子矩阵，矩阵大小分别为 $N_1 \times N_1, N_2 \times N_2, \cdots, N_Q \times N_Q$。矩阵中的元素 W_{ij} 表示节点 i 和节点 j 的连接强度，$W_{ij} = W_{ji}$。

（3）给子矩阵所有元素赋值。为了保证储备池具有回声状态性质，连接强度的取值范围为 $[-1,1]$。连接强度为 1 时表示完全连接，在每个子矩阵中，第一行和第一列的元素都为 1，表示同一群集内主神经元与所有支撑神经元全连接。其他连接权重随机赋值。

（4）将 Q 个子矩阵合成一个 $N \times N$ 的矩阵，相邻主节点全连接，所以，在未赋值的连接权重中，$W_{(1, N_1+1)}, W_{(N_1, N_1+N_2+1)}, \cdots$ 值为 1，其他都为 0，表示不同群集中的支撑神经元不连接。

可以看出，新方法相较于以往的方法更加简单直接，可以快速生成连接矩阵作为 ESN 储备池结构。在实际应用中，在保证预测精度的前提下，降低预测工具的使用复杂度是很有意义的。储备池规模 N 和群集个数 P 可以通过实际应用中获得的经验来设定，也可以通过寻优来获得，使用优化后的参数可以提高预测精度，但是也增加了模型的复杂性。属于不同群集的支撑神经元之间没有连接，这意味着大多数储备池矩阵连接权值为 0，满足了储备池神经元之间稀疏连接的要求。此外，储备池结构还有一个很重要的特性，就是谱半径要小于 1。生成连接矩阵后，需要检查其谱半径是否小于 1，所提方法生成的连接矩阵的谱半径多数情况下能满足这一要求，但是如果储备池规模 N 和群集个数 P 都较小时，可能会出现谱半径大于 1 的情况。这时，可以调整连接权值的取值范围。

5.2.2 小波神经元

储备池神经元通常使用 S 形函数作为激励函数，这限制了传统 ESN 储备池激励函数的类型，并且减弱了 ESN 处理复杂特征的能力。在本章中，使用小波神经元替换部分 S 形函数。小波神经元的激活函数是由一个小波母函数经过伸缩和平移变换后得到的。因此，每个小波神经元具有不同的激活函数。这极大地丰富了储备池的存储和转换功能，并提高了储备池的“记忆”功能。

受到经典前馈神经网络和小波理论的启发，Zhang（2003）提出了小波神经网络（wavelet neural network，WNN），来近似任意非线性函数。由于小波具有局部特性，而且是根据训练数据集调整小波形状而不是调整基函数的参数，小波神经网络与经典前馈神经网络相比具有更好的泛化特性，因此，小波神经网络更适用于高频信号的建模。小波神经网络已成功应用于非线性系统识别和时间序列预测。

小波函数是一类函数的统称，存在很多种不同的小波基函数，针对同一问题，使用不同的小波基函数会产生不同的实验结果。常用的小波基函数有 Symlets 小波、Morlet 小波和 Gaussian 小波，在这三种小波基函数中，Symlets 小波在大多数情况下能够实现最佳的预测效果（Cui et al.，2014），所以，本节选用 Symlets 小波作为母小波，其数学形式表示为

$$\psi(x)=x\mathrm{e}^{-\frac{1}{2}|x|^2} \tag{5-3}$$

对每一个小波神经元使用不同的伸缩和平移因子，Symlets 小波产生的小波函数为

$$\psi_{d_j,t_j}=2^{\frac{d_j}{2}}\left(2^{d_j}x-t_j\right)\mathrm{e}^{-0.5\left(2^{d_j}x-t_j\right)^2} \tag{5-4}$$

其中，$d_j=\dfrac{j}{NR_{\text{mix}}}$，$t_j=\dfrac{j}{NR_{\text{mix}}}-0.5\left(j=1,2,\cdots,NR_{\text{mix}}\right)$，分别表示伸缩因子和平移因子；$N$ 表示储备池规模；R_{mix} 表示小波神经元的混合比例。

所以，ESN 储备池状态更新方程定义如下：

$$\begin{gathered}x(t+1)=f\left(\boldsymbol{W}^{\text{in}}u(t+1)+\boldsymbol{W}x(t)+\boldsymbol{W}^{\text{back}}y(t)\right)\\ \begin{cases}f=\tan h(\bullet)(\text{sigmoid})\\ f=\psi_{d_j,t_j}(\bullet)(\text{wavelet})\end{cases}\end{gathered} \tag{5-5}$$

这样，储备池神经元类型就在 S 形神经元的基础上增加了小波神经元，而且不同的小波神经元可以通过小波基函数拓展为不同的函数形式，极大地丰富了神经元类型。

5.2.3 SW-W-ESN 组合预测模型

1. 使用小世界网络和小波函数优化 ESN 的合理性

储备池是 ESN 的核心部分，相关研究发现，复杂网络在一些问题上优于随机网络，小世界特性可以减弱神经元之间的耦合，进而使网络具有较强的参数适应能力，所以使用具有小世界特性的储备池结构来取代随机结构；在完成储备池拓扑结构的设计后，需要选取神经元激励函数，S 形函数是最常用的激励函数，使用小波神经元替代部分 S 形神经元，使得储备池神经元具有良好的局部特性和变换特性。

2. SW-W-ESN 预测模型流程

SW-W-ESN 预测模型是一个使用小世界网络结构代替传统 ESN 储备池随机结构并同时使用 S 形函数和小波函数作为激励函数的改进 ESN 预测模型。首先确定储备池规模 N 及小世界群集数 Q，依据上文中提到的设计方法生成一个具有小世界特性的储备池结构，为了充分发挥小世界网络的结构特点，同一群集的神经元选择同一类激励函数，选取 S 形函数或 Symlets 函数，至此，具有小世界网络特征和小波激励函数的储备池构建完成。其次使用训练数据集对 SW-W-ESN 预测模型进行训练，训练获得对应的输出权值矩阵，再对每组测试集中的数据集进行 50 次试验。最后将 50 次试验获得的 MAPE 和 MSE 的平均值作为模型最后的输出。SW-W-ESN 组合预测模型流程如下。

步骤 1：读取数据，对数据进行预处理，将标准化后的数据分别划分为训练集和测试集，训练集和测试集的数量比一般设为 7 : 3。

步骤 2：构建具有小世界特性的 ESN 储备池。设定 ESN 储备池神经元数量、群集数量，生成具有小世界特性的 ESN 储备池。

步骤 3：确定各群集的神经元类型。激励函数可以选择 S 形函数或 Symlets 函数。属于同一群集的神经元的激励函数相同，相邻群集的神经元具有不同类型的激励函数。

步骤 4：测试 SW-W-ESN 预测模型。使用测试集对 SW-W-ESN 预测模型进行测试，确定最优的输出权值矩阵，至此，得到了一个具有小世界特性的小波回声状态网络预测模型。

步骤 5：使用经过训练的 SW-W-ESN 模型预测验证集数据。输出预测结果，记录预测值与期望值的 MAPE 和 MSE。

步骤 6：进行 50 次重复试验。最后输出 MAPE 和 MSE 的平均值。

5.3　基于 SW-W-ESN 模型的旅游需求预测

下面将 SW-W-ESN 模型应用到实际问题中，对旅游需求进行预测。分别选取了 2000 年 1 月~2018 年 9 月马来西亚游客人数的月度数据和 2001 年 1 月~2011 年 12 月土耳其游客人数的月度数据。其中，马来西亚游客数据集是一组全新的数据集，还没有学者对该数据集进行研究，所以该数据集用来验证模型改进的有效性，将分别使用 ESN、SW-ESN、W-ESN 和 SW-W-ESN 四种模型对其进行预测研究。土耳其的游客数据集是从已有研究中获取的，将 SW-W-ESN 模型的预测结果与文献中的结果进行对比，使用该数据集验证 SW-W-ESN 模型是否具有较高的预测精度。

5.3.1　预测精度衡量指标

常见的误差评判方法有平均误差（mean error，ME）、平均百分误差（mean percentage error，MPE）、MAPE 和 MSE；然而，ME 和 MPE 不能有效地反映预测效果，因为正负误差会抵消，使平均值总是接近于零。MAPE 强调误差的大小，虽然它未能考虑到误差方向，但确实能够很好地反映预测效果，被众多研究者选择作为主要的预测精度评判标准。如果实际值达到 0 或者接近于 0，误差会被放大，就本章用到的数据——旅游到达人数而言，可以忽略这种情况。当变量表现出波动和转折点时，选择 MSE 作为精度评判标准更合适。MSE 本质上是预测误差的样本标准偏差（没有任何自由度调整），假设较大的预测误差比较小的预测误差更重要。所以算例选取 MAPE 和 MSE 来评价模型的预测性能，具体如下。

（1）MAPE 是一个在预测问题中经常使用的衡量标准，表示所有预测点预测误差所占实际值的百分比的平均值，该值为百分比，使得评价结果不受样本绝对值大小的影响。MAPE 越小，预测结果越准确。根据 MAPE 大小可对预测模型的性能进行划分（王方等，2022）。

（2）MSE 是指参数估计值与参数真实值之差平方的平均值；MSE 可以评价数据的变化程度，MSE 的值越小，说明预测模型的精确度越好。

5.3.2　基于 SW-W-ESN 模型的马来西亚旅游需求预测

1. 数据来源

为验证本章所提方法应用于旅游需求预测问题的有效性，使用该方法对马来西亚的游客人数进行预测，马来西亚是一个旅游资源十分丰富的国家，旅游业是马来西亚第三大外汇收入来源。马来西亚旅游局的官方网站（https://www.tourism.gov.my/statistics）上提供了翔实的旅游数据，本书收集了 2000 年 1 月~2018 年 9 月游客人数的月度数据，共有225个数据，如图5-2所示，从图中可以看出数据的变化比较复杂，整体来看，游客人数先快速增长，然后趋于平稳，最后几年略有下降趋势。通过局部观察发现，不同时期的数据具有不同的变化特征，前期数据波动很大，中间的部分数据只有小幅度的变动，然后数据的波动又开始变得明显。这是一组变化很复杂的时间序列，要实现高精度的预测对预测模型的要求比较高。

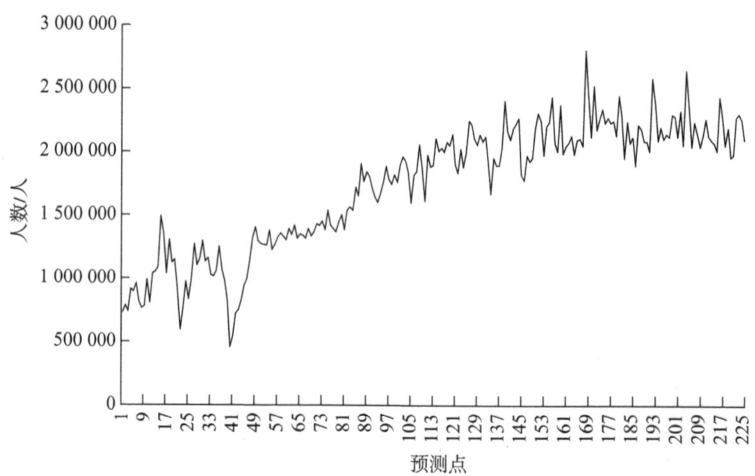

图 5-2　2000 年 1 月~2018 年 9 月马来西亚游客人数

在对月度数据进行研究分析时，一般使用前 12 个数据去预测第 13 个数据，那样可以更充分地体现数据的周期性特征。

2. 对比预测模型和数据集划分

本章构建的SW-W-ESN预测模型是通过改进传统ESN的储备池拓扑结构和储备池神经元类型而得到的预测模型，具有小世界特性的拓扑结构使得模型具有更强的参数适应能力和丰富的动力学特性，小波神经元丰富了储备池的存储和转换功能。SW-W-ESN 模型的预测效果与储备池规模 N、群集个数 Q、小波神经元所占比例 P 有关，参数的设置方法可以通过实际应用中的经验给出或者通过寻优得到，考虑到经验定参的偶然性和全局寻优的复杂度，本章决定通过部分寻优获得较优参数，通过经验确定寻优的范围，在此基础上选择参数。首先，针对这些参数，设置对比实验，储备池规模 N 取值为 $\{100,150,200\}$，群集个数 Q 取值为 $\{2,3,4,5\}$，小波神经元 P 取值为 $\{25\%,50\%,75\%\}$，确定具有较优参数的 SW-W-ESN 预测模型；其次，将 SW-W-ESN 模型与传统 ESN 模型的预测效果进行对比；最后，与只进行单一改进的模型进行对比，进行单一改进的模型是指使用小波函数替代部分 S 形函数的小波回声状态网络（W-ESN），以及具有小世界储备池拓扑结构的小世界回声状态网络（SW-ESN）。

对比验证选取的数据为 2000 年 1 月~2018 年 9 月到马来西亚旅游的游客总人数，共有 225 个数据点，数据分为两个部分：训练集（168 个数据点）、测试集（57 个数据点），见表 5-1。训练集用来对生成的网络进行训练得到输出权值，最后用测试集数据来检测模型的预测效果。本章采用单步预测策略，前 12 个数据预测第 13 个数据，则训练集中共有 156 组训练样本，测试集中共有 46 组测试样本。

表 5-1 预测模型对比验证数据集

数据集	月度游客人数时间段	数据点个数/个
训练集	2000 年 1 月~2013 年 12 月	168
测试集	2014 年 1 月~2018 年 9 月	57

3. 参数设置及结果分析

1）实验过程

对于本章提出的 SW-W-ESN 模型，最重要的三个参数是储备池规模 N、小世界网络群集个数 Q、小波神经元所占比例 P。

当小波神经元所占比例过大或过小时，都不能有效地提高预测精度。在多数情况下，小波神经元占神经元总数的 50%时，能够得到最佳的预测效果（Cui et al.，2014）。在本章中，储备池每个群集神经元数量大致相同，属于同一群集的神经元具有相同类型的激励函数，所以，当群集数量为偶数时，设定小波神经元群集和 S 形神经元群集数量都为 $Q/2$；当群集数量为奇数时，小波神经元群集和 S 形神经元群集数量分别为 $(Q+1)/2$、$(Q-1)/2$。输出激活函数和反馈激活函数均为恒等函数。

本章中，储备池规模取值范围为 100~200，以 50 为步长变化，群集个数的取值范围为[2，4]，这样就有了 9 种不同的 $[N,Q]$ 组合。本章中，设定每个群集的神经元数量大致相同。

2）结果分析

在不同的储备池规模 N 和群集个数 Q 组合下，改进的 ESN 预测模型对试验数据的预测效果如表 5-2 所示。

表 5-2 不同［N, Q］组合下 SW-W-ESN 模型预测结果

储备池规模 N	群集个数 Q	MAPE	MSE
100	2	0.068 265	3.943e-03
100	3	0.066 656	4.148e-03
100	4	0.060 944	3.916e-03
150	2	0.061 608	3.437e-03
150	3	0.055 802	2.764e-03
150	4	0.064 933	4.118e-03
200	2	0.063 866	3.846e-03
200	3	0.064 501	4.131e-03
200	4	0.067 156	4.219e-03

由表 5-2 中数据可知，9 种情况下，预测模型都具有高精度的预测效果，说明 SW-W-ESN 模型的预测精度高，而且在一定的范围内，预测效果并不会因为参数的选取不是最佳而严重影响模型的预测效果，具有很强的鲁棒性。与传统 ESN 模型一样，SW-W-ESN 模型的储备池规模 N 和群集个数 Q 都是根据经验选取的，所以，这个特性对 SW-W-ESN 模型在实际中的应用是非常有意义的。在都能取得高预测精度的情况下，当储备池规模为 150，群集个数为 3 时，预测效果最优。据此，选取储备池规模 N=150，群集个数 Q=3。

4. 预测模型验证分析

通过对比实验，发现当储备池规模为 150，群集个数为 3，小波神经元所占比例为 1/3 时，模型具有较好的预测效果。

为了验证 SW-W-ESN 预测模型的改进确实能够提高原始模型的预测精度，分别用 ESN、SW-ESN 和 W-ESN 三种不同的模型作为对比，对马来西亚游客数据进行预测。四种模型具有相同的储备池规模，SW-ESN 模型的群集个数为 3，W-ESN 模型中小波神经元所占比例为 1/3。表 5-3 为评价指标对比结果。图 5-3 展示了 SW-W-ESN 模型和 ESN 模型的预测结果与实际值的对比。

表 5-3 四种模型的预测结果

误差	ESN	W-ESN	SW-ESN	SW-W-ESN
MAPE	0.071 952	0.069 537	0.068 633	0.055 802
MSE	4.178e-03	4.045e-03	3.999e-03	2.764e-03

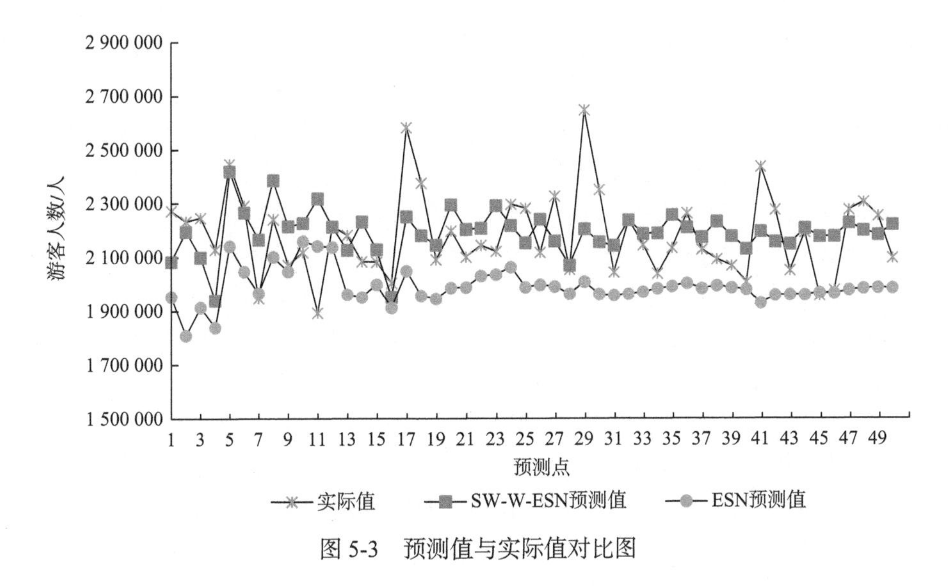

图 5-3　预测值与实际值对比图

从表 5-3 和图 5-3 可以得到以下结论。

（1）本章选取了一组变化规律十分复杂的时间序列，四种模型都实现了高精度预测，说明传统ESN模型和改进后的ESN都能对游客人数进行精准的预测。

（2）对传统 ESN 模型进行单一的改进均能提升传统模型的预测效果，但是提升的幅度有限：相对于传统 ESN 模型，W-ESN 模型的 MAPE 和 MSE 分别降低了 3.34%、3.18%；SW-ESN 模型的 MAPE 和 MSE 分别降低了 4.61%、4.28%。

（3）虽然分别对神经元模型和储备池网络结构进行改进不能有效提升模型的预测精度，但当同时对两者进行改进时，预测精度有了明显的提升，使用 SW-W-ESN 模型进行预测，取得的 MAPE 和 MSE 分别降低了 22.44%、33.84%；说明这两种改进的组合是有意义的，有互相促进的作用，其预测精度的提升幅度明显高于两种单一改进模型的提升幅度之和。

（4）结果展现了传统 ESN 模型和 SW-W-ESN 模型预测能力的异同。在一次预测多个数据点的时候，大多数模型的预测精度会越来越低，但这两个模型在对 50 个月度数据进行预测时，预测精度并没有明显的降低，只是后期的预测值趋于平稳，不具备对峰值数据的精准预测能力，这说明两种模型具有很强的预测稳定性，可以进行长期预测；SW-W-ESN 模型的预测值全面优于传统 ESN 模型。

5.3.3　基于 SW-W-ESN 模型的土耳其旅游需求预测

1. 数据来源及数据集划分

为了验证本章所提出的方法应用于游客人数预测问题的有效性，使用该方法对土耳其游客人数进行预测。Melda Akın 在 2014 年对土耳其旅游人数问题进行研究，提出了一种全新的模型选择方法：对于特定的时间序列，根据时间序列的特征值选择预测方法，可以实现最优的预测效果。使用的数据是土耳其旅游部发布的 2001 年 1 月~2011 年 12 月的月度游客人数数据。这些数据包括了来自 56 个国家和地区的旅游人数。选择了在这段时间内游客人数较多的 10 个国家，它们分别是德国、俄罗斯、英国、比利时、荷兰、伊朗、法国、格鲁吉亚、美国和意大利。来自这些国家的游客占土耳其游客总数的 63%。图 5-4 是 10 个国家的游客人数折线图，各组数据呈现出不同的动态性，有的增长缓慢，如来自德国的游客人数；来自伊朗的游客人数增长速度很快；来自美国的游客人数由于受到政治事件的影响，出现大幅下跌后逐渐恢复到以前的水平。因此，很难找到适用于这十组时间序列的预测工具。Melda Akın 使用了三种方法对这些数据进行预测，它们是 SARIMA、神经网络、SVM，通过比较这三种方法得出最好的结果。

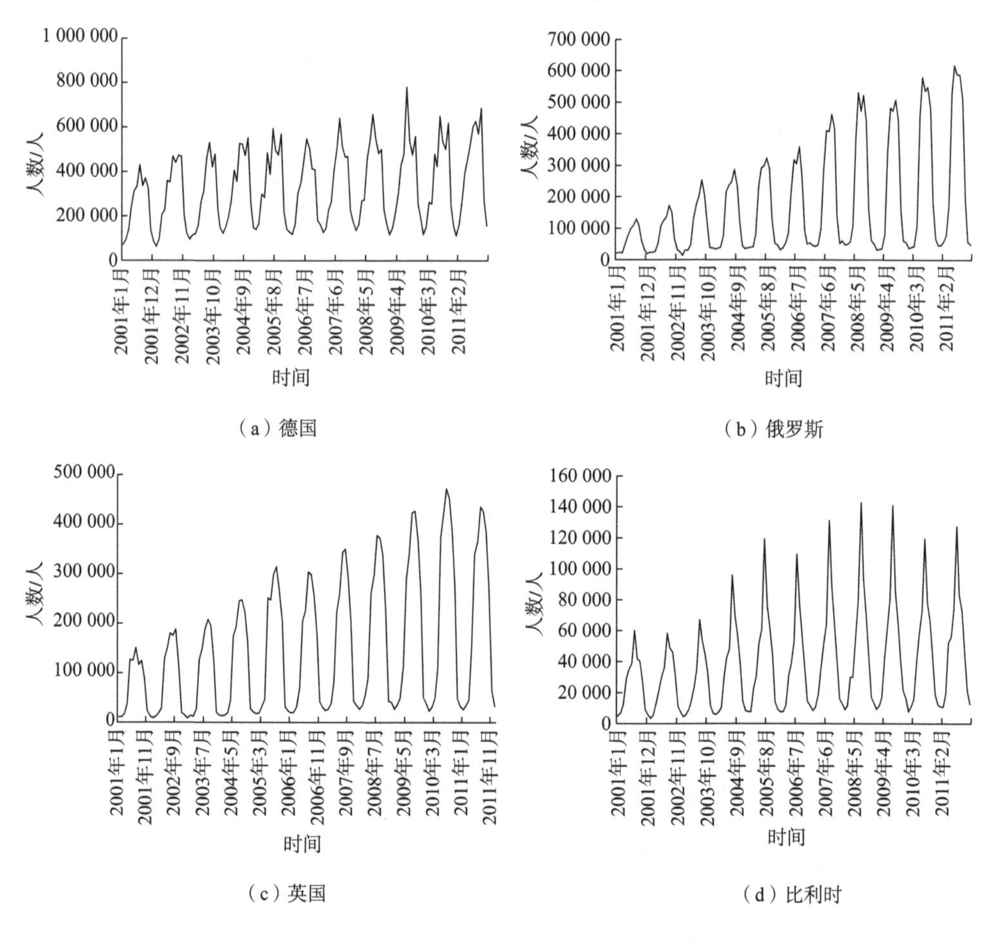

（a）德国　　（b）俄罗斯

（c）英国　　（d）比利时

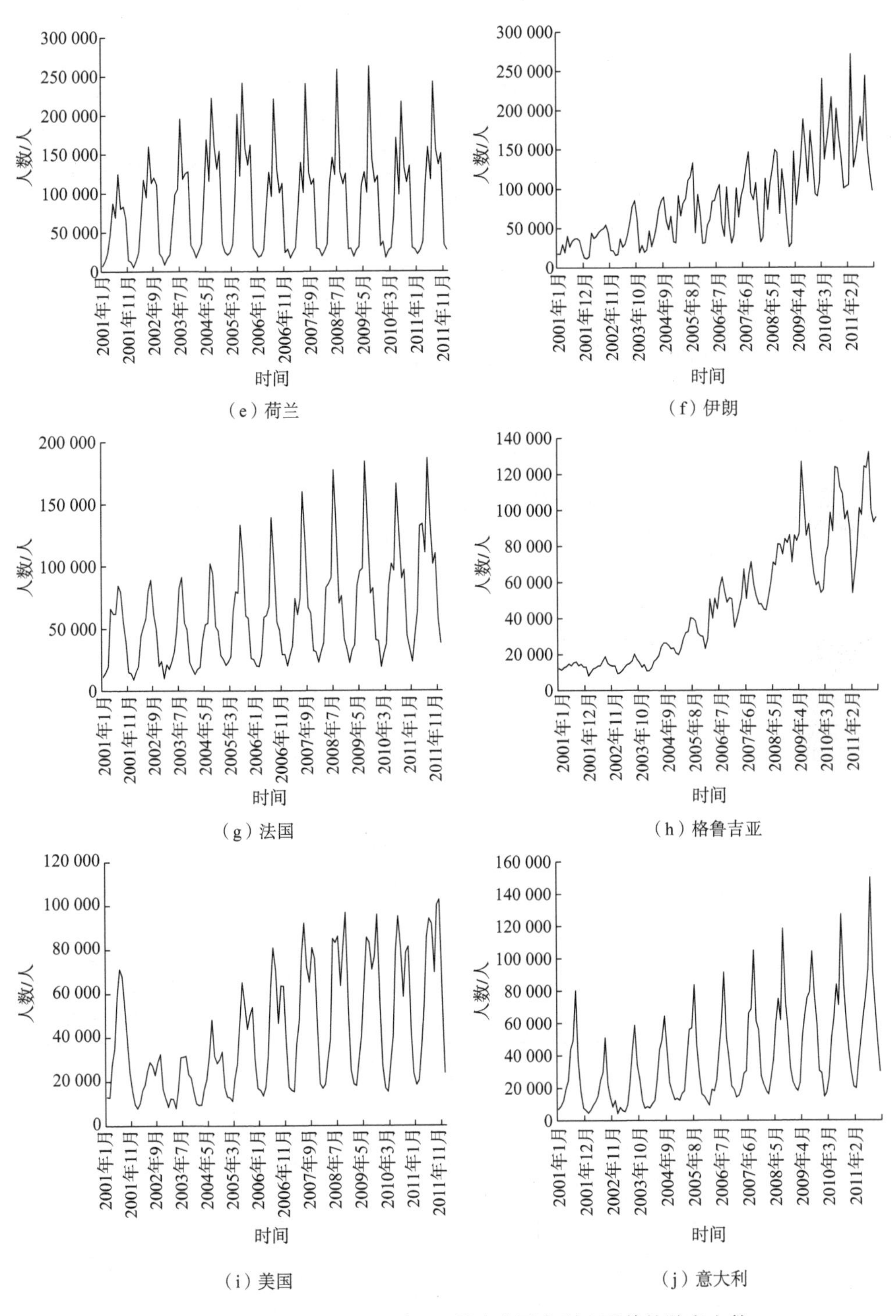

图 5-4　2001 年 1 月~2011 年 12 月十个国家到土耳其的游客人数

训练集用于模型训练，选择2001年1月~2010年12月的数据作为训练集；测试集用于测试模型的预测精度，选择2011年的数据作为测试集。

观察十组时间序列，发现最大值和最小值相差很大，如来自德国的游客人数，最大值是780 187，最小值是62 911。为了提高预测精度，避免数据差距过大带来的不利影响，本章对数据进行了标准化处理，将数据缩放到[0.15，0.85]。使用式（5-6）对十组数据进行处理。

$$a_t^{'k} = \frac{a_t^k - a_{\min}^k}{a_{\max}^k - a_{\min}^k} \times 0.7 + 0.15 \tag{5-6}$$

其中，a_t^k 表示第 k 个国家在 t 月的游客人数；$a_{\max}^k$、$a_{\min}^k$ 分别表示该序列的最大值和最小值；$a_t^{'k}$ 是经过标准化处理以后的数值。

2. 实验过程和结果

使用SW-W-ESN预测模型对十组经过标准化处理后的数据进行试验，得到预测结果，实验结果由表5-4和表5-5给出，同时，表中还列出了已有的研究结果。

表 5-4 MAPE 预测结果对比

数据集	MAPE			
	SARIMA	SVM	NN	SW-W-ESN
德国	9.42	7.77	10.87	5.91
俄罗斯	7.45	7.40	10.08	6.95
英国	10.65	6.41	8.66	4.87
比利时	8.71	9.62	13.22	5.56
荷兰	8.66	3.16	5.04	6.52
伊朗	10.00	17.27	21.92	9.20
法国	14.31	12.02	16.06	10.71
格鲁吉亚	17.85	10.21	12.09	8.91
美国	17.22	7.09	14.33	9.58
意大利	4.47	6.95	7.49	4.94

表 5-5 MSE 预测结果对比

数据集	MSE			
	SARIMA	SVM	NN	SW-W-ESN
德国	4.732e-03	3.411e-03	4.298e-03	2.057e-03
俄罗斯	1.002e-03	8.336e-04	1.966e-03	8.160e-04
英国	7.161e-03	4.376e-04	2.133e-03	4.028e-04
比利时	4.410e-03	3.823e-03	7.797e-03	9.239e-04
荷兰	2.342e-03	3.412e-04	1.018e-03	1.520e-03
伊朗	5.455e-03	8.287e-03	1.415e-02	9.213e-03

续表

数据集	MSE			
	SARIMA	SVM	NN	SW-W-ESN
法国	6.474e-02	4.925e-03	1.224e-02	4.756e-03
格鲁吉亚	1.305e-02	5.905e-03	8.953e-03	5.725e-03
美国	1.239e-03	3.210e-03	8.157e-03	2.566e-03
意大利	1.463e-03	1.775e-03	2.580e-03	1.836e-03

3. 预测结果分析

从实验结果可以看出，任何一种模型都无法对所有的时间序列做出最精准的预测，不同的序列具有不同的变化规律。虽然 SW-W-ESN 模型不能对十组时间序列都做到最好的预测，但是综合来看，它的预测效果是最好的。十组实验中，有 7 次得到了最小的 MAPE，SVM 模型获得 2 次最优，SARIMA 模型获得 1 次最优。再以 MSE 作为标准进行评判，SW-W-ESN 模型的结果有 6 次最优，SVM 模型获得 1 次最优，SARIMA 模型获得 3 次最优。针对不同类型的时间序列，SW-W-ESN 模型都能得到满意的预测效果。

5.4　本章小结

本章首先分析了旅游业的发展现状及旅游预测研究的相关情况；其次设计了 SW-W-ESN 预测模型，使用小世界网络结构取代储备池的随机结构，同时使用小波函数和 S 形函数作为神经元激励函数，使得储备池神经元具有丰富的变换形式；最后将 SW-W-ESN 模型应用到旅游预测问题中。

使用 2000~2018 年到马来西亚旅游的游客数据集验证改进的有效性，发现 SW-W-ESN 模型的预测精度比传统 ESN、小波 ESN、小世界 ESN 都要高，再使用 SW-W-ESN 预测模型对 10 个国家到土耳其的游客人数进行预测，预测结果明显优于已有的多种预测方法。

6 基于双储备池 ESN 的电力负荷预测

电力负荷变化呈现出复杂的非线性关系，准确的电力负荷预测对电网稳定运行，提高发电设备利用率和降低运行成本有着重要作用。如何设计高精度的预测模型是此类问题的关键，本章构建了BSA优化双储备池ESN的混合预测模型。然后将该模型应用于单因素短期电力负荷预测问题，通过对比算例验证了该模型的适用性和高性能。进而利用设计的模型来处理多因素影响的短期电力负荷预测问题，选择互信息（mutual information）筛选输入特征，获得满意的预测效果。

6.1 引　言

6.1.1 研究意义

电力能源作为一种特殊的商品具有难以储存、需持续供应等特点，电力的生产、供应、输送和消费构成了一个独特的供应链网络结构（Nagurney and Matsypura，2007），其需求的不确定性将对电能的供应造成影响。已有研究指出电力需求的预测对电力供应链计划至关重要，可以较好地支持供应计划的进行（Aburto and Weber，2007）。准确的电力负荷预测可以为电力设备的维护，发电机组的调度和协调等决策提供很好的支持，还可以应用于决定未来传输和发电扩展的规划，对于电能的生产、分配，乃至于准确的投资规划都起着重要作用。

本章将一种智能优化算法引入 ESN，分别对 BSA 和 ESN 进行改进，提出IBSA-DRESN 混合预测模型，为 ESN 在电力负荷预测上的应用提供了新的思路。该模型可有效地解决电力负荷预测问题，为电力管理科学决策提供有力支持，降低电力供应链的需求不确定性，从而帮助国家或企业制定更为合理的电力供需政策或决策。

6.1.2　电力需求与电力负荷预测相关研究

电力作为一种特殊的能源商品有着难以储存，需持续供应，传输模式特殊，对社会影响显著等特点（万英，2008）。消费者的电力需求不确定性会给电力供应链带来显著的市场风险，降低供应链的整体效益。Albadi 和 El-Saadany（2008）对放松管制电力市场中的需求响应问题进行了总结，认为电力系统的可靠运行需要实时的供需平衡，尽可能地降低需求的不确定性可以使系统更有效率。侯琳娜等（2015）分析了中国当前电力供应链的特点，认为大规模风电并网使得电力的供给出现随机性，它与其他随机需求共同影响了信息的准确传递，产生了牛鞭效应。Jaipuria 和 Mahapatra（2014）提出适当的电力需求预测机制在一定程度上减缓了供应链的牛鞭效应，可改善供应链活动。对于电力供应链中需求不确定性所带来的难题，很多学者给出不同的应对思路，其中从需求预测的角度来解决此类问题是一种重要的解决方案。例如，Huang 等（2007）为了有效地分析中国的电力需求和供给，提出了一个灰色马尔可夫预测模型来预测中国电力需求。

Harris 和 Liu（1993）研究了电力消耗与天气，价格和消费者收入之间的几个潜在相关变量之间的动态关系，发现电力价格是影响消费者消费行为的主要因素。Ranjan 和 Jain（1999）将人口和天气作为参数构建函数来分析 1984~1993 年德里电能的消费模式，开发了不同季节的能源消耗的多元线性回归模型。近些年一些新的预测模型也已经成功地应用到电力需求预测中，学者们的研究证实它们可以取得较好的预测效果。目前，电力负荷预测的模型主要有线性回归模型、ARIMA、灰色预测模型、机器学习技术及它们的组合模型。

Wang 等（2012）为了提高 SARIMA 模型预测电力需求的准确性，提出了一种残余修正模型，利用PSO优化傅里叶方法和SARIMA进行组合预测，并以中国西北地区电力为例进行实验。Yuan 和 Chen（2016）通过随机实验证明了 GM（1，1）模型在线性增长序列的建模上具有很好的有效性和可靠性，并用该模型成功预测了一次全球能源消费。Baliyan 等（2015）对已成功应用于短期电力负荷预测的混合神经网络研究进行了梳理，发现 GA、PSO 等技术越来越多地与神经网络相结合进行研究，基于人工智能的算法在解决非线性时间序列预测问题上具有巨大的潜力。Ghofrani 等（2015）在采用贝叶斯神经网络作为基础预测工具的前提下，提出了一种具有新的输出选择方法的短期负荷预测框架。Abdoos 等（2015）提出了一种基于 SVM 的混合智能方法来进行短期电力负荷的预测，本章使用了小波分析和基于正交化的特征选择来进行输入数据的处理。Wang 等（2015）用改进的 DE 对 BPNN 进行改进，获得了一个具有良好性能的时间序列预测模型。Kaytez 等（2015）将回归分析、ANN 与最小二乘法支持向量机进行对比，认为最小二乘法支持向量机在电力预测方面具有更好的稳定性和准确性。在组合应用方面，Yuan 等（2016）运用 ARIMA 和 GM（1，1）的线性组合方法对中国 1965~2014 年的主要能源消费进行了模拟和预测分析，获得了较好的效果。Hu（2017）将单层感知器神经网络与灰色预测模型进行结合，提出一种新的电力需求预测模型 NNMG（1，1）。

从预测电力负荷的时间尺度来看，可以大致地划分为短期负荷预测和长期负荷预测。长期与短期的尺度划分是相对的，一般来说长期预测经常采用年、月或周的电力负荷数据进行预测，而短期预测的数据单位往往是天、小时或分钟。短期负荷预测可以为电力设备的维护，发电机组的调度和协调等决策提供很好的支持，而长期的电力负荷预测可以决定未来传输和发电扩展的规划。电力负荷具有一些公认的特性，如高度的波动性和偶尔出现的大的波峰。Taylor（2010）强调电力负荷表现出多种季节周期性，早晚、冬夏和节假日对其都有影响，因此在做长期或者短期预测的时候需要考虑这些特性，并有所侧重。Torrini 等（2016）通过一种模糊逻辑方法从输入变量中提取规则，对巴西的年度电力需求进行预测。Bessec 和 Fouquau（2018）结合平稳小波变化方法考虑季节、峰值、工作日等因素，对法国半小时电力负荷进行预测。

无论运用何种方法模型，选取何种时间尺度进行电力负荷预测，在选取的输入因素方面一般可分为单因素预测和多因素预测。单因素预测的输入是单一的，是指将历史电力消费数据作为输入对未来的电力负荷进行预测（Zhou et al., 2006）。多因素预测的输入一般包括 GDP、温度、人口、电力价格、节假日、季节等相关因素和历史电力消费数据，将它们作为输入进行电力需求的预测。国内外学者对两种角度的预测都做了许多研究。Cao 和 Wu（2016）通过电力消耗月度数据对中国电力消耗进行预测。Bianco 等（2009）考虑了 GDP、价格、人均 GDP、人口、历史电力消费等因素，运用回归分析对意大利国内电力消费进行了预测分析。Kaboli 等（2016）分析了社会经济指标（GDP、人口、股票指数、出口和进口）对伊朗电力消费的影响并进行预测。

6.2　改进 BSA 优化双储备池 ESN 的混合预测模型

ESN 具有很好的非线性拟合能力，并已被成功应用于时间序列预测中，BSA 算法结构简单，全局搜索能力强，用来优化 ESN 的参数具有较好的效果。本章结合两种方法的改进模型构建了一种混合预测模型，将分为三部分来展开：改进 BSA、双储备池 ESN 模型、基于改进 BSA 的双储备池 ESN 混合预测模型。

6.2.1 改进 BSA

标准 BSA 算法中，许多操作都是简单的随机化操作，本章针对选择Ⅰ、变异和选择Ⅱ三个过程进行改进，引入自适应因子，增加了轮盘赌选择和自适应 niching 筛选过程，在增加算法的局部开发能力的同时尽量扩大种群多样性，具体改进思路如下。

（1）在选择Ⅰ操作中，历史种群是否更新根据随机数决定，在整个迭代过程中也没有利用到最优个体的信息，历史种群中保留的历史信息何时更新随机性过大，并且也不能保证保留的是优秀个体的信息。在改进 BSA（IBSA）中，增加轮盘赌选择过程，计算种群 $\boldsymbol{P}$ 与历史种群 $\mathbf{old}\boldsymbol{P}$ 的平均适应值占两者总适应值的比率，对于极小化问题历史种群的平均适应值越大，其被替换的概率就越大。具体描述如式（6-1）和式（6-2）所示：

$$\boldsymbol{P}\left(\mathbf{old}\boldsymbol{P}\right)=\frac{f_{\text{avg}}\left(\mathbf{old}\boldsymbol{P}\right)}{f_{\text{avg}}\left(\boldsymbol{P}\right)+f_{\text{avg}}\left(\mathbf{old}\boldsymbol{P}\right)} \tag{6-1}$$

$$\mathbf{old}\boldsymbol{P}=\begin{cases}\boldsymbol{P}, & \text{if} \quad \left(\text{rand}<\boldsymbol{P}\left(\mathbf{old}\boldsymbol{P}\right)\right)\\ \mathbf{old}\boldsymbol{P}, & \text{otherwise}\end{cases} \tag{6-2}$$

其中，$f_{\text{avg}}\left(\boldsymbol{P}\right)$ 和 $f_{\text{avg}}\left(\mathbf{old}\boldsymbol{P}\right)$ 分别表示种群 $\boldsymbol{P}$ 和历史种群 $\mathbf{old}\boldsymbol{P}$ 中个体适应值的平均值，rand 是（0，1）之间的随机数。

（2）在变异操作中，变异因子 F 控制着搜索的幅度，影响种群向优秀个体收敛的速度。如果 F 过大，算法的效率将会降低，如果过小，算法的早熟问题将会加重，不能够保证种群的多样性。有学者进一步研究认为 F 取值在（−2，2）上的概率会影响种群的收敛速度，如果概率过高会导致早熟，过低将无法有效收敛（田文凯等，2015）。这里引进一个自适应变异因子，如式（6-4）所示。F 随着算法的迭代次数而改变，一开始 F 具有较大的值，能够保证种群的多样性，随着算法的迭代增加，F 将逐渐变小，保证收敛于优秀个体，并且该变异因子部分保留了标准 BSA 算法中 F 取值的随机性。

$$\text{In}\chi=\frac{\sum_{i}^{D}\left(\mathbf{old}\boldsymbol{P}\left(\text{rand}i\left(\text{NP}\right)\right)-\mathbf{old}\boldsymbol{P}\left(\text{rand}i\left(\text{NP}\right)\right)\right)}{\left|\sum_{i}^{D}\left(\mathbf{old}\boldsymbol{P}\left(\text{rand}i\left(\text{NP}\right)\right)-\mathbf{old}\boldsymbol{P}\left(\text{rand}i\left(\text{NP}\right)\right)\right)\right|} \tag{6-3}$$

$$F=\text{In}\chi\times\left(\left(F_{\max}-F_{\min}\right)\times \mathrm{e}^{1-\frac{\text{Gen}M}{\text{Gen}M-G+1}}+F_{\min}+r\right) \tag{6-4}$$

其中，D 是个体维度；$\text{rand}i\left(\text{NP}\right)$ 是小于种群规模 NP 的一个随机整数；$\text{In}\chi$ 是随机选择历史种群中两个个体相减，取其各个维度上之和的符号作为变异因子的符号，其中随机选取的两个个体设置为不相等；Gen$M$是最大迭代次数；G 是当前迭代次数；r 是一随机扰动因子，取（0，0.5）上的随机数；$F_{\min}$ 和 $F_{\max}$ 分别是最小变异因子和最大变异因子，本章取值为 0.1 和 3，可以保证 F 最大值小于 4，且取值在（−2，2）上概率处于一个合适的值。

（3）选择Ⅱ利用贪心算法来淘汰适应值较差的个体，用一对一竞争淘汰的方式降低了种群的多样性，本章引入 niching 算子，在竞争选择之前先进行筛选，提高种群的多样性。生态位是生态学上的概念，是指一个种群在生态系统中，在时间空间上所占据的位置及其与相关种群之间的功能关系和作用，处于同一生态位的个体将会对可获得的资源进行分享，按竞争排斥原理进行淘汰。niching 算子已经被应用于多种进化算法来提高其表现性（Pétrowski，1996；Shir et al.，2010；Yu and Suganthan，2010）。这样的操作可以剔除相似个体，补充新个体。个体间的最小距离计算如式（6-5）和式（6-6）所示，在本算法中，生态位半径（L）由种群中所有个体间的平均最小距离表示，并添加了自适应 niching 尺度因子（f），使 niching 筛选随着迭代的增加变得越来越严格，这样操作的原因是随着迭代次数的增加，种群的个体相互间越来越相似（收敛至最优解附近），筛选的尺度应该适应这种变化，f 越大表示筛选越严格。生态位半径的计算如式（6-7）和式（6-8）所示：

$$S_{i,j}=\sqrt{\sum_{k=1}^{D}\left(P_{i,k}-P_{j,k}\right)^{2}} \tag{6-5}$$

$$T_{i}=\min\left\{S_{i,1},S_{i,2},\cdots,S_{i,N-1}\right\} \tag{6-6}$$

$$L=\frac{\sum_{i=1}^{N-1}T_{i}}{f\times\left(\mathrm{NP}-1\right)} \tag{6-7}$$

$$f=f_{\max}-f_{\min}\times \mathrm{e}^{1-\frac{\mathrm{Gen}M}{\mathrm{Gen}M-G+1}} \tag{6-8}$$

其中，NP 是种群规模；D 是个体维度；Gen$M$ 是算法最大迭代次数；G 是当前迭代次数；$f_{\min}$ 和 $f_{\max}$ 分别是设置的最小尺度因子和最大尺度因子。

得到生态位半径后计算种群 $\boldsymbol{P}$ 与试验种群 $\boldsymbol{T}$ 中个体间的距离，如式（6-9）所示：

$$R_{i,j}=\sqrt{\sum_{k=1}^{D}\left(P_{i,k}-T_{j,k}\right)^{2}} \tag{6-9}$$

其中，$P_{i,k}$ 和 $T_{j,k}$ 分别表示种群 $\boldsymbol{P}$ 中第 i 个个体的第 k 维和试验种群 $\boldsymbol{T}$ 中第 i 个个体的第 k 维。

如果两个个体间的距离低于生态位半径则对适应值较大的个体进行更新，并计算新个体的适应值，如式（6-10）所示：

$$\begin{cases} P_i = \text{rand} \times (\mathbf{up} - \mathbf{low}) \mid \text{if } f(T_i) < f(P_i) \\ T_i = \text{rand} \times (\mathbf{up} - \mathbf{low}) \mid \text{if } f(P_i) \leqslant f(T_i) \end{cases} \tag{6-10}$$

其中，**up** 和 **low** 是 D 维向量，分别表示种群个体取值的最大值和最小值。

6.2.2 双储备池 ESN 模型

ESN 所具有的非线性映射能力主要源于它的储备池网络，通过优化算法可以对储备池的关键参数进行优化，但是即使是具有相同稀疏程度的储备池，所生成的内部权值矩阵也是随机的。在标准 ESN 预测模型的基础上增加一个储备池，获得的双储备池 ESN 模型将具有更加复杂的非线性处理能力，不同的储备池可以具有不同的稀疏矩阵和内部神经元，从而增加了储备池网络的多样性。双储备池共同映射输出的组合方法也可以缓解内部权值矩阵随机性的弊端，其结构如图 6-1 所示。

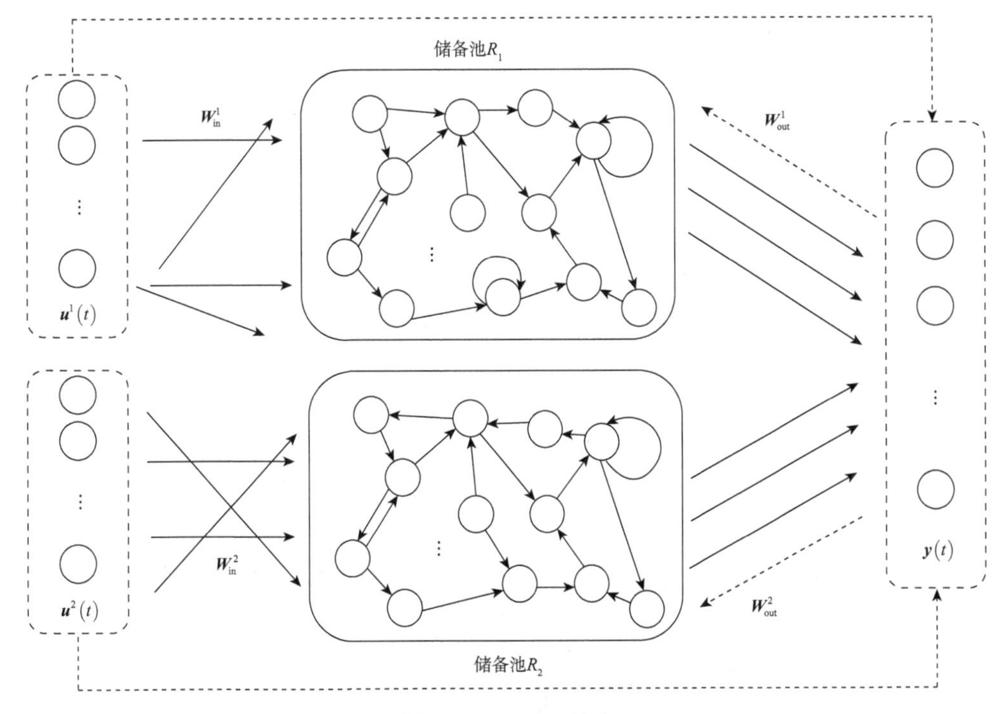

图 6-1 DRESN 结构

如图 6-1 所示，在 DRESN 中存在两组输入向量，两个储备池和一个输出向量，两组输入向量如式（6-11）所示，它们的长度可以相同也可以不同，为表述方便这里默认相同，对于多因素需求预测问题，这里的两组输入数据为两组不同的数据，但共同影响同一个输出。

$$\begin{cases} \boldsymbol{u}^1(t)=\left[u_1^1(t),u_2^1(t),\cdots,u_k^1(t)\right]^{\mathrm{T}} \\ \boldsymbol{u}^2(t)=\left[u_1^2(t),u_2^2(t),\cdots,u_k^2(t)\right]^{\mathrm{T}} \end{cases} \tag{6-11}$$

$$\begin{cases} \boldsymbol{x}^1(t)=\left[x_1^1(t),x_2^1(t),\cdots,x_{N_1}^1(t)\right]^{\mathrm{T}} \\ \boldsymbol{x}^2(t)=\left[x_1^2(t),x_2^2(t),\cdots,x_{N_2}^2(t)\right]^{\mathrm{T}} \end{cases} \tag{6-12}$$

$$\boldsymbol{y}(t)=\left[y_1(t),y_2(t),\cdots,y_L(t)\right]^{\mathrm{T}} \tag{6-13}$$

对于不同的输入向量，分别用两个不同的储备池来拟合，内部状态如式（6-12）所示。其中，N_1、N_2分别是储备池R_1和R_2的内部神经元个数。模型中只有一个输出向量，如式（6-13）所示，其中，L 为预测节点数，当$L=1$时为单步预测，此时输出向量中只有一个元素，输出神经元只有一个，本章研究的为单步预测问题。DRESN 的训练过程与 ESN 类似，其中，输入连接权值矩阵$\boldsymbol{W}_{\mathrm{in}}^1\in R^{N_1\times k}$，$\boldsymbol{W}_{\mathrm{in}}^2\in R^{N_2\times k}$，内部连接权值矩阵$\boldsymbol{W}_1\in R^{N_1\times N_1}$，$\boldsymbol{W}_2\in R^{N_2\times N_2}$，输出连接权值矩阵$\boldsymbol{W}_{\mathrm{out}}^1\in R^{L\times(N_1+k)}$，$\boldsymbol{W}_{\mathrm{out}}^2\in R^{L\times(N_2+k)}$，输出反馈连接权值矩阵$\boldsymbol{W}_{\mathrm{back}}^1\in R^{N_1\times L}$，$\boldsymbol{W}_{\mathrm{back}}^2\in R^{N_2\times L}$。则：

$$\begin{cases} \boldsymbol{x}^1(t)=f_1\left(\boldsymbol{W}_{\mathrm{in}}^1\bullet\boldsymbol{u}^1(t)+\boldsymbol{W}_1\bullet\boldsymbol{x}^1(t-1)+\boldsymbol{W}_{\mathrm{back}}^1\bullet\boldsymbol{y}(t-1)\right) \\ \boldsymbol{x}^2(t)=f_2\left(\boldsymbol{W}_{\mathrm{in}}^2\bullet\boldsymbol{u}^2(t)+\boldsymbol{W}_2\bullet\boldsymbol{x}^2(t-1)+\boldsymbol{W}_{\mathrm{back}}^2\bullet\boldsymbol{y}(t-1)\right) \end{cases} \tag{6-14}$$

$$\boldsymbol{y}(t)=f_{\mathrm{out}}\left(\boldsymbol{W}_{\mathrm{out}}^1\bullet\left(\boldsymbol{x}^1(t),\boldsymbol{u}^1(t)\right)+\boldsymbol{W}_{\mathrm{out}}^2\bullet\left(\boldsymbol{x}^2(t),\boldsymbol{u}^2(t)\right)\right) \tag{6-15}$$

令$\boldsymbol{r}(t)=\left[\boldsymbol{x}^1(t);\ \boldsymbol{u}^1(t);\ \boldsymbol{x}^1(t);\ \boldsymbol{u}^2(t)\right]$，$\boldsymbol{Y}=\left[f_{\mathrm{out}}^{-1}(y(q)),\cdots,f_{\mathrm{out}}^{-1}(y(Q))\right]^{\mathrm{T}}$，$\boldsymbol{W}_{\mathrm{out}}=\left[\boldsymbol{W}_{\mathrm{out}}^1,\boldsymbol{W}_{\mathrm{out}}^2\right]$，$\boldsymbol{X}=\left[r(q),\cdots,r(Q)\right]^{\mathrm{T}}$。其中，$Q$是数据训练次数；$q$是选取的遗忘点。则输出权值矩阵如下所示：

$$\boldsymbol{W}_{\mathrm{out}}=\left(\boldsymbol{X}^{-1}\bullet\boldsymbol{Y}\right)^{\mathrm{T}} \tag{6-16}$$

式（6-14）中的 6 个权值矩阵是随机生成的，不同的组合会生成不同性能的网络，因此需要对网络的随机性进行考虑，一般采取多次重复计算的方式来降低随机性对网络性能评价的影响。预测精度这里选择用 MAPE 来表示。

DRESN 的运算流程如下所示。

步骤 1：读取数据。设置输入节点个数为 k，输出节点个数为 1，将两组时间序列数据进行预处理，分别划分为训练集（Seq_1、Seq_2）和测试集（Test_1、Test_2）。由训练集 Seq_1、Seq_2 生成两组大小为 $k\times T$ 的输入序列（InSeq_1、InSeq_2）和一组大小为 $1\times T$ 的输出序列（OutSeq）用来训练 DRESN 模型获得输出权值矩阵。由测试集 Test_1、Test_2 生成两组大小为 $k\times T'$ 的输入序列（InSeq_3、InSeq_4）和

一组大小为$1\times T'$的输出序列（OutSeq$'$）用来进行网络性能测试，记录输出序列对应的真实值 OutTrue，m=1，执行下一步。

步骤 2：参数设置。根据设定的谱半径、连接程度、缩放因子、内部储备池节点个数分别生成两个初始储备池网络（R_1、R_2），设置遗忘数据个数、神经元种类，随机生成$\boldsymbol{W}_{\text{in}}^1$、$\boldsymbol{W}_{\text{in}}^2$、$\boldsymbol{W}_1$、$\boldsymbol{W}_2$、$\boldsymbol{W}_{\text{back}}^1$、$\boldsymbol{W}_{\text{back}}^2$，执行下一步。

步骤 3：判断 DRESN 是否达到运行的终止条件（达到运行的最大次数 M），如果达到则停止迭代过程，输出预测的 AVG-MAPE；如果尚未达到则执行下一步。

步骤 4：训练阶段。将 InSeq_1 和 InSeq_2 分别输入 R_1 和 R_2 中，按照式（6-14）收集储备池内部状态向量，收集输出状态向量，根据式（6-16）计算输出权值矩阵，记录网络状态，执行下一步。

步骤 5：测试阶段。将 InSeq_3 和 InSeq_4 分别输入 R_1 和 R_2 中，根据式（6-15）计算网络预测值，对预测数据进行数据恢复，根据式（6-17）计算并记录 MAPE，执行下一步。

步骤 6：令 m=m+1，返回步骤 3。

6.2.3 IBSA-DRESN 预测模型

1. IBSA 优化 DRESN 的合理性

Civicioglu（2013）提出的 BSA 算法在处理数值优化问题上表现出了较大的优势，其特有的历史种群搜索结构将前代的历史信息纳入新种群形成操作中，形成具有指导性的搜索方向。算法的变异和交叉过程产生了高效的试验种群，控制搜索方向幅度的变异因子 F 的生成策略可以产生全局搜索所需要的较大的幅度值，也可以产生局部搜索所必要的小幅度值，以此来获得均衡的效率，非均匀、复杂的交叉操作保证每一代都有新的个体产生，增强了算法处理问题的能力。它还具有编码操作便捷，对初始值敏感度低，算法结构简单，运算速度快等优点。本章提出的 IBSA 算法在原有 BSA 算法的基础上，对选择Ⅰ、变异和选择Ⅱ操作进行了改进，提高了算法局部开发能力，增加了种群多样性。

ESN 具有良好的非线性处理能力，在时间序列拟合问题上具有成功的应用（Lin et al.，2009；史志伟和韩敏，2007；Bianchi et al.，2015）。具有双储备池的 ESN 不仅在单因素时间序列预测上具有较好的效果，还可以将不同的影响因素作为数据分别输入不同的储备池中共同映射同一个输出进行多因素需求预测的应用，DRESN 包含的两个储备池网络各自独立生成，可选择不同的储备池神经元。两个储备池的结构对于 DRESN 的性能起着至关重要的作用，而储备池的结构主要受储备池谱半径、稀疏连接程度、输入单元尺度、储备池节点个数这几个重要参数的影响，其他的随机性通过双储备池的结构可以获得一定程度的缓解。因此设置合理的储备池参数可以保证获得良好性能的 DRESN 模型。BSA 在处理优化问题上有优势，能够在开发能力和探索能力上获得很好的平衡，可以直接进行十进制编码，且运算速度快。根据目前的研究我们可大致确定参数的取值范围，这也为 IBSA 形成初始种群，缩小搜索空间提供了条件。利用 IBSA 来优化 DRESN 储备池中的关键参数，可以保证形成适合样本的储备池网络。

2. IBSA-DRESN 混合预测模型流程

IBSA-DRESN是一个结合IBSA和DRESN的混合预测模型，第一阶段运用IBSA来优化DRESN中的储备池参数，包括储备池谱半径、稀疏程度、输入单元尺度和储备池规模（内部节点个数），IBSA 的决策变量由这几个参数构成，适应值函数为DRESN，每一代中的个体对应 DRESN 所获得的预测精度即适应值。第二阶段为应用阶段。将第一阶段获得的优秀个体输入DRESN中生成初始网络，个体对应的决策变量设置为初始参数，训练获得输出权值矩阵，最后对测试集数据进行预测。

（1）IBSA 个体编码方式。在 IBSA-DRESN 的优化阶段，IBSA 个体共有 8 个决策变量，在个体中表现为一个$(6+p_1+p_2)$维的向量，p_1和p_2分别是储备池R_1和R_2的输入节点个数。个体对应需要优化的两个储备池的 8 个参数，IBSA 算法个体的结构如图 6-2 所示，个体从左至右分别代表储备池R_1节点数，储备池R_2的节点数，储备池R_1的谱半径和稀疏程度，储备池R_2的谱半径和稀疏程度，储备池R_1的输入单元尺度和储备池R_2的输入单元尺度。

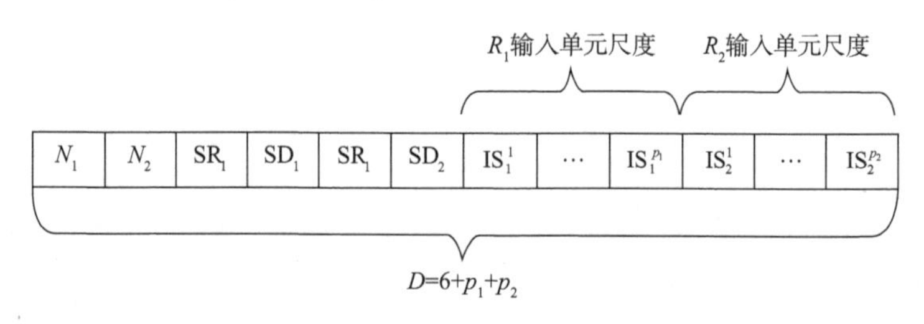

图 6-2 IBSA 种群个体结构

根据经验可知，对于一般问题储备池节点的个数在$T/10$至$T/2$之间比较合适，其中，T 为训练数据的长度（Jaeger，2002），因此N_1的取值范围为（$T/10$，$T/2$），N_2的取值范围为（$T'/10$，$T'/2$）。稀疏程度是一个百分数，理论上范围为（0，1），但是当稀疏程度很小而内部神经元个数很大时所获得的稀疏连接网络有效连接太少，无法进行有效的训练，因此这里将稀疏程度的下界设置为$5/N_{\max}$，$N_{\max}$为内部节点数的最大值。谱半径小于 1 是 ESN 具有回声状态属性的基本保证，这里将其下界设置为 0.01，上界为 1。由此可获得个体所有决策变量的上下边界。

（2）数据预处理。在 DRESN 模型构建过程中，为了防止输入数据中大数值支配小数值现象的出现，需要对原始数据进行预处理，保证模型具有良好的性能，首先对原始数据取对数，然后利用最大值和最小值进行归一化处理，将处理过后的数据作为模型的输入。数据预处理如式（6-17）所示，$x_{\max}$ 和 $x_{\min}$ 分别为该组时间序列的最大值和最小值。

$$x' = \frac{\log(x) - \log(x_{\min})}{\log(x_{\max}) - \log(x_{\min})} \tag{6-17}$$

（3）niching 算子。IBSA-DRESN 组合模型中的决策变量是 DRESN 的储备池参数，个体中每一位或多位基因代表一个决策变量，决策变量的取值范围不同，用个体的总距离来计算生态位半径会使并不相似的两个个体也被挑选出来进行更新，即出现较大概率的“误更新”。因此对 niching 算子进行调整，个体进行 niching 更新的条件有两个。一个是个体中 IS 所对应的维度（第 7 维至第 n 维）按 6.2.1 小节中所描述的方法进行 niching 操作后，判断是否需要更新；另一个是两个个体前 6 个维度上的距离小于前 6 个维度的生态位半径的数量大于设置的尺度（f）。个体前 6 个维度上的生态位半径独立计算，尺度越大条件越苛刻，这里最大值为 5。IBSA-DRESN 混合模型中前 6 个维度生态位半径的计算如式（6-18）~式（6-20）所示：

$$S_{i,j,g} = \left(P_{i,g} - P_{j,g}\right)^2 \tag{6-18}$$

$$T_{i,g} = \min\left\{S_{i,1,g}, S_{i,2,g}, \cdots, S_{i,\mathrm{NP}-1,g}\right\} \tag{6-19}$$

$$L_g = \frac{\sum_{i=1}^{N-1} T_{i,g}}{\mathrm{NP} - 1} \tag{6-20}$$

其中，$g = 1,2,\cdots,6$；$i = 1,2,\cdots,\mathrm{NP}$；$j = 1,2,\cdots,i-1,i+1,\cdots,\mathrm{NP}$；NP 为种群规模。

IBSA-DRESN 混合预测模型的结构如图 6-3 所示，流程如下所示。

步骤 1：读取数据。先将两组数据分别划分为优化集、验证集、训练集和测试集，验证集的预测误差为 IBSA 优化时的适应值，优化集和验证集共同用来获得优秀的参数集合，训练集用来根据优秀参数集合训练 DRESN 模型获得输出权值矩阵，测试集的预测结果为最终的预测值，执行下一步。

步骤 2：初始化。对 DRESN 进行初始化设置，设置 DRESN 的输入节点个数、输出节点个数、运算次数（M）、神经元种类。对 IBSA 进行初始化设置，设置算法迭代次数（maxgen）、种群规模、个体维度与边界。执行下一步。

步骤 3：生成初始种群。生成初始种群与初始历史种群，解码为对应储备池参数输入 DRESN 中，计算验证集数据的 AVG-MAPE 为种群适应值，记录初始全局最优值，执行下一步。

步骤 4：对初始种群进行选择Ⅰ、变异、交叉、niching 和选择Ⅱ操作，获得新一代种群，输入 DRESN 中计算种群适应值，对全局最优适应值进行更新。重复操作直至达到最大迭代次数，获得最优适应值对应的最优个体，执行下一步。

步骤 5：应用测试阶段。将最优个体解码成对应的 DRESN 参数，将参数输入 DRESN 预测模型中生成网络结构，训练获得对应的输出权值矩阵，对测试集数据进行预测，最后将获得的 AVG-MAPE 作为模型最后的输出。

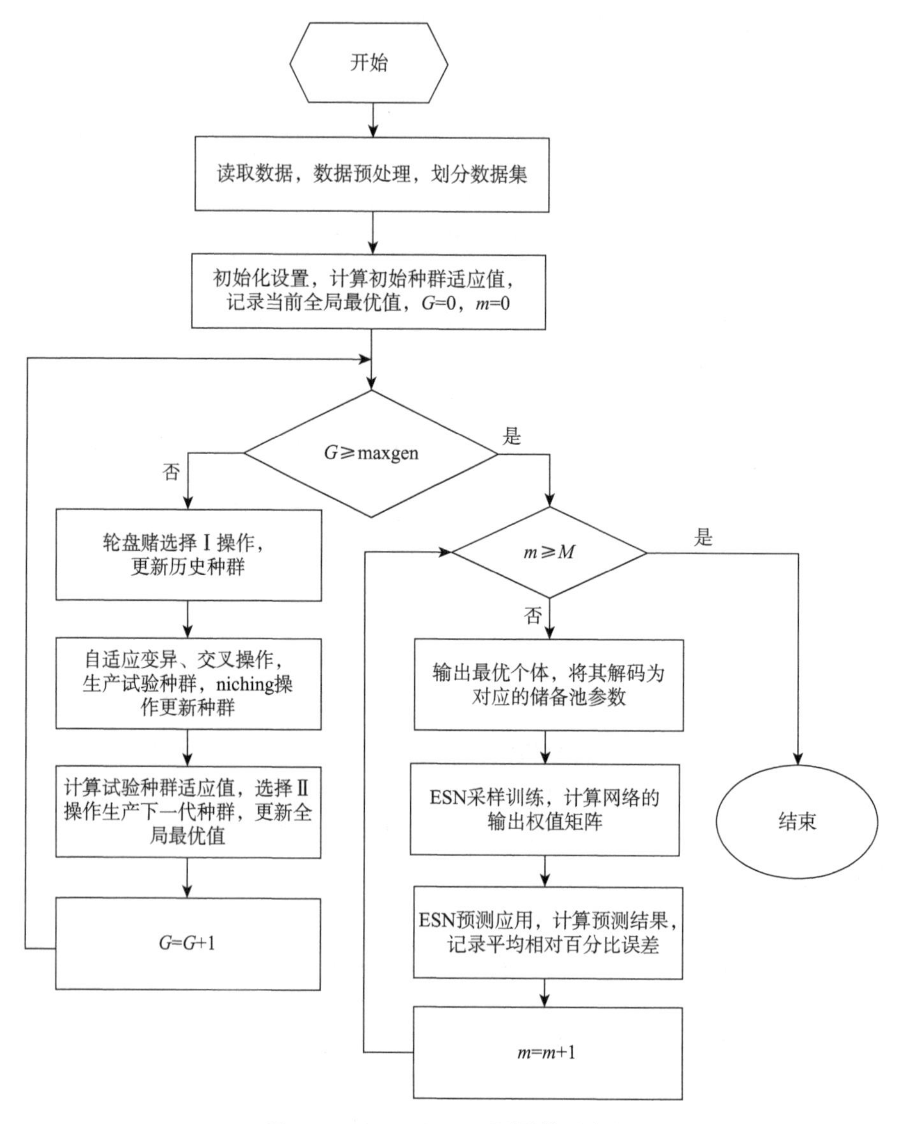

图 6-3　IBSA-DRESN 预测模型流程

6.3 基于 IBSA-DRESN 的单因素电力负荷预测

6.3.1 数据来源及预测精度衡量指标

为了验证所构建的 IBSA-DRESN 在电力需求预测中的应用效果，选取一组根据真实观察搜集的小时电力负荷数据进行分析，数据来源于宾夕法尼亚-新泽西-马里兰联合电力市场，这是一个美国著名的电力市场。选取的数据包含两段连续的时间序列，分别为 2010 年 1 月 1 日至 2010 年 6 月 30 日该地区小时电力负荷数据和 2011 年 1 月 1 日至 2011 年 6 月 30 日的小时电力负荷数据，共有 8 688 个数据点。该数据集已被学者用来验证不同的预测模型进行电力负荷预测的效果（Hu et al.，2013）。在两组数据中各选取 2010 年 1 月和 2011 年 1 月的小时负荷数据，如图 6-4 所示，从图中可以直观地看出小时电力负荷有着明显的周期性和非线性变化特点，不同年份相同月份的变化趋势类似，但局部细节有所差别。因此选取的数据集适合用来验证 IBSA-DRESN 在单因素时间序列预测问题的可行性和预测性能。

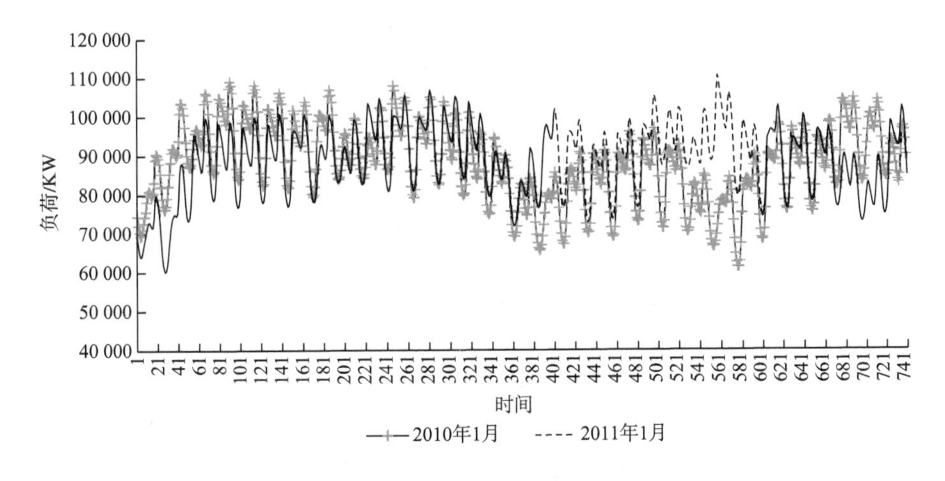

图 6-4 2010 年和 2011 年 1 月小时电力负荷

本算例使用前 1~24 小时的历史电力负荷去预测第 25 小时的负荷，选取的数据中 2010 年 3 月 14 日 3 时的负荷数据缺失，选择相邻两天相同时段（3 月 13 日 3 时和 3 月 15 日 3 时）的平均电力负荷代替该数据点。

评价一个预测模型的性能最常用的方法是观察预测值与实际值之间的差异，

这个差异称为预测误差，预测误差越小表示预测的结果越贴近实际值，预测方法的效果越好。本算例选取三个衡量指标来评价模型的预测性能，具体如下。

（1）MAPE 是一个在预测问题中经常使用的衡量标准，它表示所有预测点预测误差所占实际值的百分比的平均值，其数值是一个百分数，避免评价结果受样本绝对值大小的影响。MAPE 越小，预测结果越准确。

（2）MASE（mean absolute scaled error，平均绝对比例误差）反映预测误差与随机游走（random walk）方法的 MAE 的比例，是一种相关性分析方法，不受数据规模的影响，是比较不同尺度预测精度的标准方法之一（Hyndman and Koehler，2006）。MASE 小于 1 表示其预测精度优于随机游走方法，且越小预测效果越好。计算公式如下：

$$\mathrm{MASE}=\frac{1}{n}\sum_{i=1}^{n}\left(\frac{\left|\hat{y}_{t+i}-y_{t+i}\right|}{\frac{1}{(t-1)}\sum_{j=2}^{t}\left|y_{j}-y_{j-1}\right|}\right) \tag{6-21}$$

（3）DS（directional symmetry，方向对称度）是一个衡量预测精度方向的指标，数值小于 100，且指标数越大说明预测结果与实际反映的趋势相同的预测点越多。DS 没有考虑预测误差绝对值的大小，而是对预测结果与实际结果的趋势方向进行度量，弥补了前两个指标只关注误差绝对值的不足。DS 的计算公式如下：

$$d_i=\begin{cases}1, & \text{if}\left(y_i-\hat{y}_{i-1}\right)\left(y_i-y_{i-1}\right)\geqslant 0\\ 0, & \text{otherwise}\end{cases} \tag{6-22}$$

$$\mathrm{DS}=\frac{\sum_{i=2}^{n}d_i}{n-1}\times 100 \tag{6-23}$$

其中，n 为预测点个数；$\hat{y}_i$ 为时间节点 i 时的预测值；y_i 为实际观察值。

6.3.2 对比预测模型选择及数据集划分

本章构建的 IBSA-DRESN 模型是一个混合预测模型，首先运用 IBSA 算法对 DRESN 进行参数优化，获得适合样本的参数，然后利用优化的参数生成 DRESN，接着对网络进行训练获得输出权值，最后利用训练过的模型对测试集样本进行预测。因此对比模型也分为两组，第一组用来验证 IBSA 算法对 DRESN 参数优化的有效性，分别选择 GA、DE 和标准 BSA 算法与 IBSA 进行对比，GA 是经典的种群进化算法，经常被用来作为对比算法，DE 与 BSA 有着相似的结构，也有必要进行对比分析。第二组对比模型用来验证 IBSA-DRESN 模型预测的有效性，分别选择标准的ESN、BPNN和无参数优化的DRESN作为对比模型，对模型的预测精度进行比较，同时本章也将提出的方法与已有文献（Hu et al.，2013）中的模型进行对比，包括 ARIMA、径向基神经网络（RBFNN）、基于列文伯格-马夸尔特法算法训练的多层感知器模型（LM-MLP）和基于火焰算法（flame a lgorithm，FA）和模因算法（memetic algorithm，MA）的支持向量机模型（FA-MA-SVR）。选择 MAPE、MASE 和 DS 对各模型预测效果进行评价。

第一组对比验证选取的数据为 2010 年 5 月和 6 月的小时电力负荷，共 1 464 个数据点，将这组数据分为四个部分：优化集（504 个数据点）、验证集（240 个数据点）、训练集（480 个数据点）和测试集（240 个数据点），见表 6-1。

表 6-1 优化算法对比验证数据集

数据集	小时电力负荷时间段	数据点个数/个
优化集	2010 年 5 月 1 日~21 日	21×24=504
验证集	2010 年 5 月 21 日~31 日	10×24=240
训练集	2010 年 6 月 1 日~20 日	20×24=480
测试集	2010 年 6 月 21 日~30 日	10×24=240

验证集的预测结果作为 IBSA 的适应值，而优化集和验证集都被用来获得适合的参数，训练集用来对确定的优秀参数生成的网络进行训练得到输出权值，最后用测试集数据来检测模型的预测效果。本章采用单步预测策略，用前 1~24 小时预测第 25 小时，则训练集中共有 456 组训练样本，测试集中共有 216 组测试样本。第一组对比验证数据集划分如表 6-1 所示。为了与选取的对比模型进行比较，第二组对比验证选取与 Hu 等（2013）相同的测试数据，2010 年 1~6 月的电力负荷为优化集和验证集的数据，对 DRESN 参数进行优化，2011 年 1~6 月的电力负荷为训练集和测试集的数据，最终 2011 年 4~6 月的小时预测负荷为用来评价的预测结果，具体数据集划分如表 6-2 所示。

表 6-2 预测模型对比验证数据集

数据集	小时电力负荷时间段	数据点个数/个
优化集	2010 年 1 月 1 日~3 月 30 日	90×24=2 160
验证集	2010 年 4 月 1 日~6 月 30 日	91×24=2 184
训练集	2011 年 1 月 1 日~3 月 30 日	90×24=2 160
测试集	2011 年 4 月 1 日~6 月 30 日	91×24=2 184

6.3.3 参数设置及结果分析

1. 优化算法对比验证分析

1）参数设置

优化过程中 DRESN 参数范围设置为 $SR_i \in [0.01,1]$，$SD_i \in [0.02,1]$，$IS_i \in [0.0001,1]$，$N_i \in [40,250]$，$i=1,2$。DRESN 输入层节点个数为 48，输出层节点个数为 1，遗忘点个数设为 50。储备池激活函数为 tanh 函数，输出激活函数和反馈激活函数均为恒等函数。每个个体对应的每组参数生成的 DRESN 运行 3 次，取 3 次计算平均值代表当次预测结果，降低 ESN 本身随机性对参数选择的影响。

参考历史文献（Zhong et al.，2017；Wang et al.，2015；Civicioglu，2013），GA、BSA、DE 和 IBSA 的参数设置如下：GA 的交叉率为 0.8，变异率为 0.3，精英数为 1；BSA 的混合率为 1.5，变异算子为3randn；DE 的交叉率为 0.5，变异因子为 0.2；除了变异因子和 niching 尺度，IBSA 的参数与 BSA 相同，IBSA 最大变异因子为 3，最小变异因子为 0.1，niching 最大尺度因子分别为 3、2，最小尺度因子分别为 2、1。四组实验的种群规模都设置为 20，最大迭代次数为 100。

2）结果分析

GA-DRESN、BSA-DRESN、DE-DRESN 和 IBSA-DRESN 的迭代过程如图 6-5 所示。从图中可以看出，DE 与 GA 在该问题的优化上全局搜索能力有限，容易陷入局部陷阱，为了使 GA 能够获得较好的搜索效果，这里采用了二进制编码，每个个体共 668 维，相对于其他三种算法的实数编码方式，GA 的编码方式较为复杂。IBSA 相对于 BSA 算法在局部开发和全局搜索上均有提高。

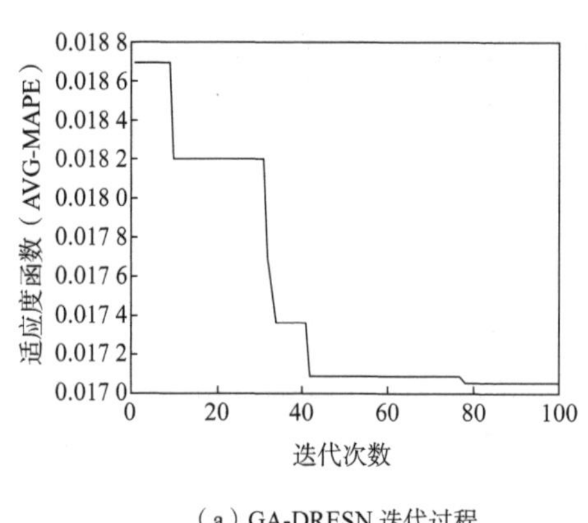

（a）GA-DRESN 迭代过程

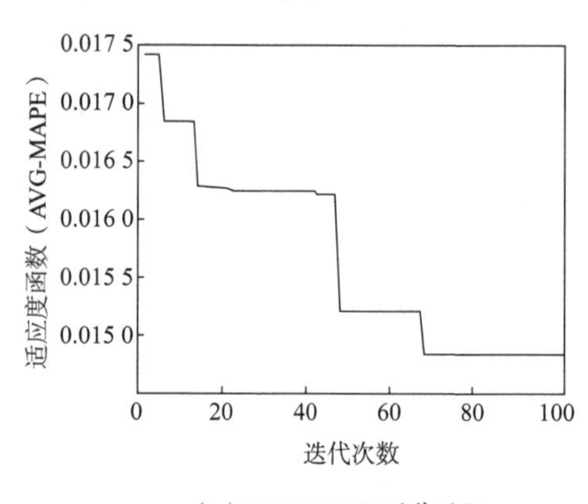

（b）BSA-DRESN 迭代过程

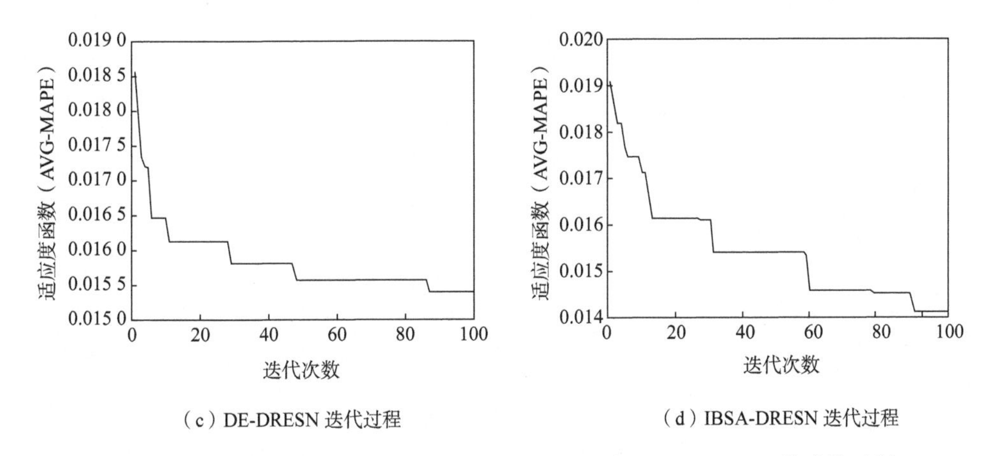

（c）DE-DRESN 迭代过程　　（d）IBSA-DRESN 迭代过程

图 6-5　GA-DRESN、BSA-DRESN、DE-DRESN 和 IBSA-DRESN 的迭代过程

四种算法获得的优化参数如表 6-3、表 6-4 所示，从中可以获得一些细节，首先四种算法优化的储备池节点个数以及谱半径数值都十分相似，但是稀疏程度的优化结果则不相同，可以认为谱半径和内部节点个数这两个参数比稀疏程度对 ESN 性能的影响更大，这也与 Zhong 等（2017）所描述的相同；其次，优化得到的输入单元尺度也并不如预计的那样，越接近预测点，输入的尺度越大，但是最后一位输入的单元尺度总是较大值。

表 6-3　智能算法优化参数 IS

$GA\text{-}IS_1$	$GA\text{-}IS_2$	$BSA\text{-}IS_1$	$BSA\text{-}IS_2$	$DE\text{-}IS_1$	$DE\text{-}IS_2$	$IBSA\text{-}IS_1$	$IBSA\text{-}IS_2$
0.72	0.10	0.19	0.26	0.60	0.42	0.29	0.44
0.95	0.32	0.76	0.54	0.44	0.08	0.53	0.19
0.73	0.38	0.04	0.58	0.87	0.07	0.21	0.41
0.86	0.52	0.37	0.38	0.09	0.50	0.08	0.31
0.19	0.97	0.78	0.03	0.91	0.67	0.02	0.13
0.13	0.75	0.09	0.23	0.84	0.84	0.55	0.26
0.16	0.17	0.81	0.23	0.42	0.25	0.29	0.08
0.99	0.21	0.29	0.42	0.56	0.66	0.25	0.05
0.46	0.06	0.10	0.65	0.38	0.58	0.64	0.40
0.11	0.14	0.23	0.42	0.09	0.49	0.63	1.00
0.53	0.90	0.98	0.37	0.91	0.66	0.61	0.54
0.93	0.88	0.42	0.09	0.90	0.44	0.69	0.52
0.43	0.83	0.61	0.09	0.06	0.22	0.14	0.09
0.34	0.59	0.64	0.81	0.91	0.18	0.23	0.52
0.39	0.15	0.11	0.59	0.11	0.14	0.22	0.61
0.47	0.18	0.75	0.38	0.48	0.41	0.57	0.16

续表

GA-IS$_1$	GA-IS$_2$	BSA-IS$_1$	BSA-IS$_2$	DE-IS$_1$	DE-IS$_2$	IBSA-IS$_1$	IBSA-IS$_2$
0.09	0.26	0.42	0.09	0.22	0.57	0.74	0.21
0.27	0.11	0.48	0.03	0.52	0.16	0.38	0.09
0.89	0.81	0.40	0.34	0.37	0.53	0.27	0.37
0.06	0.95	0.19	0.19	0.35	0.45	0.64	0.00
0.71	0.55	0.29	0.60	0.08	0.96	0.89	0.69
0.91	0.49	0.95	0.10	0.05	0.16	0.45	0.55
0.93	0.08	0.17	0.69	0.03	0.52	0.19	0.91
0.55	0.77	0.53	0.98	0.74	0.93	0.92	0.96

表 6-4　智能算法优化参数 SR、SD、*N*

优化算法	SR$_1$	SR$_2$	SD$_1$	SD$_2$	N_1	N_2
GA	0.87	0.71	0.27	0.25	195	202
BSA	0.54	0.98	0.40	0.72	184	242
DE	0.98	0.45	0.05	0.63	233	242
IBSA	0.94	0.75	0.85	0.47	242	190

测试集中 2010 年 6 月各算法优化的 DRESN 模型的预测结果如表 6-5 所示，从中可以看出本章提出的 IBSA 优于其他三种优化算法，其 MAPE 为 1.48%，比 GA 提高了 19%，比标准 BSA 算法提高了 10%。MASE 为 0.44，DS 为 90.39，也都优于三种对比算法。并且可以看出，标准 BSA 与 DE 优化 DRESN 的预测效果相当，二者的 MAPE 相差只有 0.03。

表 6-5　算法搜索最优结果

指标	GA	BSA	DE	IBSA
MAPE	1.82%	1.64%	1.61%	1.48%
MASE	0.55	0.49	0.48	0.44
DS	86.36	88.22	89.46	90.39

2. 预测模型验证分析

1）参数设置

本算例运行环境与6.3.1小节相同，IBSA-DRESND的参数设置也与6.3.1小节基本相同，但由于数据集的变化，训练的数据点增多，内部神经元数量（N）的下界和上界分别改变为 200 和 1 000，稀疏程度下界为 0.005。用来对比的预测模型的参数设置如下：ESN 中的参数将会按照已有文献给出的推荐设置，即输入单元尺度设置为 1，谱半径为 0.8，连接程度设置为 0.05（Jaeger，2014），内部神经元个数从集合$\{200,400,600,800,1\,000\}$中选择，表现最优的模型为代表模型，每个预测模型运行 10 次，取 10 次运行的平均值为最终预测值；无参数优化的DRESN的参数设置与ESN相同；BPNN参数是根据输入层节点，通过多次试验确定的，最合适的隐藏层节点数为 4，最大训练次数设为 2 000，学习算法 LM 的训练误差目标设为0.000 5，学习速率设为0.000 5，按照标准的BPNN结构，隐含层和输出层转移函数分别设置为 log sig 和 purelin 函数；FA-MA-SVR 参数的搜索空间为 $\log_2 C \in [-6,6]$、$\log_2 \delta \in [-6,6]$、$\log_2 \varepsilon \in [-6,6]$，FA 的缩放比例为 1，种群规模为 30，最大迭代次数为 30；RBFNN 和 MLP-LM 的参数调整方式与FA-MA-SVR相同，ARIMA选择R语言中的标准预测程序包（Hu et al.，2013）。FA-MA-SVR 混合模型应用基于模因算法的火焰算法来获得 SVM 的参数，以此来获得更好的预测模型。

2）结果分析

为了验证 IBSA-DRESN 预测模型的有效性，将其与 ESN、DRESN 和 BPNN 预测模型进行对比，另外也将预测结果与已有文献（Hu et al.，2013）中提到的 4 个模型进行比较。表6-6为MAPE指标对比结果，表6-7为MASE指标对比结果，表 6-8 为 DS 指标对比结果。表 6-9 为 IBSA 优化的参数。为了更直观地对比几种模型的预测结果，预测 MAPE 的直方图如图 6-6 所示。

表 6-6　IBSA-DRESN 与其他模型预测 MAPE 比较

阶段	FA-MA-SVR	RBFNN	MLP-LM	ARIMA	ESN	BPNN	DRESN	IBSA-DRESN
4 月	1.24	2.37	2.35	4.91	0.80	1.02	0.74	0.73
5 月	1.34	2.38	2.39	5.00	1.22	1.14	1.10	0.82
6 月	1.48	2.45	2.51	5.20	1.98	1.26	1.89	1.03
4~6 月	1.35	2.40	2.42	5.04	1.34	1.14	1.25	0.86

表 6-7　IBSA-DRESN 与其他模型预测 MASE 比较

阶段	FA-MA-SVR	RBFNN	MLP-LM	ARIMA	ESN	BPNN	DRESN	IBSA-DRESN
4 月	0.33	0.60	0.59	0.72	0.24	0.30	0.22	0.22
5 月	0.37	0.60	0.63	0.75	0.41	0.36	0.37	0.26
6 月	0.41	0.64	0.66	0.78	0.91	0.61	0.87	0.46
4~6 月	0.37	0.61	0.63	0.75	0.52	0.42	0.48	0.30

表 6-8　IBSA-DRESN 与其他模型预测 DS 比较

阶段	FA-MA-SVR	RBFNN	MLP-LM	ARIMA	ESN	BPNN	DRESN	IBSA-DRESN
4 月	96.49	90.12	90.34	85.51	90.00	88.36	90.55	90.95
5 月	95.73	89.15	89.01	85.31	90.16	87.37	90.51	92.20
6 月	95.30	89.78	89.19	84.40	91.64	89.43	91.74	94.58
4~6 月	95.84	89.68	89.51	85.07	90.60	88.37	90.93	92.47

表 6-9 IBSA 优化 DRESN 参数

SR_1	SR_2	SD_1	SD_2	N_1	N_2
0.83	0.52	0.51	0.17	950	433
IS_1^1	IS_1^2	IS_1^3	IS_1^4	IS_1^5	IS_1^6
0.75	0.82	0.24	0.17	0.36	0.62
IS_1^7	IS_1^8	IS_1^9	IS_1^{10}	IS_1^{11}	IS_1^{12}
0.02	0.16	0.36	0.16	0.28	0.04
IS_1^{13}	IS_1^{14}	IS_1^{15}	IS_1^{16}	IS_1^{17}	IS_1^{18}
0.53	0.35	0.18	0.63	0.43	0.53
IS_1^{19}	IS_1^{20}	IS_1^{21}	IS_1^{22}	IS_1^{23}	IS_1^{24}
0.72	0.09	0.18	0.36	0.51	0.83
IS_2^1	IS_2^2	IS_2^3	IS_2^4	IS_2^5	IS_2^6
0.70	0.86	0.13	0.41	0.15	0.93
IS_2^7	IS_2^8	IS_2^9	IS_2^{10}	IS_2^{11}	IS_2^{12}
0.39	0.49	0.39	0.26	0.42	0.43
IS_2^{13}	IS_2^{14}	IS_2^{15}	IS_2^{16}	IS_2^{17}	IS_2^{18}
0.23	0.48	0.52	0.64	0.55	0.50
IS_2^{19}	IS_2^{20}	IS_2^{21}	IS_2^{22}	IS_2^{23}	IS_2^{24}
0.28	0.29	0.76	0.56	0.61	0.43

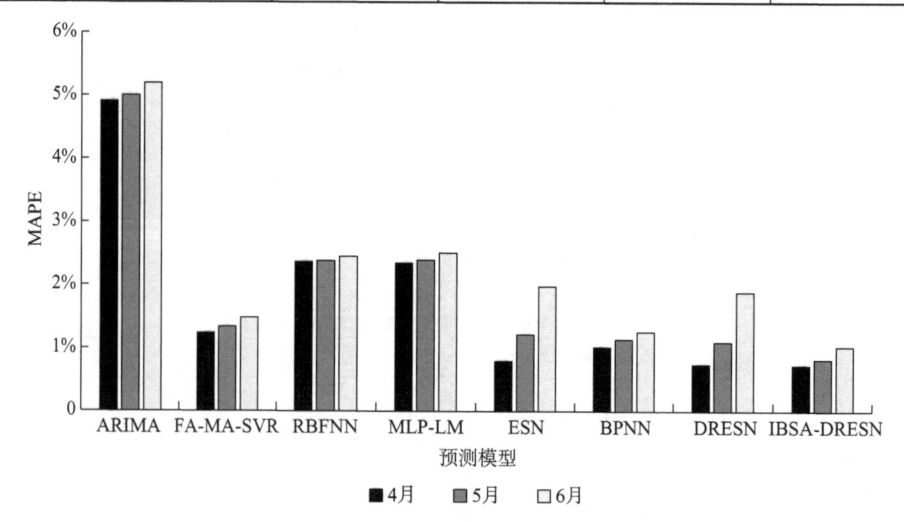

图 6-6 几种预测模型预测 MAPE 直方图

由表 6-9 可以做出以下几点总结。

（1）近些年兴起的机器学习技术与神经网络在电力负荷预测上具有优势，所选择的几种模型均比传统的需求预测模型预测精度更优，预测都为高精度预测。

（2）ESN 在处理电力负荷预测问题上具有优秀的能力，标准 ESN 预测的 MAPE 达到了 1.34，与历史文献中效果最好的模型精度相当，而双储备池 ESN 的 MAPE 则达到了 1.25，可见双储备池的结构提高了网络预测性能。

（3）IBSA 有效提高了 DRESN 的预测精度，获得的 MAPE 达到了 0.86，均小于对比的其他 6 个模型，与历史文献中最优的 FA-MA-SVR 模型和标准 ESN 模型相比预测性能提高了 36%和 35%，IBSA 对参数的优化使得预测模型性能进一步提高。表 6-7 所展示的 MASE 对比结果进一步展现了 IBSA-DRESN 预测的高性能，获得的 MASE 为 7 个模型中的最小值。在表 6-8 所表现的 DS 指标中，最优秀的模型为 FA-MA-SVR，IBSA-DRESN 略逊于它，DS 是体现预测趋势的指标，可见由 ESN 所构成的非线性映射状态所获得的预测结果在预测趋势上有所不足。

（4）这里采取的是一次性预测 4~6 月电力负荷的方式，从图 6-6 可以看出，4 月的预测精度最高，6 月的最低，所有的预测模型均表现出来这个现象，这种现象在 ESN 模型中表现最为突出，虽然三个月的平均 MAPE 为 1.34，但是 6 月的 MAPE 高达 1.98，MASE 与 DS 指标也是如此。考虑可能有两部分原因，一是 4 月的负荷相较于 6 月更为稳定，夏季的电力负荷预测难度更大，二是越接近训练集的预测点精度越高，反之亦然。同时，可以看出经过 IBSA 优化的 DRESN 模型在这个问题上相较于标准 ESN 和 DRESN 有所改善，三个月各自的预测水平更为接近。

6.4　基于 IBSA-DRESN 的多因素电力负荷预测

6.4.1　数据来源及数据集划分

本算例选择北美电力公司（以下简称北美电力）公开数据集，该数据集包含 1985 年 1 月 1 日~1992 年 10 月 12 日的小时负荷数据（兆瓦）和小时温度数据（华氏度），该组数据集已经被学者用来检验不同的非线性预测模型对时间序列数据预测的性能（Reis and da Silva，2005；Amjady and Keynia，2009；Hu et al.，2015）。本算例选择 1991 年 1~6 月共 6 个月的小时负荷，这 6 个月包含了夏天和冬天，可以更全面地测试预测模型。预测每个月的电力负荷时 DRESN 的训练数据为预测月份的前两个月的数据。1990 年和 1991 年 1~6 月数据如表 6-10 所示，数据集划分如表 6-11 所示。原始数据中缺失的数据，用相邻两天相同时间点电力负荷的平均数和相邻两时间点的温度平均数代替。数据预处理如式（6-17）所示，选择 MAPE 作为预测精度的衡量指标。

表 6-10　北美电力 1~6 月电力负荷数据

时间	最大负荷/兆瓦	最小负荷/兆瓦	平均负荷/兆瓦	最高温度/华氏度	最低温度/华氏度
1990 年 1 月	3 613	1 547	2 579	54	28
1990 年 2 月	4 074	1 575	2 682	65	20
1990 年 3 月	3 415	1 529	2 315	66	32
1990 年 4 月	2 993	1 262	2 060	77	41
1990 年 5 月	2 802	1 241	1 953	77	40
1990 年 6 月	2 534	1 228	1 855	84	45
1991 年 1 月	4 094	1 713	2 870	53	26
1991 年 2 月	3 516	1 505	2 441	66	32
1991 年 3 月	3 544	1 572	2 501	64	32
1991 年 4 月	3 363	1 326	2 232	73	34
1991 年 5 月	2 857	1 333	2 002	72	39
1991 年 6 月	2 666	1 263	1 917	76	42

表 6-11　北美电力小时电力预测数据集划分

<table>
<tr><th>预测月</th><th>数据集</th><th>时间段</th><th>数据点</th><th>预测月</th><th>数据集</th><th>时间段</th><th>数据点</th></tr>
<tr><td rowspan="4">1 月</td><td>优化集</td><td>1989 年 11 月 1 日~
1989 年 12 月 31 日</td><td>1 464</td><td rowspan="2">3 月</td><td>训练集</td><td>1990 年 1 月 1 日~
1991 年 2 月 28 日</td><td>1 416</td></tr>
<tr><td>验证集</td><td>1990 年 1 月 1 日~
1990 年 1 月 31 日</td><td>744</td><td>测试集</td><td>1991 年 3 月 1 日~
1991 年 3 月 31 日</td><td>744</td></tr>
<tr><td>训练集</td><td>1990 年 11 月 1 日~
1990 年 12 月 31 日</td><td>1 464</td><td rowspan="4">4 月</td><td>优化集</td><td>1989 年 2 月 1 日~
1990 年 3 月 31 日</td><td>1 416</td></tr>
<tr><td>测试集</td><td>1991 年 1 月 1 日~
1991 年 1 月 31 日</td><td>744</td><td>验证集</td><td>1990 年 4 月 1 日~
1990 年 4 月 30 日</td><td>720</td></tr>
<tr><td rowspan="4">2 月</td><td>优化集</td><td>1989 年 12 月 1 日~
1990 年 1 月 31 日</td><td>1 488</td><td>训练集</td><td>1990 年 2 月 1 日~
1991 年 3 月 31 日</td><td>1 416</td></tr>
<tr><td>验证集</td><td>1990 年 2 月 1 日~
1990 年 2 月 28 日</td><td>672</td><td>测试集</td><td>1991 年 4 月 1 日~
1991 年 4 月 30 日</td><td>720</td></tr>
<tr><td>训练集</td><td>1989 年 12 月 1 日~
1990 年 1 月 31 日</td><td>1 488</td><td rowspan="4">5 月</td><td>优化集</td><td>1989 年 3 月 1 日~
1990 年 4 月 30 日</td><td>1 464</td></tr>
<tr><td>测试集</td><td>1991 年 2 月 1 日~
1991 年 2 月 28 日</td><td>672</td><td>验证集</td><td>1990 年 5 月 1 日~
1990 年 5 月 31 日</td><td>744</td></tr>
<tr><td rowspan="2">3 月</td><td>优化集</td><td>1989 年 1 月 1 日~
1990 年 2 月 28 日</td><td>1 416</td><td>训练集</td><td>1990 年 3 月 1 日~
1991 年 4 月 30 日</td><td>1 464</td></tr>
<tr><td>验证集</td><td>1990 年 3 月 1 日~
1990 年 3 月 31 日</td><td>744</td><td>测试集</td><td>1991 年 5 月 1 日~
1991 年 5 月 31 日</td><td>744</td></tr>
</table>

续表

预测月	数据集	时间段	数据点	预测月	数据集	时间段	数据点
6月	优化集	1989 年 4 月 1 日~ 1990 年 5 月 31 日	1 464	6月	训练集	1990 年 4 月 1 日~ 1991 年 5 月 31 日	1 464
	验证集	1990 年 6 月 1 日~ 1990 年 6 月 30 日	720		测试集	1991 年 6 月 1 日~ 1991 年 6 月 30 日	720

6.4.2 特征筛选

1. 影响因素筛选

电力需求是由多个影响因素共同决定的，具体某个因素对电力需求的影响程度则需要进一步分析，因素筛选是进行多因素电力负荷预测的关键前提。根据生活经验及历史文献的研究（Amjady and Keynia，2009；Ghofrani et al.，2015；Deihimi and Showkati，2012；Bessec and Fouquau，2018）可知，影响短期电力负荷的因素主要有温度和节假日。北美电力 1990 年平均电力小时负荷如图 6-7 所示，从图中可以看出休息日（星期六与星期日）的小时电力负荷趋势相似，而与工作日（星期一至星期五）有所差别，星期一至星期四的电力需求非常相似，星期五从 18 时开始电力需求处于工作日与休息日中间。北美电力 1990 年小时电力负荷随温度变化的散点图如图 6-8 所示，从图中可以直观地看出温度与小时电力负荷存在明显的非线性关系。由于小时电力负荷本身所具有的周期性，历史小电力负荷也是影响预测点电力需求的重要因素。因此本章将温度、时间指数（小时数和日期）、历史电力负荷作为影响小时电力需求的因素，从这三个维度中选取输入数据。

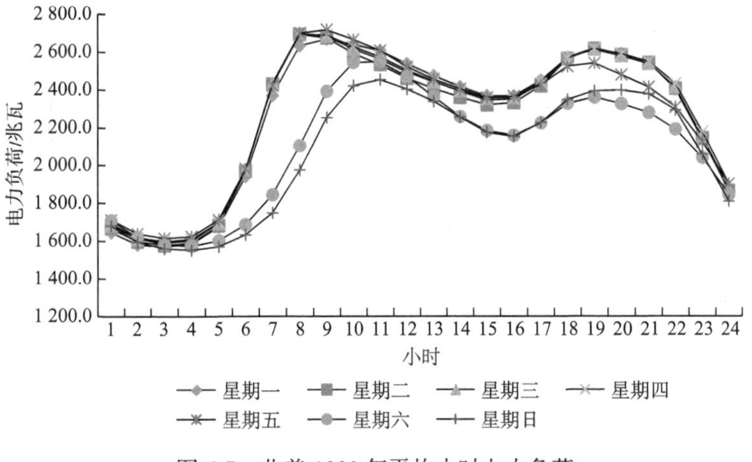

图 6-7 北美 1990 年平均小时电力负荷

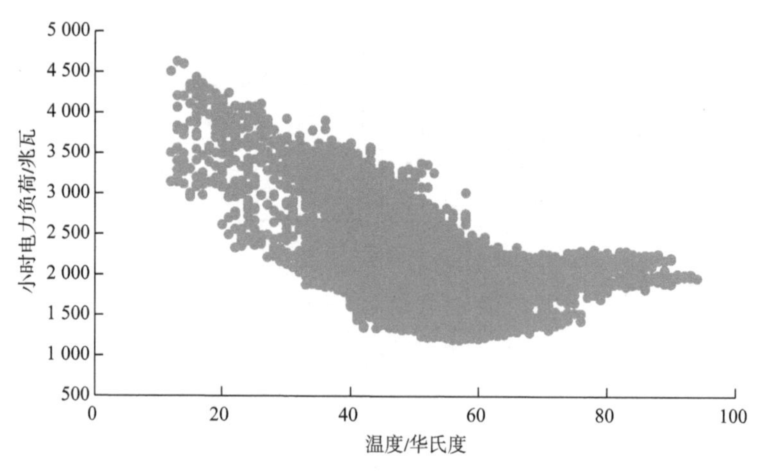

图 6-8　北美 1990 年小时电力负荷与温度散点图

2. 输入因素筛选

输入因素选择是在影响因素的基础上挑选输入预测模型的具体数据，影响因素筛选和输入因素筛选共同称为特征筛选。因为每个数据的价值不同，尽可能地消除低价值的输入数据，保留关键输入特征，可以提高预测模型的泛化能力，减少学习时间和保存数据所需的存储空间（Abdoos et al.，2015）。对于小时电力负荷预测，一般将时间滞后的历史负荷称为输入因素的自回归部分，而将 5.2.1 节中选择的温度、时间指数称为外生变量部分（Amjady and Keynia，2009）。为了降低数据量，先从自回归和外生变量部分构建一个候选输入集，再从候选集中进行筛选。

自回归部分主要考虑负荷变化的周期性，将预测点前 1~12 小时的电力负荷和具有相同时刻的历史负荷（前 24 小时、前 48 小时、前 72 小时和前 168 小时）作为候选输入因素。外生变量部分的候选因素为预测点时刻的温度，前 1~24 小时的温度，前 48 小时、前 72 小时和前 168 小时的温度及时间指数。候选数据集如式（6-24）所示，共 46 个候选输入。$L(t)$ 和 $T(t)$ 分别为 t 时刻的电力负荷和温度，$H(t)$ 为小时时间指数，数值取 t 时刻的小时数，$D(t)$ 为日历时间指数，工作日时设为 0.75，周末为 0.25。$H(t)\in\{1,2,\cdots,24\}$，$D(t)\in\{0.75,0.25\}$。

$$\begin{aligned}\text{Input}(t)=\{&L(t-1),L(t-2),\cdots,L(t-12),L(t-24),\\&L(t-48),L(t-72),L(t-168),T(t),\\&T(t-1),T(t-2),\cdots,T(t-24),T(t-48),\\&T(t-72),T(t-168),H(t),D(t)\}\end{aligned}\tag{6-24}$$

互信息是测量两个变量之间相关性的常用标准，被广泛应用于特征选择

（Amjady and Keynia，2009；Wu and Chau，2010）。Hu 等（2015）认为与相关分析、主成分分析这些仅考虑变量之间的线性关系的估计量相比，互信息在评价具有非线性关系的变量之间的依赖性方面更具有优势，因为它没有对变量之间潜在关系的性质做任何假设。两组离散变量的互信息计算如下所示：

$$I(A,B)=-\sum_{i,\ j}p_{ab}\left(a_i,b_j\right)\log\left(\frac{p_{ab}\left(a_i,b_j\right)}{p_a\left(a_i\right)p_b\left(b_j\right)}\right) \tag{6-25}$$

其中，a_i、b_j 分别为变量 A、B 中的样本；p_a 和 p_b 分别表示 A、B 的边缘概率分布；p_{ab} 为 A 和 B 的联合概率分布。为了更好地进行比较，对计算的互信息进行一定程度的缩放，公式如下：

$$I'\left(A,B\right)=\sqrt{1-\mathrm{e}^{-2\times I(A,B)}} \tag{6-26}$$

其中，e 为自然常数。

本节选择互信息作为衡量标准对候选输入集进行进一步筛选，具体策略如下。

（1）IBSA-DRESN 预测模型拥有两个储备池网络，一个作为自回归部分的储备池，包含前 1~12 小时的电力负荷时间序列，得到历史状态的计算结果，另一个作为外生变量的储备池，对预测结果进行调节。自回归部分不进行互信息计算，将前 1~12 小时历史负荷作为储备池一的输入。

（2）计算外生变量的输入因素与输出之间的互信息，保留关联性强的变量。本章选择所有特征的标准互信息平均数作为挑选准则，保留互信息大于平均数的特征。这里将预测点前 24 小时、前 48 小时、前 72 小时和前 168 小时的历史电力负荷也选入外生变量，保留的输入因素如表 6-12 所示，共保留了 19 个特征作为备选输入因素。

表 6-12 输入与输出关联度特征筛选

输入因素	排名	标准互信息	输入因素	排名	标准互信息
$L(t-24)$	1	0.892	$T(t)$	11	0.671
$L(t-48)$	2	0.808	$T(t-9)$	12	0.662
H	3	0.758	$T(t-2)$	13	0.647
$L(t-72)$	4	0.752	$T(t-8)$	14	0.639
$L(t-168)$	5	0.704	$T(t-14)$	15	0.635
$T(t-12)$	6	0.688	$T(t-7)$	16	0.621
$T(t-11)$	7	0.682	$T(t-3)$	17	0.610
$T(t-1)$	8	0.677	$T(t-6)$	18	0.601
$T(t-10)$	9	0.676	$T(t-24)$	19	0.597
$T(t-13)$	10	0.671	平均值	Mean	0.595

（3）计算保留下来的外生变量输入因素相互间的互信息，淘汰包含重复价值的变量，从而降低计算成本。设置挑选标准分别为 0.9、0.8、0.75、0.7，若两个特征间的标准互信息大于挑选标准，则认为二者具有较多的重复价值，保留其中与输出关联度高的特征，即保留在表 6-13 中排序高的。储备池二的特征选择如表 6-13 所示，其中 S_0 的输入为前 1~12 小时的电力负荷，S_5 的输入为未经筛选的全部外生变量。

表 6-13　储备池二的特征选择

标准互信息	选择的特征	输入序列编号
\	$L(t-1)$、$L(t-2)$、…、$L(t-12)$	S_0
⩾0.7	$T(t-12)$、$L(t-24)$	S_1
⩾0.75	$T(t-1)$、$T(t-12)$、$L(t-24)$	S_2
⩾0.8	$T(t-1)$、$T(t-12)$、$L(t-24)$、$L(t-168)$、H	S_3
⩾0.9	$T(t-1)$、$T(t-12)$、$T(t-24)$、$L(t-24)$、$L(t-72)$、$L(t-168)$、H	S_4
\	All	S_5

注：“\”表示不是依据互信息来选择的，而是直接选择所有特征作为输入特征；All 表示直接选择所有特征作为输入特征

6.4.3　预测结果分析

IBSA-DRESN 中内部神经元数量（N）的下界和上界分别设置为 100 和 800，谱半径（SR）、连接程度（SD）和输入单元尺度（IS）的下界分别设置为 0.01、0.006 和 0.000 1，上界均为 1。IBSA 最大迭代次数为 50，种群规模为 20，DRESN 循环次数设置为 3。1991 年 1~6 月的电力负荷预测 MAPE 如表 6-14 所示，这六个月包含了夏季与冬季，能够较为全面地表现模型的预测性能。从结果中可以看出以下几点。

表 6-14　1991 年 1~6 月电力负荷预测 MAPE

输入序列	1 月	2 月	3 月	4 月	5 月	6 月
S_0	1.66	1.69	1.47	2.17	1.60	1.36
S_1	1.34	1.43	1.28	1.71	1.33	1.18
S_2	1.29	1.43	1.25	1.72	1.34	1.32
S_3	**1.10**	**1.11**	**0.97**	**1.22**	**1.03**	**0.89**
S_4	1.11	1.11	0.99	1.30	1.01	0.90
S_5	1.20	1.41	1.21	1.57	1.10	1.04

注：表中黑体表示最优结果

（1）模型添加外生变量输入后，预测性能与只拥有自回归部分输入（S_0）的模型相比有所提高；而在筛选出来的外生变量输入集合中将 S_3 作为储备池二的输

入所获得的预测结果总是最优的。

（2）将未经筛选的外生变量全部作为储备池二的输入时（S_5），所获得的预测结果表现低于筛选后的 S_3、S_4 集合，但是比 S_1 和 S_2 的表现要好。因此可以认为 S_3 输入集合是本数据集表现最为优秀的外生变量输入集合，IBSA-DRESN 进行多因素电力需求预测依然具有优秀的性能，并且在本算例中预测精度要高于单因素预测（S_0）。

上述预测中均采用步循环预测策略，将前 1~12 小时的历史实际负荷作为输入部分对第 13 小时进行预测。现实中很多情况需要对未来某一天各小时的电力需求进行预测，但是并不知道预测那天的实际电力负荷，因此需要将预测的数据作为后一步预测的输入，这种策略称为递归单步预测。例如，在预测某一天的 2 时的电力需求时，将前一步 1 时的预测值作为输入。为了进一步验证本章构建的预测模型的有效性，这里也采用递归单步预测策略对 1991 年 1 月的电力需求进行预测。

为了保持与历史文献相同的数据集，采用前 1~24 小时的历史负荷数据作为储备池一的输入，而将上文中表现最为优秀的 S_3 作为储备池二的输入。IBSA-DRESN 与 ESN、DRESN、BPNN 和 ARIMA 模型对比情况如表 6-15 所示，其中 DRESN 的输入序列与 IBSA-DRESN 相同，ESN 和 BPNN 将 DRESN 两个储备池的输入作为同一组输入进行预测，而 ARIMA 模型为了保证输入序列为标准的时间序列，选择的输入仅为历史电力负荷序列，应用 AIC 准则自动定阶，训练集与测试集都相同；历史文献中提到的基于混合过滤包装方法进行特征筛选的支持向量机预测模型（FW-SVR）也被用来进行对比。几种模型的参数设置如下：ESN 的输入单元尺度设置为 1，谱半径为 0.8，连接程度设置为 0.05（Jaeger，2001a），内部神经元个数从集合 $\{200,400,600,800\}$ 中选择，表现最优的模型为代表模型，每个预测模型运行 10 次，取 10 次运行的平均值为最终预测值；BPNN 参数是根据输入层节点，通过多次试验确定的，最合适的隐藏层节点数为 20，最大训练次数设为 2 000，学习算法 LM 选择的训练误差目标设为 0.000 5，学习速率设为 0.000 5，隐含层和输出层转移函数分别为 log sig 和 purelin 函数，循环 50 次取最小 MAPE；ARIMA 滞后阶数上限设置为 24。FW-SVR 模型中核心函数为径向基函数，通过网络搜索策略来确定 SVM 参数，具体的参数设置可见历史文献（Hu et al.，2015）。

表 6-15　递归单步预测 1991 年 1 月电力负荷 MAPE

ARIMA	ESN	DRESN	BPNN	FW-SVR	IBSA-DRESN
5.70	6.6	6.1	6.2	4.52	4.12

从表 6-15 中可以看出，由于误差放大效应，递归单步预测的精度要低于单步

预测，但是几种预测模型依然可以获得高精度的预测结果。标准 ESN 与 BPNN 具有精度相当的预测效果，而 DRESN 较 ESN 有所提高。对于该数据集，ARIMA 模型获得了较好的效果，DRESN 与 ESN 预测性能均略逊于 ARIMA 模型。但是本章提出的 IBSA-DRESN 预测模型获得的 MAPE 达到了 4.12，较 ESN 有较大的提高，也优于历史文献中提到的模型，这体现了该模型在递归单步预测电力需求上也具有较好的性能。

6.5 本章小结

本章的主要工作如下。

（1）为了提高 BSA 局部勘测的能力并且增加种群多样性，引入轮盘赌选择、自适应变异算子和生态位操作过程对标准 BSA 进行改进，然后分析具有双储备池的 ESN 模型的构建过程，利用改进的 IBSA 对具有双储备池的 ESN 模型的主要参数进行优化，从而构建 IBSA-DRESN 混合预测模型。

（2）将构建的 IBSA-DRESN 预测模型应用于单因素的短期电力负荷预测问题上，进行两组对比试验。首先通过与 DE-DRESN、GA-DRESN 和 BSA-DRESN 的比较，证明了 IBSA 算法相比较其他优化算法在优化 DRESN 模型的参数上具有优势，然后通过与 BPNN、ESN、DRESN，以及历史文献中所采用的 ARIMA 和 SVM 等模型的对比，证明了该混合模型在时间序列电力负荷预测问题上的有效性，并具有较高的预测精度。

（3）对北美电力公开数据进行分析，利用互信息进行两阶段筛选，挑选出输入特征，得到四组输入因素集合。然后运用构建的 IBSA-DRESN 预测模型进行多因素的电力负荷预测，分别对 1~6 月的电力负荷进行预测，并将结果与其他预测模型进行比较，验证了 IBSA-DRESN 在多因素电力负荷预测问题上的优秀表现，证明 IBSA-DRESN 模型可以获得高精度的短期电力负荷预测结果，可为电力企业的决策提供支持，降低电力供应链的不确定性。

7 基于 VMD 和改进 ESN 的风速预测

准确的风速预测对电力系统的稳定运行具有重要意义，也有利于能源部门制定可再生能源战略。本章基于 VMD、DE 和 ESN，提出了一种有效的混合预测模型 VMD-DE-ESN，VMD 用于分解风速序列以消除原始序列的噪声和挖掘其主要特征，DE 用于优化 ESN 的三个关键参数，改进 ESN 用于预测分解得到的每个子序列，对所有子系列的预测结果进行汇总可得最终的预测结果。使用西班牙 Sotavento 风电场的四个风速数据集进行风速预测实验，结果表明 VMD-DE-ESN 具有较高的准确性和稳定性。

7.1 引　　言

随着经济的发展和人口的增长，能源需求在不断提升，能源危机、环境污染和气候变化等问题也日益突出。在这种情况下，新能源的开发、利用和普及已经成为一种必然趋势。风能是一种资源丰富且环境友好的新能源，根据 2019 年发布的《BP 世界能源统计年鉴》，2018 年的风电装机容量达到了 564 吉瓦，增长率为 10%，风力发电量达到了 1 270 亿千瓦时，增长率为 13%，风力发电量占全球发电量的 4.8%。另外，风力发电已经成为欧洲发电的重要贡献者，在德国、爱尔兰和西班牙等国家，2018 年的风力发电量占发电总量的 15%或更多。然而，风电功率具有波动性和随机性，大规模的风电并网可能会对电网运行产生不良影响。风速是影响风电功率的关键参数（Zhang et al.，2017），准确的风速预测有利于电力系统的稳定运行（Du et al.，2019）。因此，本章致力于构建一种准确的风速预测模型。

近年来，有很多学者相继提出了多种风速预测方法，这些方法通常分为物理方法、统计方法和人工智能方法三大类。考虑到风速数据较大的波动性和随机性，以及单一模型的固有弱点，单一模型难以提取出风速序列中存在的复杂关系

（Chen et al.，2019）。因此，目前的研究主要集中在具有更好预测性能的混合模型上。混合风速预测模型通常包括分解、优化和预测三个模块。在分解模块中，利用数据分解方法将不稳定的原始风速序列分解为若干个子序列，常见的数据分解方法有 WT、EMD 和 VMD。在优化模块中，利用智能优化算法对预测模型的重要参数进行优化，常见的算法有 PSO 和 GA。在预测模块中，利用预测模型对分解得到的子序列或重构的序列进行预测。Liu 等（2013）提出了 WT-ANN、WPD-ANN 和 WPD-ARIMA-ANN 三种风速预测模型，这三种模型均能取得良好的预测结果，其中 WPD-ANN 模型的预测结果最好。Wang 等（2014）构建了 EMD-Elman 模型，并将该模型应用于风速预测问题中，实验结果表明该模型具有较小的误差。Fei 和 He（2015）提出了一种基于 WT、人工蜂群算法和相关向量机的风速预测模型，实验结果表明该模型优于相关向量机。Wang 等（2016b）构建了一种基于 EEMD 和 GA 优化 BPNN 的混合风速预测模型，实验结果表明该模型能够提高预测精度和计算效率，适用于超短期和短期风速预测。Wang 等（2017）提出了一种将 VMD、相空间重构和改进的小波神经网络相结合的风速预测模型。Liu 等（2018）开发了一种将 VMD、奇异谱分析（singular spectrum analysis，SSA）、LSTM 和 ELM 相结合的风速预测系统，实验结果表明该系统具有令人满意的预测性能。

本章将 VMD、DE 和 ESN 相结合，提出了一种混合风速预测模型 VMD-DE-ESN，该模型包括分解、优化和预测三个模块。在分解模块中，为了消除原始风速序列的噪声和挖掘其主要特征，利用 VMD 将原始序列分解为若干个带限本征模态函数（band-limited intrinsic mode functions，BLIMFs）。VMD 是一种新颖的数据分解方法，已经广泛应用于风速预测问题中，研究表明，与基于 WT 和基于 EMD 的模型相比，基于 VMD 的模型具有更好的预测性能（D. Wang et al.，2017；X. Wang et al.，2018）。在优化模块中，DE 用于优化 ESN 的三个关键参数，以获得更好的预测结果。DE 是一种流行的智能优化算法，主要包括初始化种群、变异操作、交叉操作和选择操作四个步骤，具有简单、高效和可靠的优点（Zhong et al.，2017）。在预测模块中，DE 优化的 ESN（DE-ESN）用于预测分解得到的每个子序列。ESN 是一种新型 RNN，具有强大的非线性时间序列建模能力和高效的训练方式。最后汇总所有子序列的预测结果可得最终的预测结果。为了验证所提出的 VMD-DE-ESN 模型的准确性和稳定性，本章使用了四个风速数据集进行预测，并基于三种常见的误差评价指标将 VMD-DE-ESN 模型与九种对比模型进行了比较。本章的技术路线如图 7-1 所示，主要贡献如下。

（1）构建一种混合风速预测模型 VMD-DE-ESN。该模型结合了 VMD、DE 和 ESN 三种技术，其中 VMD 用于将原始风速序列分解为若干个子序列，DE 用于

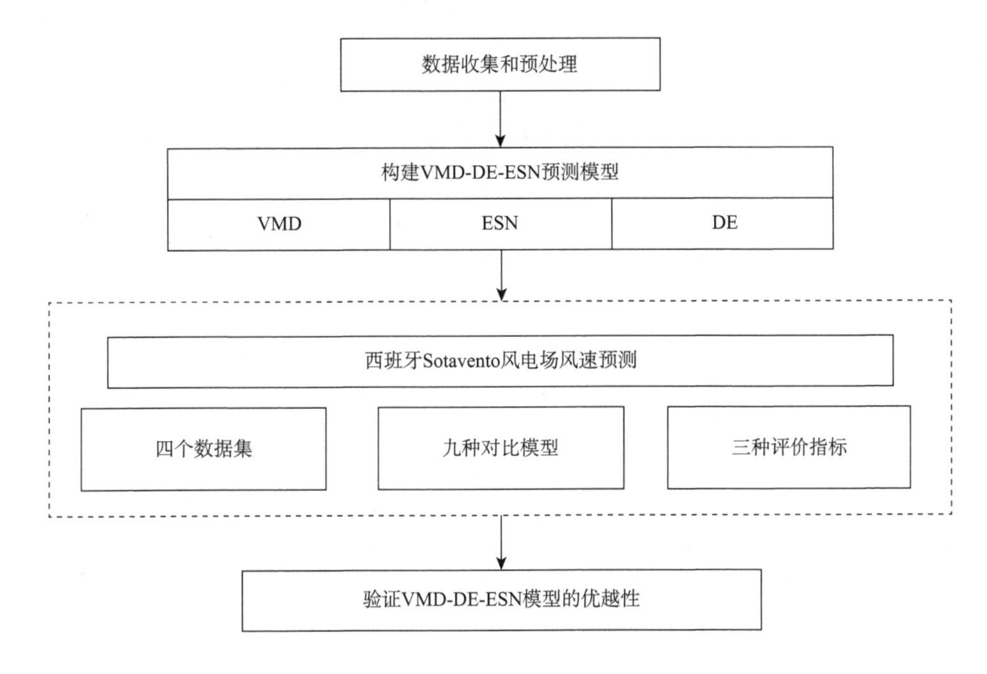

图 7-1　本章技术路线

优化ESN的三个参数，改进的ESN用于预测分解得到的每个子序列。最后，将所有子序列的预测结果相加可得最终的预测结果。

（2）利用残差与原始序列的平均比（mean ratio of residual to original series，MR）来确定 VMD 的最佳模态数。适当的模态数有利于用较小的计算代价达到原始序列充分分解的目的。MR 显示了分解后的残差情况，所以该值适合用作 VMD 分解过程中的优化指标。当 MR 小于 3%且无明显下降趋势时，即可确定模态数。

（3）通过风速预测实验验证 VMD-DE-ESN 模型的准确性和稳定性。在四个风速时间序列的预测实验中，基于三种常见的误差评价指标，将 VMD-DE-ESN 模型与 PM、BPNN、ESN、GA-ESN、DE-ESN、VMD-ESN、EMD-DE-ESN、EEMD-DE-ESN 和 WPD-DE-ESN 模型进行比较，以确保进行全面的分析。

（4）分析 VMD 和 DE 单独使用以及一起使用对风速预测性能的影响。比较 DE 和 GA 对预测性能的影响，也比较 VMD 和其他分解方法对预测性能的影响，其他分解方法包括 EMD、EEMD 和 WPD。这些可以通过比较 ESN、GA-ESN、DE-ESN、VMD-ESN、EMD-DE-ESN、EEMD-DE-ESN、WPD-DE-ESN 和 VMD-DE-ESN 的预测结果来实现。

7.2 构建的 VMD-DE-ESN 混合预测模型

本章提出的 VMD-DE-ESN 模型结合了 VMD、DE 和 ESN 三种技术的优点。下面讨论 VMD 数据分解方法，同时也会分析 VMD-DE-ESN 基本原理和 VMD-DE-ESN 预测流程。

7.2.1 VMD 数据分解方法

VMD 是 Dragomiretskiy 和 Zosso（2014）提出来的一种新颖的数据分解方法，该方法将信号 $f(t)$ 以非递归的方式分解为 K 个子序列或模态 $(u_k, k=1,2,\cdots,K)$（Liu et al.，2018）。每个模态 u_k 都有一个中心频率 ω_k。分解的目标是使各个模态的频率带宽之和最小，约束条件是模态的聚合等于给定的信号 $f(t)$（Ma et al.，2020）。目标函数和约束条件如下所示：

$$\min_{\{u_k\}\{\omega_k\}}\left\{\sum_{k=1}^{K}\left\|\partial_t\left[\left(\delta(t)+\frac{j}{\pi t}\right)*u_k(t)\right]\mathrm{e}^{-j\omega_k t}\right\|_2^2\right\}$$

$$\text{s.t.}\ \sum_{k=1}^{K}u_k(t)=f(t) \tag{7-1}$$

其中，$\delta(t)$表示狄拉克分布；*表示卷积。

为了找到上述问题的最优解，通过引入二次惩罚项 alpha 和拉格朗日乘子 λ，将约束问题转化为无约束问题。无约束问题如下所示：

$$\begin{aligned}L(\{u_k\},\{\omega_k\},\lambda)=&\ \text{alpha}\sum_{k=1}^{K}\left\|\partial_t\left[\left(\delta(t)+\frac{j}{\pi t}\right)*u_k(t)\right]\mathrm{e}^{-j\omega_k t}\right\|_2^2\\&+\left\|f(t)-\sum_{k=1}^{K}u_k(t)\right\|_2^2+\left\langle\lambda(t), f(t)-\sum_{k=1}^{K}u_k(t)\right\rangle\end{aligned} \tag{7-2}$$

其中，alpha 可以保证在高斯噪声存在的条件下也能准确地进行序列重构，λ 可以保证无约束问题等价于有约束问题。

采用交替方向乘子法（alternate direction method of multipliers，ADMM）来解决式（7-2）所示的无约束问题。根据 ADMM，拉格朗日函数的鞍点可以通过对 u_k^{n+1}、ω_k^{n+1} 和 λ^{n+1} 的迭代更新得到。

$\hat{u}_k^{n+1}$ 和 ω_k^{n+1} 分别利用式（7-3）和式（7-4）进行更新，其中，$\hat{u}_k^{n+1}(\omega)$、

$\hat{u}_i(\omega)$、$\hat{f}(\omega)$和$\hat{\lambda}(\omega)$分别为$u_k^{n+1}(t)$、$u_i(t)$、$f(t)$和$\lambda(t)$的傅里叶变换。另外，可以通过对$\hat{u}_k^{n+1}(\omega)$的实部进行傅里叶逆变换得到u_k^{n+1}，n为迭代次数。

$$\hat{u}_k^{n+1}(\omega)=\frac{\hat{f}(\omega)-\sum_{i\neq k}\hat{u}_i(\omega)+\dfrac{\hat{\lambda}(\omega)}{2}}{1+2\text{alpha}(\omega-\omega_k)^2} \tag{7-3}$$

$$\omega_k^{n+1}=\frac{\int_0^{\infty}\omega\left|\hat{u}_k(\omega)\right|^2\mathrm{d}\omega}{\int_0^{\infty}\left|\hat{u}_k(\omega)\right|^2\mathrm{d}\omega} \tag{7-4}$$

根据 ADMM，$\hat{\lambda}^{n+1}(\omega)$利用式（7-5）进行更新，其中，$\tau$表示更新参数，在本章中设置为 0。另外，迭代的终止条件如式（7-6）所示，其中，ε表示设置的评估精度。

$$\hat{\lambda}^{n+1}(\omega)=\hat{\lambda}^{n}(\omega)+\tau\left[\hat{f}(\omega)-\sum_{k=1}^{K}\hat{u}_k^{n+1}(\omega)\right] \tag{7-5}$$

$$\sum_{k=1}^{K}\frac{\left\|\hat{u}_k^{n+1}-\hat{u}_k^{n}\right\|_2^2}{\left\|\hat{u}_k^{n}\right\|_2^2}<\varepsilon \tag{7-6}$$

按照先后顺序，VMD 的迭代过程主要包括以下四步。

步骤 1：给定信号$f(t)$，初始化模态$\{u_k^1\}$、中心频率$\{\omega_k^1\}$和拉格朗日乘子λ^1，并设置 n=1。

步骤 2：对于每个模态u_k，分别利用式（7-3）和式（7-4）更新$\hat{u}_k(\omega)$和 ω_k。

步骤 3：利用式（7-5）更新$\hat{\lambda}$。

步骤 4：如果精度满足式（7-6），迭代终止，此时可以通过对$\hat{u}_k^{n+1}(\omega)$的实部进行傅里叶逆变换得到u_k^{n+1}。否则，使 n=n+1，然后返回步骤 2。

7.2.2 VMD-DE-ESN 基本原理

本章基于 VMD、DE 和 ESN，提出了一种混合预测模型 VMD-DE-ESN。在该模型中，VMD 用于将原始风速序列分解为若干个子序列，DE 用于优化 ESN 的三个关键参数，改进的 ESN 用于预测分解得到的每个风速子序列，对所有风速子系列的预测结果进行汇总可得最终的预测结果。本章提出的 VMD-DE-ESN 模型结合了 VMD、DE 和 ESN 三种技术的优点。下面分别阐述使用 VMD 的合理性和使用 DE 的合理性。

1. 使用 VMD 的合理性

VMD 是一种将原始风速序列分解为多个子序列的分解方法，该方法能够消除原始序列的噪声和挖掘其主要特征。在分解方法中，基于WT和基于EMD的方法应用最为广泛。其中，基于 WT 的方法在时域和频域中均具有良好的局部化特性，但其性能在很大程度上取决于分解二叉树的结构以及小波函数和分解层数的选择（Liu and Chen，2019）。基于 EMD 的方法是自适应的，需要调节的参数也较少，但这些方法缺乏数学理论，且对噪声和采样比较敏感（Guo et al.，2012；Liu and Chen，2019）。与上述分解方法相比，VMD 具有强大的数学理论基础，可以实现信号的精确分离，并且具有较高的运算效率（Zhang et al.，2017）。结果表明，基于 VMD 的模型比基于 WT 和基于 EMD 的模型表现更好（D. Wang et al.，2017；X. Wang et al.，2018）。近年来，VMD 方法已经广泛地应用于多个领域，如图像分割（Li et al.，2018）、信号处理（Lian et al.，2018）和离心泵轴承缺陷诊断（Kumar et al.，2020）。

原始风速序列具有较大的波动性和随机性，很难对其直接建模。VMD 可以将原始序列分解为多个子序列，从而降低预测难度。基于以上分析，本章使用 VMD 对原始风速序列进行分解。

2. 使用 DE 的合理性

DE 算法是一种流行的智能优化算法，具有简单、高效和可靠的优点（Zhong et al.，2017）。DE 算法主要包括初始化种群、变异操作、交叉操作和选择操作四个步骤，能够很好地处理非线性问题和全局优化问题。研究表明 DE 算法在很多问题上优于其他常见算法（Fu et al.，2017），因此 DE 优化的 ESN 很可能具有更好的性能。近年来，DE 算法已经用于解决多类问题，如连续多目标优化（Wang and Tang，2016）和大数据优化（Elaziz et al.，2020），但很少用于风速预测。

ESN 的关键参数包括储备池规模 N、稀疏度 α 和谱半径 ρ，这些参数对 ESN 的性能有很大影响。但是在具体的应用中，为这些参数设置合适的值是十分困难的。所以，本章使用 DE 算法寻找 ESN 三个关键参数的最优值。

7.2.3 VMD-DE-ESN 预测流程

在解码方案上，DE 算法种群中的每个个体对应一个解向量，即 ESN 三个关键参数的值，所以每个个体的基因维度 D 为 3。在 DE 算法的迭代过程结束时，根据当前的最佳个体，可得到优化后的参数值。在适应度函数上，本章选择 MSE 为适应度函数，所以 DE 算法种群中的第 i 个个体的适应度值计算方法如下所示：

$$f_i = \frac{\sum_{t=1}^{N_o} (\hat{y}_t - y_t)^2}{N_o} \tag{7-7}$$

其中，$\hat{y}_t$ 为预测值，y_t 为实际值，N_o 为输出样本的数量。

本章提出的 VMD-DE-ESN 模型的预测流程如图 7-2 所示，具体步骤总结如下。

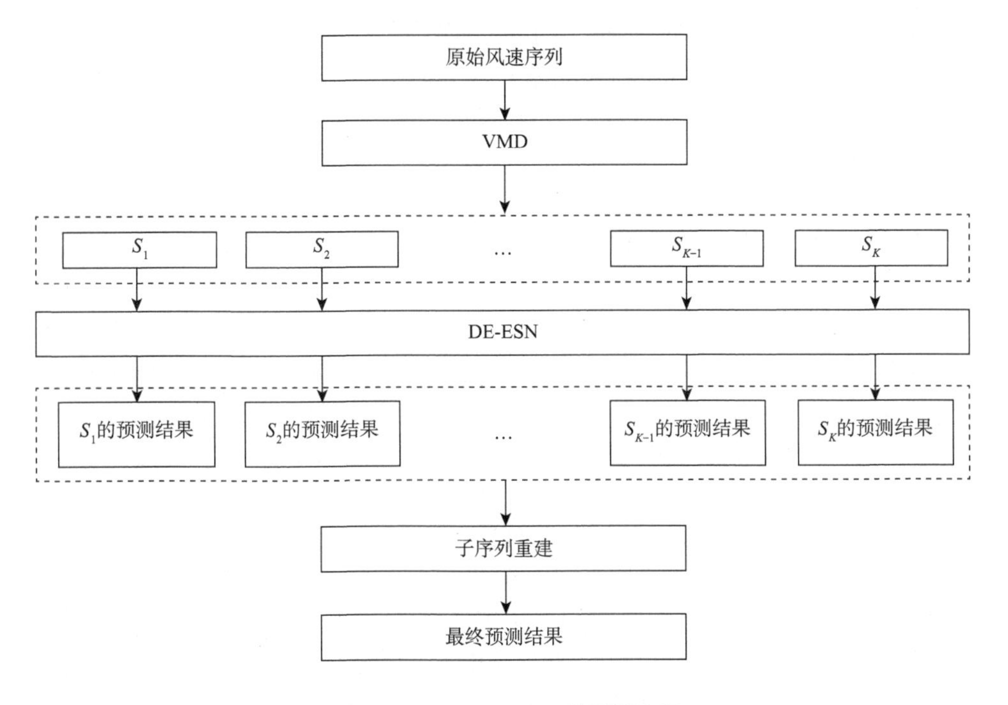

图 7-2 VMD-DE-ESN 的预测流程

步骤 1：使用 VMD 将原始风速序列分解为具有不同频率的多个子序列。VMD 能够消除原始序列的噪声和挖掘其主要特征，另外，子序列的个数是基于 MR 确定的。

步骤 2：使用 DE 优化的 ESN 模型（DE-ESN）对所有分解得到的子序列进行预测。在 DE-ESN 中，DE 用于优化 ESN 的三个参数，包括储备池规模 N、稀疏度 α 和谱半径 ρ，这有利于进一步提高预测的准确性。

步骤 3：汇总所有子序列的预测结果以得到最终的结果。本章采用的是直接相加法，该方法是一种简单有效且应用广泛的整合方法（Zhang et al.，2017；Qu et al.，2019）。

7.3 实验设置

本章基于四个风速数据集、三种评价指标和九种对比模型进行了风速预测实际案例的研究，以验证 VMD-DE-ESN 模型的准确性和稳定性。完成实验的个人电脑配置如下：处理器为 Intel（R）Core（TM） i5-6200U CPU @2.30 GHz，内存为 8 GB，操作系统为 Windows 10。运行实验的软件环境为 Matlab 2016a。本节依次介绍数据收集与预处理、误差评价指标、对比模型选择和参数设置。

7.3.1 数据收集与预处理

加利西亚位于西班牙西北部，拥有丰富的风能资源。Sotavento 风电场是加利西亚著名的风电场之一，位于北纬 43.354 4 度，西经 7.881 2 度。该风电场的装机容量为 17.56 兆瓦，包括 24 台风力涡轮机。风力涡轮机基于监督控制与数据采集系统（supervisory control and data acquisition，SCADA）收集该风电场的风速数据。

基于 SCADA 的风力涡轮机系统可以用于管理具有多台风力涡轮机的风电场。通常来说，该系统主要包含各风力涡轮机处的 SCADA 元件和服务器站点处的 SCADA 主设备。SCADA 元件用于从相应的风力涡轮机收集数据。SCADA 主设备用于与 SCADA 元件通信，以便以预定的间隔接收和存储从元件接收到的数据，并对接收到的数据进行管理。该系统具有实时监控、历史数据存档和报告、辅助数据处理和支持用户远程访问等功能。在 Sotavento 风电场中，风力涡轮机 SCADA 内置数据包括发电功率（每 10 分钟）、风速（每 10 分钟）和累计发电量（每10分钟）。本章主要关注风速数据。值得注意的是，可以从Sotavento 风电场的网站上获取每 10 分钟、每小时和每天的平均风速数据（http://www.sotaventogalicia.com/en/technical-area/real-time-data/historical/），本章使用的是每小时平均风速数据。

考虑到风速随季节变化较大，本章选取了 Sotavento 风电场在 2018 年 3 月、6 月、9 月和 12 月的风速进行实验。实验数据如图 7-3 所示，另外，表 7-1 展示了四个数据集的统计分析结果，表 7-2 展示了四个数据集的BDS检验结果。从图 7-3 可以看出，这四个数据集在振幅和趋势上有显著差异，说明它们具有不同的特征。通过观察表 7-1 中每个数据集的最大值、最小值和标准差可以看出，这四个数据集均具有较大的波动性。从表 7-2 可以看出，这四个数据集均具有显著的非线性特性。因此，基于这四个数据集的实验适合用于验证 VMD-DE-ESN 的性能。

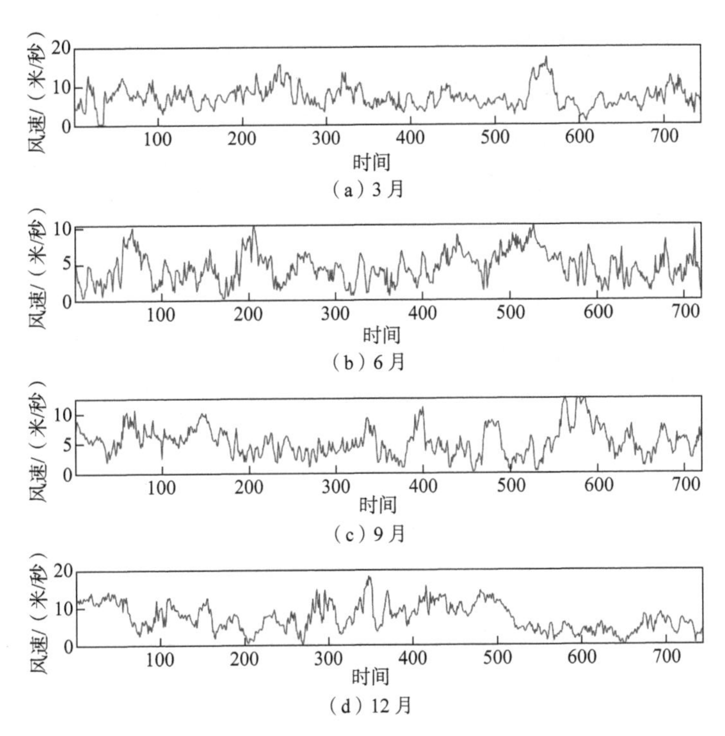

图 7-3　本章实验使用的风速数据（2018 年，Sotavento 风电场）

表 7-1　风速数据的统计值

时间	样本集	数量	统计值/（米/秒）				
			最大值	最小值	平均值	标准差	中位数
3 月	所有样本	744	17.530 0	0.350 0	7.146 5	2.771 7	6.800 0
	训练集	600	17.530 0	0.350 0	7.335 8	2.827 0	6.925 0
	测试集	144	12.680 0	0.670 0	6.357 5	2.370 9	6.425 0
6 月	所有样本	720	10.450 0	0.350 0	4.536 8	2.075 8	4.385 0
	训练集	600	10.450 0	0.350 0	4.682 0	2.124 2	4.615 0
	测试集	120	9.670 0	1.010 0	3.810 8	1.631 3	3.660 0
9 月	所有样本	720	12.700 0	0.410 0	5.343 7	2.422 2	5.240 0
	训练集	600	12.700 0	0.410 0	5.414 7	2.532 2	5.315 0
	测试集	120	8.240 0	1.260 0	4.988 4	1.729 8	5.020 0
12 月	所有样本	744	18.400 0	0.350 0	7.614 9	3.617 7	7.325 0
	训练集	600	18.400 0	0.350 0	8.330 5	3.561 1	8.265 0
	测试集	144	8.900 0	0.510 0	4.632 8	1.937 9	4.530 0

表 7-2 风速数据的非线性检验结果（BDS 检验）

时间序列	模型参数	维数					显著性水平	
		2	3	4	5	6	5%	1%
3 月风速	（1，0，0）	0.000 0	0.000 0	0.000 0	0.000 0	0.000 0	5	5
6 月风速	（1，0，0）	0.000 0	0.000 0	0.000 0	0.000 0	0.000 0	5	5
9 月风速	（2，0，0）	0.000 0	0.000 0	0.000 0	0.000 0	0.000 0	5	5
12 月风速	（3，0，0）	0.000 0	0.000 0	0.000 0	0.000 0	0.000 0	5	5

本章共使用了四个风速数据集，对于每个数据集，前 25 天的数据为训练集，剩下的数据为测试集。因为每小时收集一次数据，所以训练集的长度均为 600（24×25），3 月和 12 月的测试集长度为 144（24×6），6 月和 9 月的测试集长度为 120（24×5）。表 7-1 显示了各训练集和测试集的统计分析结果。为了消除数据变异范围的影响，需要对数据进行预处理，具体为将每组风速数据线性归一化到区间[0,1]。

7.3.2 误差评价指标

本章选取了三种常见的预测误差作为模型性能评价的指标，这三种误差分别为 RMSE、MAE 和 MAPE。它们的计算方法分别如下所示：

$$\mathrm{RMSE}=\sqrt{\frac{\sum_{t=1}^{N_o}\left(\hat{y}_t-y_t\right)^2}{N_o}} \tag{7-8}$$

$$\mathrm{MAE}=\frac{\sum_{t=1}^{N_o}\left|\hat{y}_t-y_t\right|}{N_o} \tag{7-9}$$

$$\mathrm{MAPE}=\frac{\sum_{t=1}^{N_o}\left|\hat{y}_t-y_t\right|/y_t}{N_o}\times 100\% \tag{7-10}$$

其中，$\hat{y}_t$ 表示预测值，y_t 表示实际值，N_o 表示预测值的数量。这三种误差评价指标的值越小，表示模型的预测性能越好。

为了进一步比较两种不同模型的预测性能，本章还使用了三个改进的百分比指标来显示模型之间改进的程度（Zhang et al.，2017；Du et al.，2019）。这三个指标包括 RMSE 的改进百分比（P_{RMSE}）、MAE 的改进百分比（P_{MAE}）和 MAPE 的改进百分比（P_{MAPE}），它们的计算方法分别如下所示：

$$P_{\mathrm{RMSE}}=\frac{\mathrm{RMSE}_1-\mathrm{RMSE}_2}{\mathrm{RMSE}_1}\times 100\% \tag{7-11}$$

$$P_{\mathrm{MAE}}=\frac{\mathrm{MAE}_1-\mathrm{MAE}_2}{\mathrm{MAE}_1}\times 100\% \tag{7-12}$$

$$P_{\mathrm{MAPE}}=\frac{\mathrm{MAPE}_1-\mathrm{MAPE}_2}{\mathrm{MAPE}_1}\times 100\% \tag{7-13}$$

7.3.3　对比模型选择

为了验证 VMD-DE-ESN 模型的准确性和稳定性，本章将该模型的预测结果与九种对比模型的预测结果进行了比较，对比模型包括 PM、BPNN、ESN、GA-ESN、DE-ESN、VMD-ESN、EMD-DE-ESN、EEMD-DE-ESN 和 WPD-DE-ESN。其中，PM、BPNN 和 ESN 用作单个预测模型的比较，从中可以选出最优的单个模型。ESN、GA-ESN 和 DE-ESN 用作不同智能优化算法优化的 ESN 的比较，从中可以分析优化对预测性能的影响和选出更有效的优化算法。ESN、DE-ESN 和 VMD-ESN 包含在本章提出的 VMD-DE-ESN 模型中，将这三种对比模型与 VMD-DE-ESN 模型进行比较，有利于分析 VMD-DE-ESN 模型各组成部分的影响。

另外，本章比较了 VMD 和其他分解方法对预测性能的影响，其他分解方法包括 EMD、EEMD 和 WPD。为此，将基于不同分解方法的混合预测模型作为对比模型，这些模型包括 EMD-DE-ESN、EEMD-DE-ESN 和 WPD-DE-ESN。这三种对比模型与 VMD-DE-ESN 模型的区别只在于它们的数据分解方法不同。

总的来说，本章选择了 PM、BPNN、ESN、GA-ESN、DE-ESN、VMD-ESN、EMD-DE-ESN、EEMD-DE-ESN 和 WPD-DE-ESN 这九种模型作为对比模型。

7.3.4　参数设置

本章使用了四个风速数据集对 VMD-DE-ESN 的准确性和稳定性进行验证。需要说明的是，VMD-DE-ESN 中的 ESN 部分的储备池神经元的输出层神经元的激活函数分别为 tangent 和 identity，VMD 的参数 K 是基于 MR 确定的，该模型其余的参数是通过试错法得到的，表 7-3 展示了 VMD-DE-ESN 在四个数据集中的参数值。

表 7-3 VMD-DE-ESN 在四个数据集中的参数值

时间		3 月	6 月	9 月	12 月
VMD 部分	K	16	23	20	22
DE 部分	NP	15	15	15	15
	maxgen	20	20	20	20
	F	0.9	0.7	0.7	0.9
	CR	0.1	0.7	0.1	0.3
ESN 部分	M	6	4	6	6
	N	[60，300]	[60，300]	[60，300]	[60，300]
	α	[0.01，0.05]	[0.01，0.05]	[0.01，0.05]	[0.01，0.05]
	ρ	[0.1，0.99]	[0.1，0.99]	[0.1，0.99]	[0.1，0.99]
	I_0	300	300	300	300

7.4 实验结果展示与分析

为了验证所提出的 VMD-DE-ESN 模型的准确性和稳定性，本章使用了四个风速数据集进行预测，并基于三种常见的误差评价指标将 VMD-DE-ESN 模型与九种对比模型进行了比较。本节内容依次包括 VMD 分解结果分析，VMD-DE-ESN 与其他常见模型的比较，基于不同分解方法的模型的比较和基于三个改进的百分比指标的模型性能分析。此外，还包括基于气象要素的 VMD-DE-ESN 的框架分析。

7.4.1 VMD 分解结果分析

为了消除原始序列的噪声和挖掘其主要特征，VMD 用于将原始序列分解为多个模态。使用 VMD 进行分解时，需要预先确定分解的模态数 K。适当的模态数有利于用较小的计算代价达到原始序列充分分解的目的。本章利用了 MR 来确定 VMD 的最佳模态数，MR 为残差与原始序列的平均比（Liu et al.，2020）。MR 的计算方法如下所示：

$$\mathrm{MR}=\frac{1}{N_s}\sum_{t=1}^{N_s}\left|\frac{f(t)-\sum_{k=1}^{K}u_k(t)}{f(t)}\right| \tag{7-14}$$

其中，$f(t)$表示原始风速序列；$u_k(t)$表示分解得到的子序列；N_s表示样本的数量。MR 显示了分解后的残差情况，所以该值适合用作 VMD 分解过程中的优化指标。在本章中，当 MR 小于 3%且无明显下降趋势时，即可确定模态数。四个数据集在不同 K 下的 MR 如表 7-4 所示。由表 7-4 可知，当 MR 小于 3%且无明显下降趋势时，四个数据集合适的 K 值分别为 16、23、20 和 22。

表 7-4　四个数据集在不同 K 下的 MR（%）

K	3 月（MR）	6 月（MR）	9 月（MR）	12 月（MR）
2	18.347 7	23.550 5	19.947 8	15.897 6
3	17.630 1	22.478 2	14.502 2	15.141 7
4	13.226 2	18.816 9	13.480 8	11.923 0
5	12.616 4	14.647 7	12.175 2	9.947 9
6	10.339 9	13.911 4	11.396 3	9.466 4
7	8.679 2	11.550 6	8.557 3	7.372 8
8	7.301 3	8.852 2	8.043 6	5.749 5
9	6.756 0	7.799 7	6.431 4	5.184 9
10	6.506 1	7.292 2	5.755 9	4.948 4
11	5.911 5	6.931 1	5.486 2	4.226 7
12	5.748 0	6.629 8	4.252 1	4.068 1
13	3.750 9	5.090 0	3.772 0	3.883 3
14	3.654 6	4.858 4	3.192 7	3.766 2
15	2.957 3	4.342 8	3.120 1	3.237 0
16	**2.526 3**	4.224 7	2.977 8	2.877 5
17	2.440 3	3.489 1	2.910 9	2.830 3
18	2.403 6	3.414 0	2.531 9	2.678 2
19	2.035 8	3.222 7	2.483 7	2.652 4
20	2.032 0	3.192 3	**2.286 1**	2.621 0
21	2.005 8	3.092 2	2.141 4	2.410 5
22	1.799 1	3.055 9	2.110 3	**1.921 1**
23	1.778 3	**2.966 3**	2.034 3	1.918 0
24	1.602 3	2.475 7	2.028 2	1.543 5
25	1.584 4	2.423 2	2.018 7	1.515 4

注：加粗数据表示其对应较优的决策情形

以 3 月份的风速数据为例，VMD 的分解结果如图 7-4 所示。可以看出，原始序列被分解为 16 个子序列，每个子序列都具有相应的频率，从 S_1 到 S_{16} 频率递增。最低频率信号 S_1 反映了原始序列的变化趋势，对预测的贡献最大，而最高频率信号 S_{16} 反映了局部波动趋势，对预测的贡献最小（Zhang et al.，2017；Qu et al.，2019）。在VMD分解风速序列之后，利用DE-ESN模型对各子序列进行预测。同样以3月份的风速数据为例，各子序列的实际值和预测值如图7-5所示。很明显，所有子序列都可以很好地拟合。

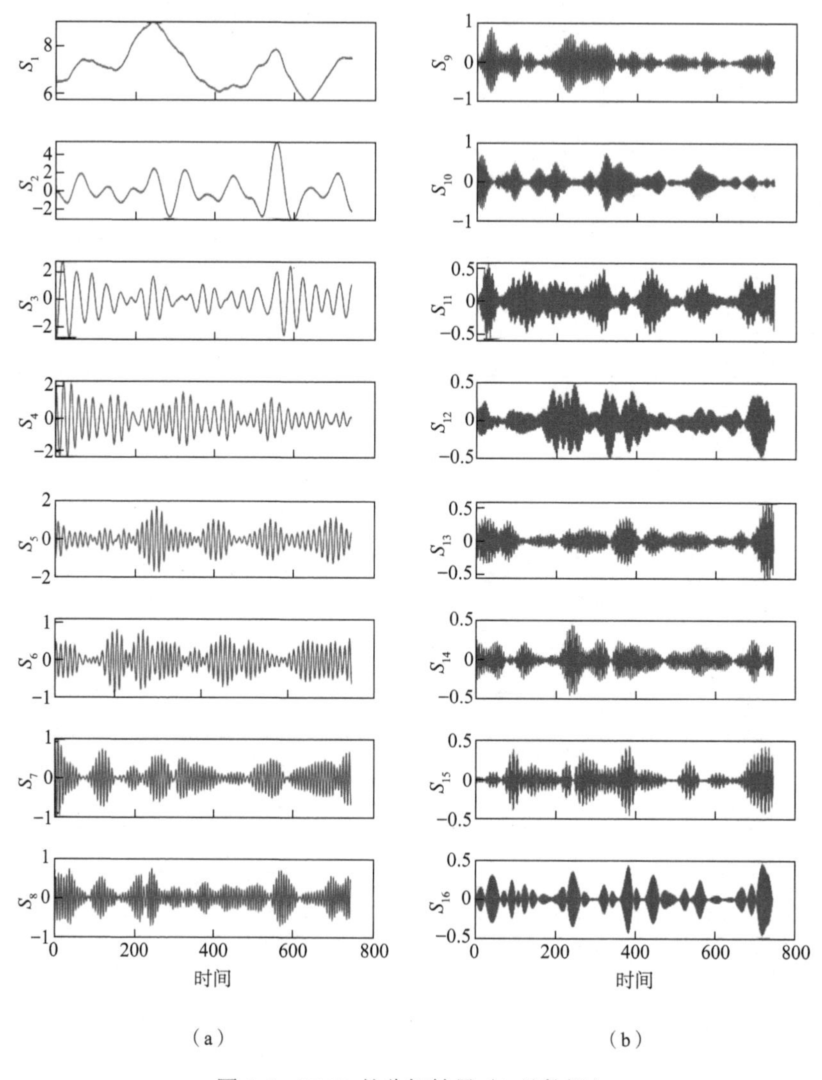

图 7-4　VMD 的分解结果（3 月数据）

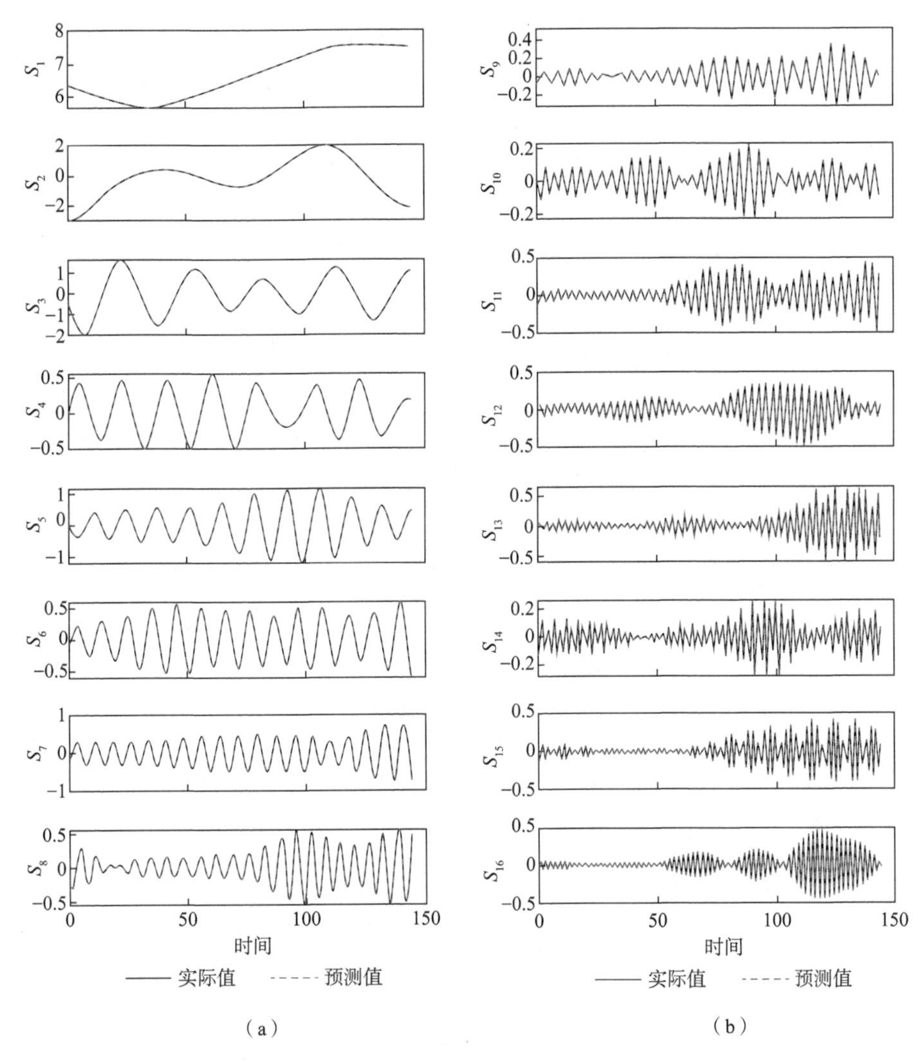

图 7-5 每个子序列的实际值和预测值（3 月测试集）

7.4.2 VMD-DE-ESN 与其他常见模型的比较

本小节根据 RMSE、MAE 和 MAPE 这三种指标，将 VMD-DE-ESN 模型在四个风速数据集中的预测结果与其他六种常见模型的预测结果进行了比较。六种对比模型包括 PM、BPNN、ESN、GA-ESN、DE-ESN 和 VMD-ESN。VMD-DE-ESN 和六种对比模型在四个数据集中的误差评价结果如表 7-5 和图 7-6 所示，表 7-5 中的粗体值表示每个数据集中每种评价指标的最佳值，MAPE 的单位为%。具体比较结果如下。

表 7-5 VMD-DE-ESN 和其他模型在四个数据集中的误差结果（单位：米/秒）

时间	误差结果	PM	BPNN	ESN	GA-ESN	DE-ESN	VMD-ESN	VMD-DE-ESN
3 月	RMSE	1.248 1	1.222 8	1.205 1	1.201 8	1.201 6	0.141 7	**0.138 4**
	MAE	0.912 4	0.896 3	0.887 6	0.885 5	0.877 3	0.111 8	**0.106 5**
	MAPE	16.517 9%	16.440 7%	16.174 5%	16.056 0%	15.644 5%	2.170 3%	**2.016 1%**
6 月	RMSE	1.228 5	1.184 6	1.153 2	1.131 2	1.128 4	0.129 1	**0.128 2**
	MAE	0.905 9	0.871 6	0.848 1	0.842 5	0.837 8	0.105 2	**0.103 0**
	MAPE	27.279 7%	26.500 4%	26.314 6%	26.060 3%	25.988 9%	3.581 9%	**3.415 3%**
9 月	RMSE	0.905 9	0.895 6	0.887 0	0.884 9	0.882 8	0.108 7	**0.102 0**
	MAE	0.719 3	0.686 4	0.680 6	0.672 6	0.669 5	0.088 7	**0.083 8**
	MAPE	17.248 8%	16.775 7%	16.198 6%	15.899 3%	15.449 1%	2.330 3%	**2.154 4%**
12 月	RMSE	0.939 2	0.920 7	0.926 7	0.926 1	0.914 2	0.122 2	**0.119 8**
	MAE	0.745 8	0.722 2	0.720 2	0.713 7	0.710 9	0.095 0	**0.092 7**
	MAPE	21.327 3%	21.036 2%	20.619 0%	20.546 2%	20.464 1%	2.961 3%	**2.847 8%**

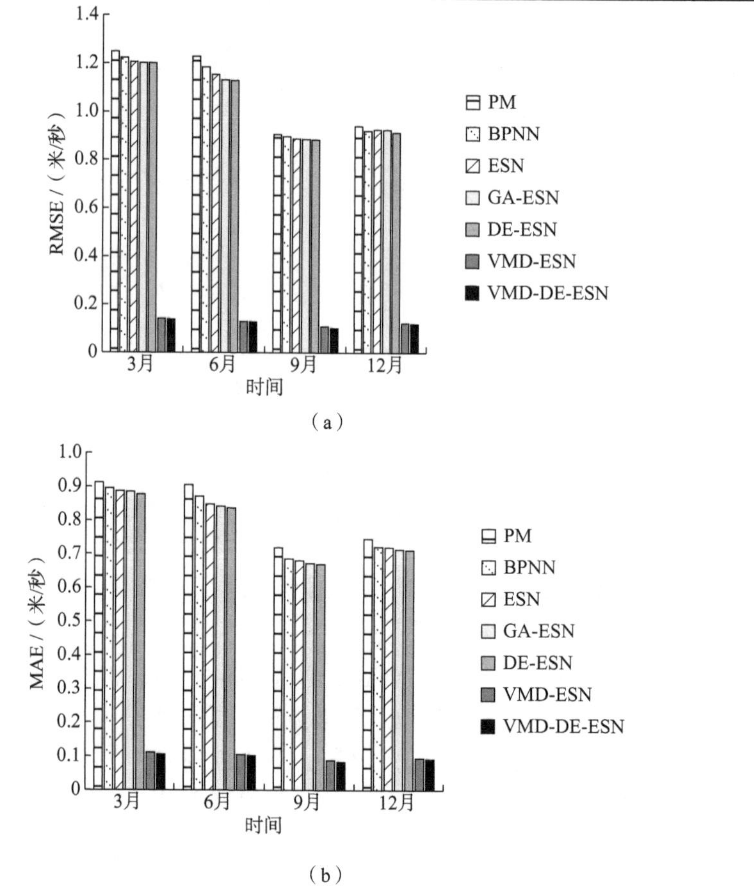

（a）

（b）

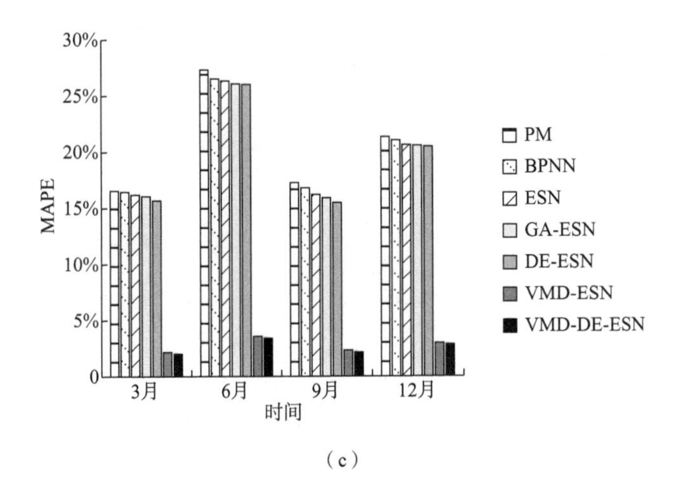

（c）

图 7-6 VMD-DE-ESN 和其他六种模型在四个数据集中的误差评价结果

（1）从 PM、BPNN 和 ESN 的比较中可以看出，除 12 月数据中的 RMSE 以外，ESN 在四个数据集中得到的误差值均小于 PM 和 BPNN 相应的误差值。例如，PM、BPNN 和 ESN 在 3 月数据中的 MAPE 分别为 16.517 9%、16.440 7% 和 16.174 5%，其中 ESN 的 MAPE 最小。结果表明，ESN 是最佳的单个预测模型。

（2）从 ESN、GA-ESN 和 DE-ESN 的比较中可以看出，在四个数据集中的三种评价指标方面，DE-ESN 优于 GA-ESN，并且两种模型都优于 ESN。例如，ESN、GA-ESN 和 DE-ESN 在 3 月数据中的 MAPE 分别为 16.174 5%、16.056 0% 和 15.644 5%。结果表明，基于 GA 和 DE 的 ESN 优化可以提高网络的预测性能，并且在本章的四个数据集中 DE 的优化效果好于 GA。

（3）从 ESN、DE-ESN、VMD-ESN 和 VMD-DE-ESN 的比较中可以看出，VMD-DE-ESN 的结果最好，其次是 VMD-ESN，然后是 DE-ESN，ESN 的结果最差。例如，ESN、DE-ESN、VMD-ESN 和 VMD-DE-ESN 在 3 月数据中的 MAPE 分别为 16.174 5%、15.644 5%、2.170 3%和 2.016 1%。结果表明，VMD 和 DE 单独使用可以提高 ESN 的性能，并且 VMD 的影响远远大于 DE 的影响。另外，VMD 和 DE 一起使用能够更大地提高网络性能。

另外，图 7-7~图 7-10 直观地展示了四个数据集中风速的实际值以及 PM、BPNN、ESN、GA-ESN、DE-ESN、VMD-ESN 和 VMD-DE-ESN 这七种模型的预测值。图 7-7~图 7-10 可以看出，VMD-DE-ESN 模型的预测值与实际值非常接近，这说明了该模型具有优越的预测性能。

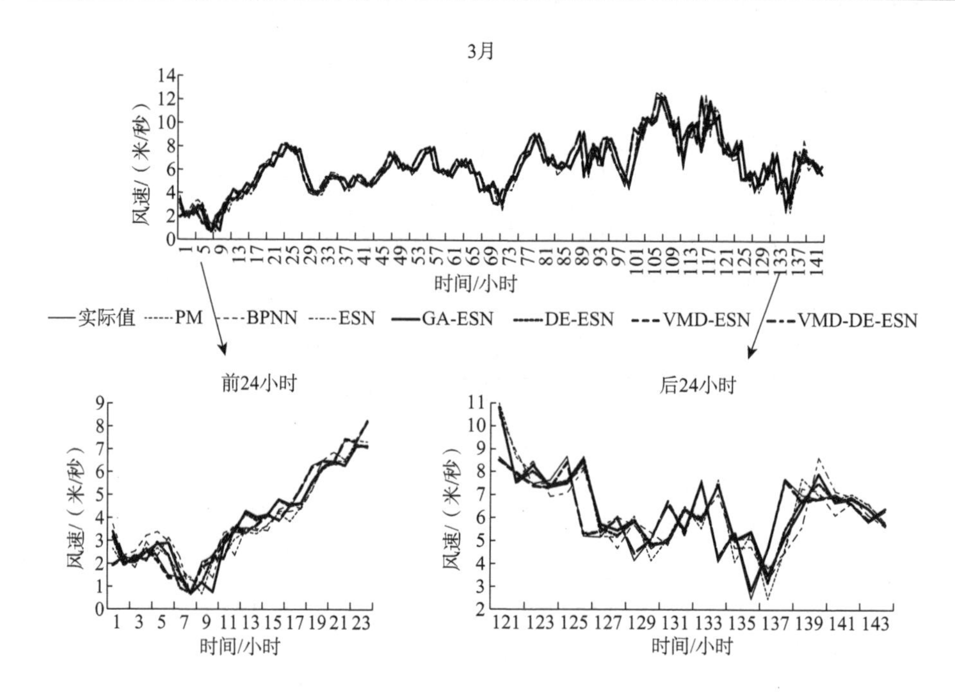

图 7-7　3 月风速的实际值和七种模型的预测值

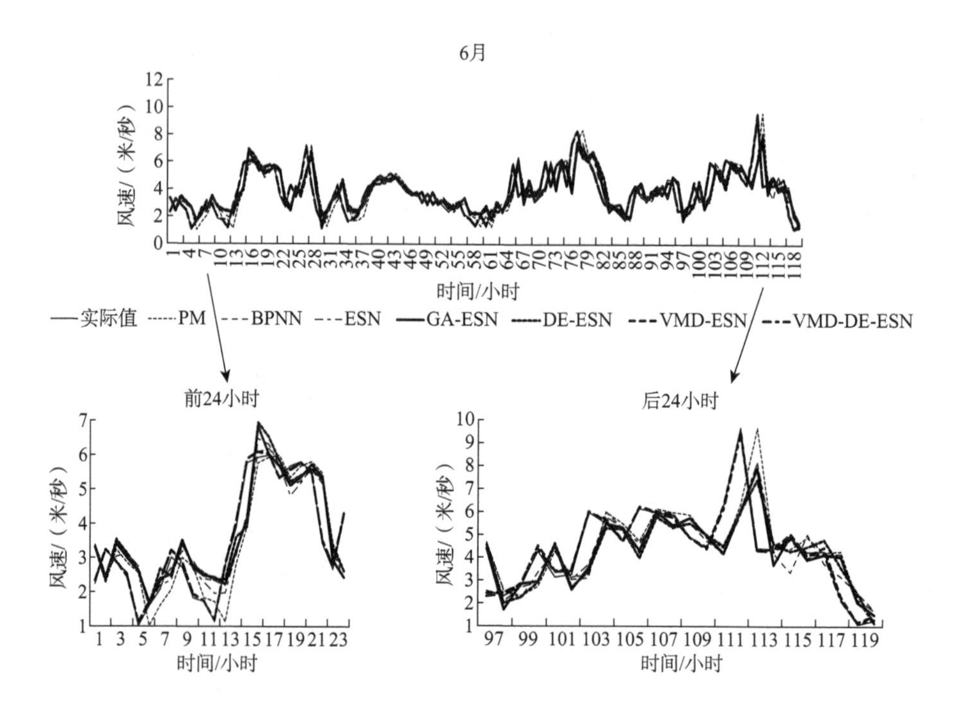

图 7-8　6 月风速的实际值和七种模型的预测值

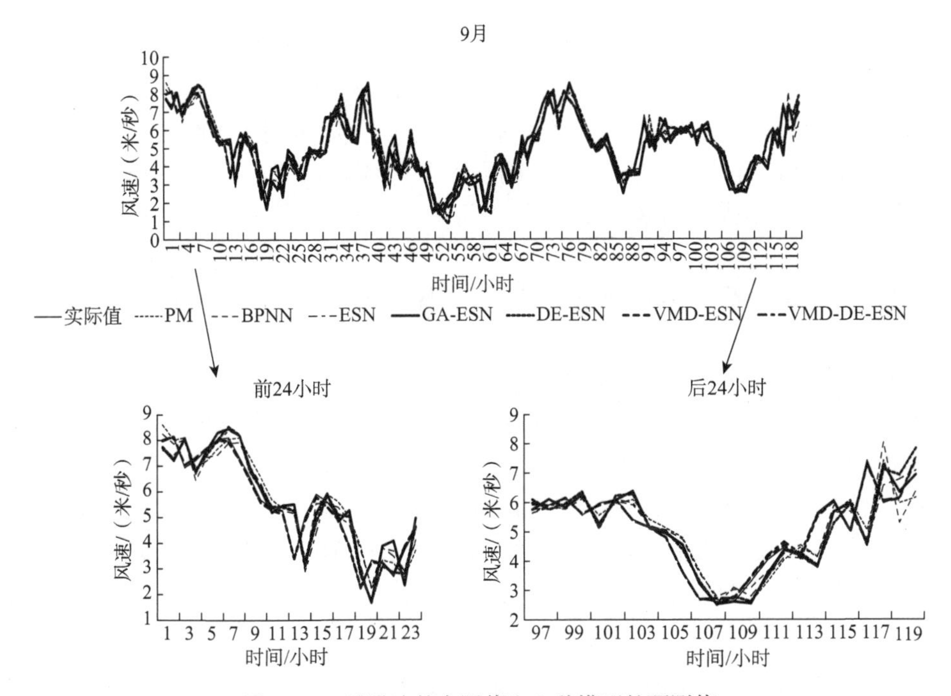

图 7-9　9 月风速的实际值和七种模型的预测值

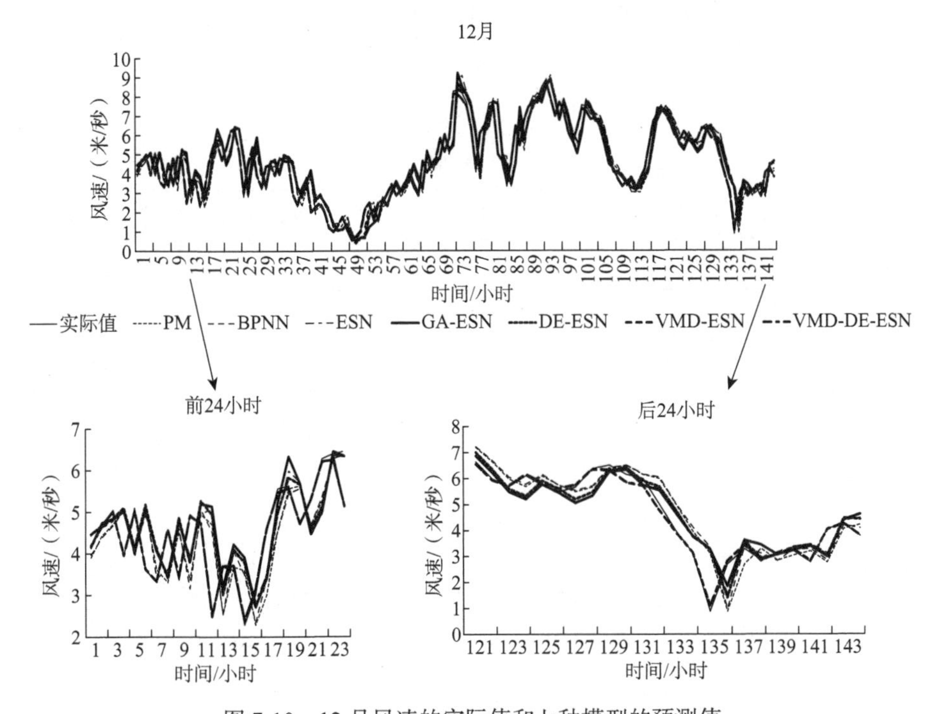

图 7-10　12 月风速的实际值和七种模型的预测值

总的来说，在西班牙 Sotavento 风电场的风速预测问题中，VMD-DE-ESN 模型的预测结果优于六种对比模型的预测结果。实验结果表明，ESN 是最佳的单个预测模型，DE 是一种比 GA 更有效的优化算法。同时说明了 VMD 和 DE 单独使用可以提高 ESN 的性能，VMD 的影响远远大于 DE 的影响，并且 VMD 和 DE 一起使用能够更大地提高网络性能。

7.4.3 基于不同分解方法的模型的比较

本小节比较了 VMD 和其他分解方法（EMD、EEMD 和 WPD）对预测性能的影响。为此，将 VMD-DE-ESN 模型在四个风速数据集中的预测结果与三种基于其他分解方法的混合模型的预测结果进行了比较，三种对比模型分别为 EMD-DE-ESN、EEMD-DE-ESN 和 WPD-DE-ESN。这三种对比模型与 VMD-DE-ESN 模型的区别只在于它们的数据分解方法不同。VMD-DE-ESN 和三种对比模型在四个数据集中的误差评价结果如表 7-6 和图 7-11 所示，表 7-6 中 MAPE 的单位为%。

表 7-6 基于不同分解方法的模型在四个数据集中的误差结果（单位：米/秒）

时间	误差结果	EMD-DE-ESN	EEMD-DE-ESN	WPD-DE-ESN	VMD-DE-ESN
3 月	RMSE	0.816 2	0.693 0	0.153 3	**0.138 4**
	MAE	0.578 7	0.456 0	**0.094 9**	0.106 5
	MAPE	10.115 1%	7.290 4%	2.167 7%	**2.016 1%**
6 月	RMSE	0.850 9	0.724 5	0.236 9	**0.128 2**
	MAE	0.645 8	0.547 4	0.147 0	**0.103 0**
	MAPE	20.448 5%	17.491 8%	4.706 4%	**3.415 3%**
9 月	RMSE	0.574 3	0.463 0	0.137 2	**0.102 0**
	MAE	0.445 5	0.335 3	**0.081 3**	0.083 8
	MAPE	10.335 5%	7.422 6%	2.164 2%	**2.154 4%**
12 月	RMSE	0.892 7	0.493 8	0.212 1	**0.119 8**
	MAE	0.634 8	0.344 2	0.118 3	**0.092 7**
	MAPE	16.410 1%	9.422 8%	4.804 3%	**2.847 8%**

注：黑体数字表示最优结果

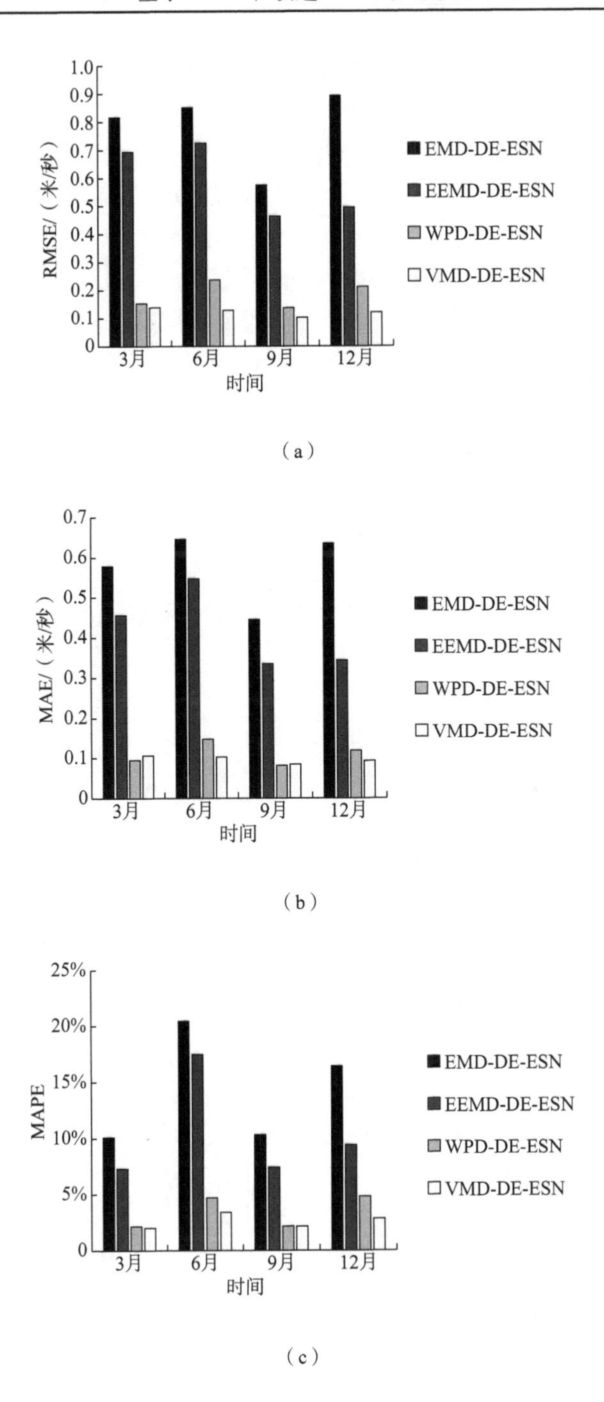

图 7-11　基于不同分解方法的模型在四个数据集中的误差评价结果

从表 7-6 和图 7-11 可以看出，根据 RMSE 和 MAPE，VMD-DE-ESN 具有最好的预测结果，其余三种模型按照性能从好到差依次为 WPD-DE-ESN、EEMD-DE-ESN 和 EMD-DE-ESN。根据 MAE，VMD-DE-ESN 在 6 月和 12 月均具有最佳结果，在 3 月和 9 月的结果仅次于 WPD-DE-ESN 的结果。考虑到 MAPE 通常用于比较不同模型的性能，并且 VMD-DE-ESN 和 WPD-DE-ESN 在 3 月和 9 月的 MAE 之间只有很小的差异，所以认为 VMD-DE-ESN 的性能优于 WPD-DE-ESN 的性能。基于以上分析，在四个数据集上，VMD-DE-ESN 的性能优于 EMD-DE-ESN、EEMD-DE-ESN 和 WPD-DE-ESN 的性能，说明了 VMD-DE-ESN 的有效性和稳定性。结果还表明，与 EMD、EEMD 和 WPD 相比，VMD 是一种更有效的分解方法。

图 7-12~图 7-15 展示了四个数据集中风速的实际值以及 EMD-DE-ESN、EEMD-DE-ESN、WPD-DE-ESN 和 VMD-DE-ESN 这四种模型的预测值。从图 7-12~图 7-15 可以看出，EMD-DE-ESN 和 EEMD-DE-ESN 模型的预测值与实际值之间的误差相对较大，表明这两种模型的性能相对较差。WPD-DE-ESN 模型的性能不稳定。VMD-DE-ESN 模型的预测值与实际值之间的误差非常小，说明了该模型具有较高的准确性和稳定性。

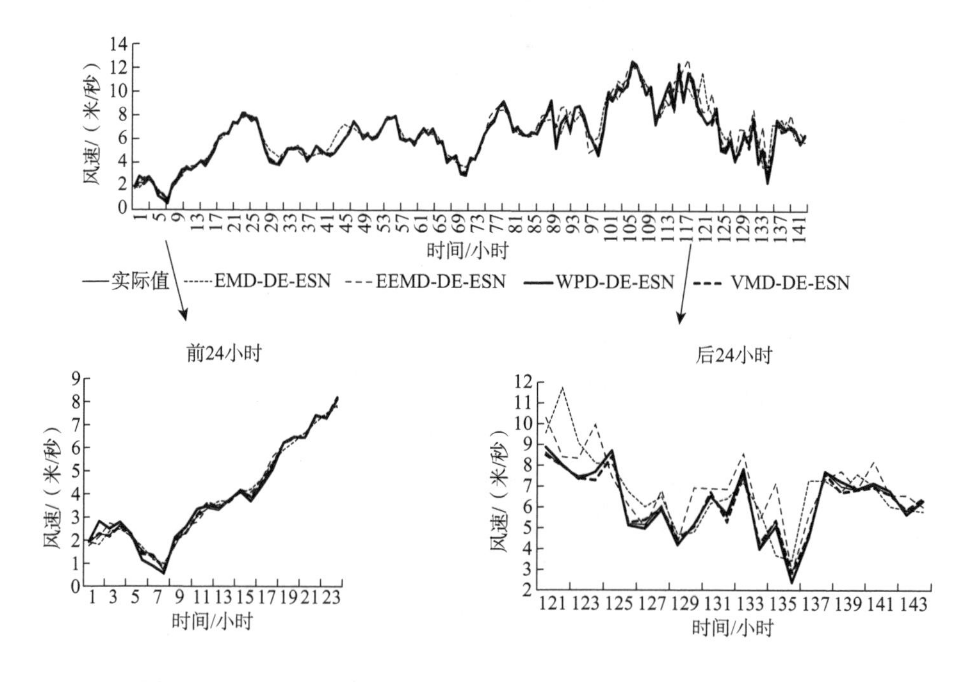

图 7-12　3 月风速的实际值和基于不同分解方法的四种模型的预测值

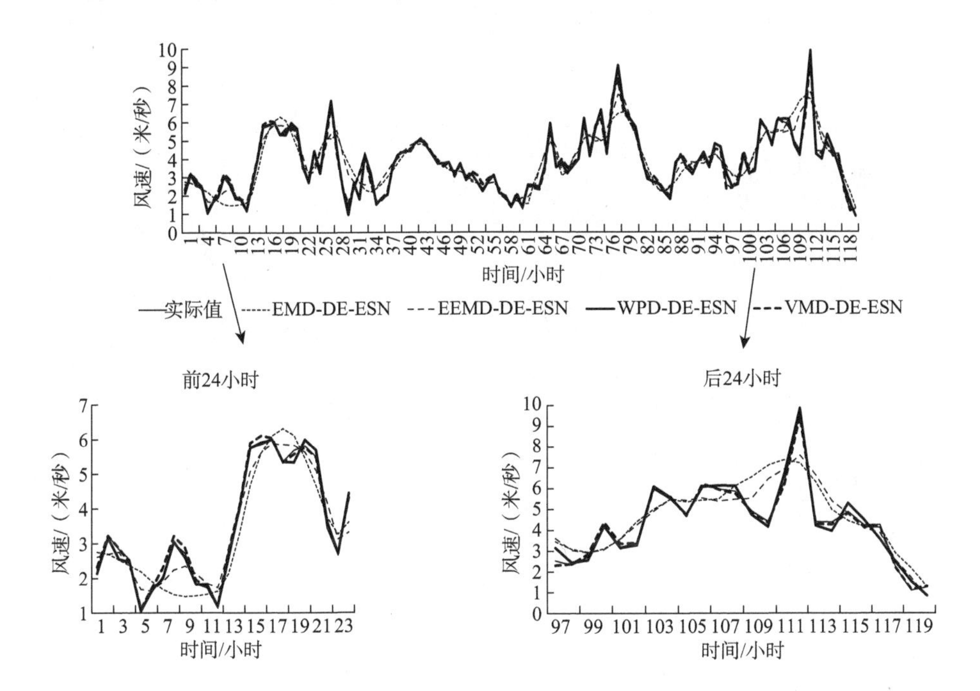

图 7-13 6 月风速的实际值和基于不同分解方法的四种模型的预测值

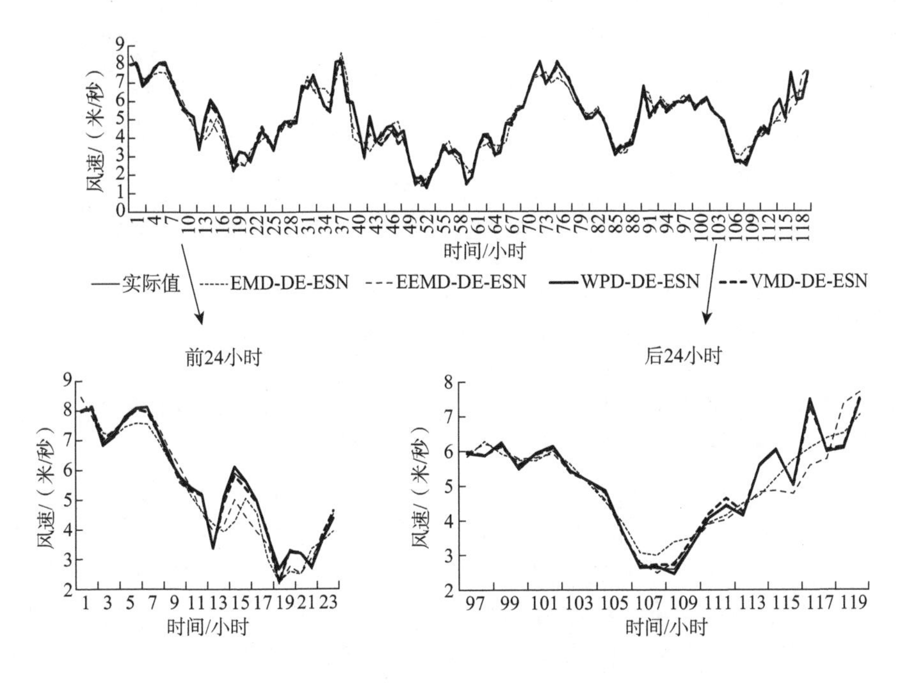

图 7-14 9 月风速的实际值和基于不同分解方法的四种模型的预测值

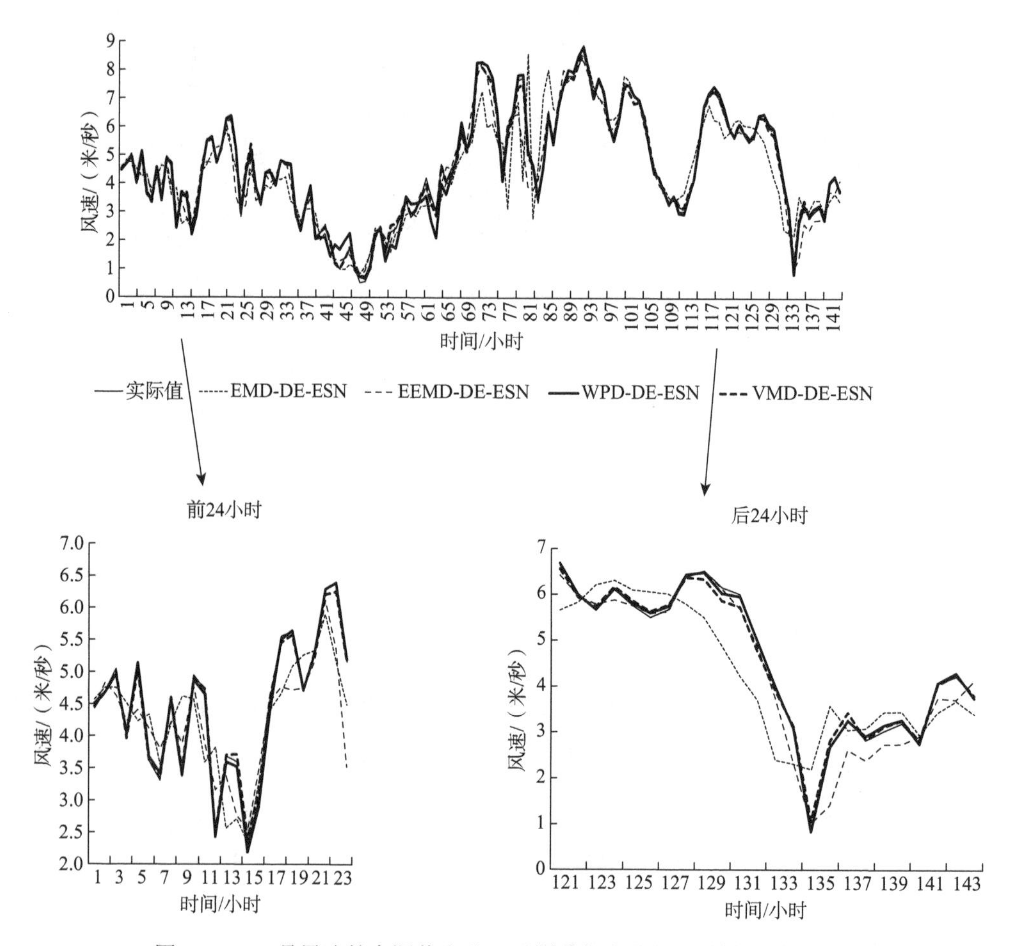

图 7-15　12 月风速的实际值和基于不同分解方法的四种模型的预测值

EMD-DE-ESN、EEMD-DE-ESN 和 WPD-DE-ESN 这三种对比模型与 VMD-DE-ESN 模型的区别只在于它们的数据分解方法不同。从图 7-12~图 7-15 可以看出，在四个风速数据集上，VMD-DE-ESN 性能最优，其次是 WPD-DE-ESN，最后是 EMD-DE-ESN 和 EEMD-DE-ESN。这也表明了在四个风速数据集上，VMD 是一种更有效的分解方法，其次是 WPD，最后是 EMD 和 EEMD。

为了进一步展示不同分解方法对预测性能的影响，图 7-16 也显示了四种模型在四个数据集中的预测结果。该图也给出了相关系数 R，R 描述了模型的预测值与实际值的共线性程度。R 在−1 和 1 之间，其越接近 1，表示模型的预测性能越好。从图 7-16 可以看出，VMD-DE-ESN 的散点在回归线附近分布最均匀，也最接近回归线。另外，VMD-DE-ESN 的预测值与实际值之间的 R 在四个数据集中均最大。这些结果表明，对于本章使用的四个数据集而言，VMD 是提高预测性能的最有效的分解方法。

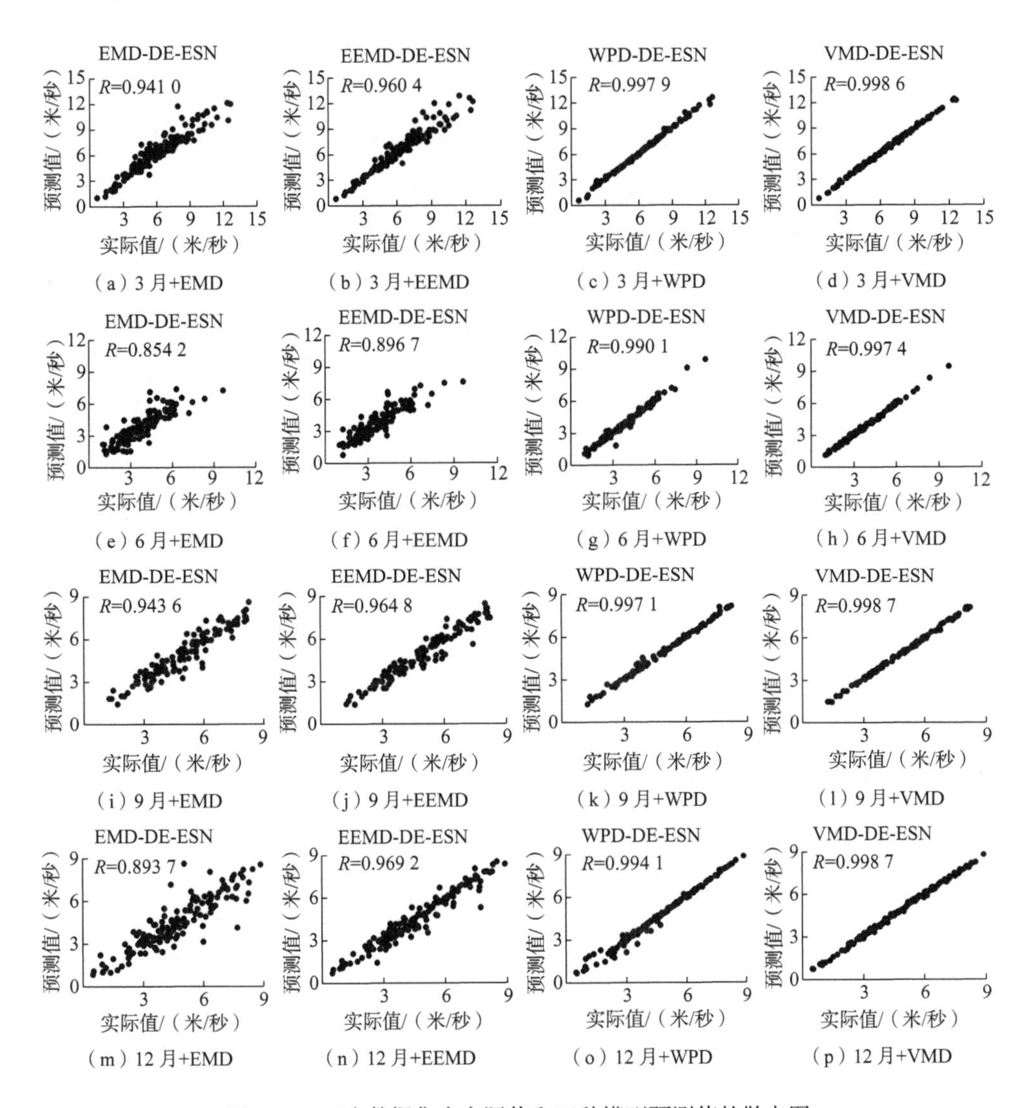

图 7-16 四个数据集中实际值和四种模型预测值的散点图

总的来说，在四个数据集中，本章提出的 VMD-DE-ESN 模型优于 EMD-DE-ESN、EEMD-DE-ESN 和 WPD-DE-ESN 模型，表现出最佳的预测性能。结果也表明，VMD 是提高预测性能的更有效的分解方法。

7.4.4 基于三个改进的百分比指标的模型性能分析

本小节通过模型之间的改进百分比验证了 VMD-DE-ESN 模型的有效性和稳定性。表 7-7 列出了四个数据集中常见模型之间的改进百分比，包括 PM、

BPNN、ESN、GA-ESN、DE-ESN、VMD-ESN 和 VMD-DE-ESN 模型。表 7-8 列出了四个数据集中基于不同分解方法的模型之间的改进百分比，包括 EMD-DE-ESN、EEMD-DE-ESN、WPD-DE-ESN 和 VMD-DE-ESN 模型。

表 7-7 四个数据集中常见模型之间的改进百分比（%）

模型	改进	3 月	6 月	9 月	12 月
PM vs. ESN	P_{RMSE}	3.44	6.13	2.08	1.34
	P_{MAE}	2.72	6.38	5.38	3.43
	P_{MAPE}	2.08	3.54	6.09	3.32
BPNN vs. ESN	P_{RMSE}	1.44	2.65	0.96	−0.65
	P_{MAE}	0.97	2.70	0.85	0.28
	P_{MAPE}	1.62	0.70	3.44	1.98
GA-ESN vs. DE-ESN	P_{RMSE}	0.01	0.24	0.23	1.29
	P_{MAE}	0.92	0.56	0.45	0.39
	P_{MAPE}	2.56	0.27	2.83	0.40
ESN vs. VMD-DE-ESN	P_{RMSE}	88.52	88.88	88.50	87.07
	P_{MAE}	88.00	87.85	87.69	87.13
	P_{MAPE}	87.54	87.02	86.70	86.19
DE-ESN vs. VMD-DE-ESN	P_{RMSE}	88.48	88.64	88.45	86.89
	P_{MAE}	87.86	87.70	87.48	86.96
	P_{MAPE}	87.11	86.86	86.05	86.08
VMD-ESN vs. VMD-DE-ESN	P_{RMSE}	2.33	0.69	6.19	1.95
	P_{MAE}	4.73	2.09	5.49	2.43
	P_{MAPE}	7.10	4.65	7.55	3.83

表 7-8 四个数据集中基于不同分解方法的模型之间的改进百分比（%）

模型	改进	3 月	6 月	9 月	12 月
EMD-DE-ESN vs. VMD-DE-ESN	P_{RMSE}	83.05	84.93	82.25	86.58
	P_{MAE}	81.60	84.04	81.19	85.40
	P_{MAPE}	80.07	83.30	79.16	82.65
EEMD-DE-ESN vs. VMD-DE-ESN	P_{RMSE}	80.03	82.30	77.98	75.73
	P_{MAE}	76.64	81.18	75.00	73.08
	P_{MAPE}	72.35	80.47	70.98	69.78
WPD-DE-ESN vs. VMD-DE-ESN	P_{RMSE}	9.72	45.89	25.68	43.51
	P_{MAE}	−12.28	29.88	−3.12	21.67
	P_{MAPE}	6.99	27.43	0.45	40.72

从表 7-7 可以看出，ESN 的性能在四个数据集中均优于 PM 和 BPNN 的性能，只有在 12 月数据中，从 RMSE 来看，ESN 的性能比 BPNN 的性能差 0.65%。在四个数据集中，DE-ESN 优于 GA-ESN，VMD-DE-ESN 优于 ESN、DE-ESN 和 VMD-ESN。在 3 月数据中，与 PM 和 BPNN 相比，ESN 的 MAPE 分别改进了 2.08%和 1.62%；与 GA-ESN 相比，DE-ESN 的 MAPE 在四个数据集中分别改进了 2.56%、0.27%、2.83%和 0.40%；与 ESN、DE-ESN 和 VMD-ESN 相比，VMD-DE-ESN 的 MAPE 分别改进了 87.54%、87.11%和 7.10%。

从表 7-8 可以看出，在四个数据集中，VMD-DE-ESN 相对于 EMD-DE-ESN 和 EEMD-DE-ESN，改进百分比均高于 69%。VMD-DE-ESN 的性能在四个数据集中均优于 WPD-DE-ESN 的性能，只有在 3 月和 9 月的数据中，从 MAE 来看，VMD-DE-ESN 的性能比 WPD-DE-ESN 的性能分别差 12.28%和 3.12%。对于 MAPE，与 EMD-DE-ESN、EEMD-DE-ESN 和 WPD-DE-ESN 相比，VMD-DE-ESN 在 3 月的数据中分别改进了 80.07%、72.35%和 6.99%，在 6 月的数据中分别改进了 83.30%、80.47%和 27.43%，在 9 月数据中分别改进了 79.16%、70.98%和 0.45%，在 12 月的数据中分别改进了 82.65%、69.78%和 40.72%。

总的来说，在四个数据集的风速预测中，本章提出的 VMD-DE-ESN 模型优于九种对比模型，显示了其有效且稳定的预测性能，也显示了 VMD 是提高预测性能的更有效的分解方法。

7.4.5 基于气象要素的 VMD-DE-ESN 的框架分析

气象要素是指反映大气物理状态和物理现象的各种要素，主要包括气温、气压、相对湿度、风速和风向。因为气象数据对风速预测模型的性能具有较大影响，所以本小节讨论的是 VMD-DE-ESN 模型基于多种气象要素在风速预测中的应用。

Sotavento 风电场的风速数据可以直接从风电场的网站上获得，其他相应的气象数据一般可以根据风电场的位置从气象站获得，包括气温、气压、相对湿度和风向。如果将上述所有气象要素用作模型输入，那么可能会带来噪声并降低学习效率。因此，有必要选择合适的气象要素作为模型输入。例如，可以使用 Spearman 相关系数进行特征选择（Wu and Xiao，2019）。

首先使用 VMD 对风速序列进行分解，以消除原始序列的噪声和挖掘其主要特征。然后，将分解得到的风速子序列和选取的其他气象要素输入 DE-ESN 模型中进行风速预测。图 7-17 展示了 VMD-DE-ESN 模型基于多个气象要素进行风速预测的流程图。从图 7-2 和图 7-17 可以看出，基于风速时间序列的预测和基于多个气象要素的预测的主要区别在于，在前者中，对各风速子序列分别进行预测，建立了多个预测模型，而在后者中，风速子序列和选取的其他气象要素一起用作模型输入，仅建立了一个预测模型。

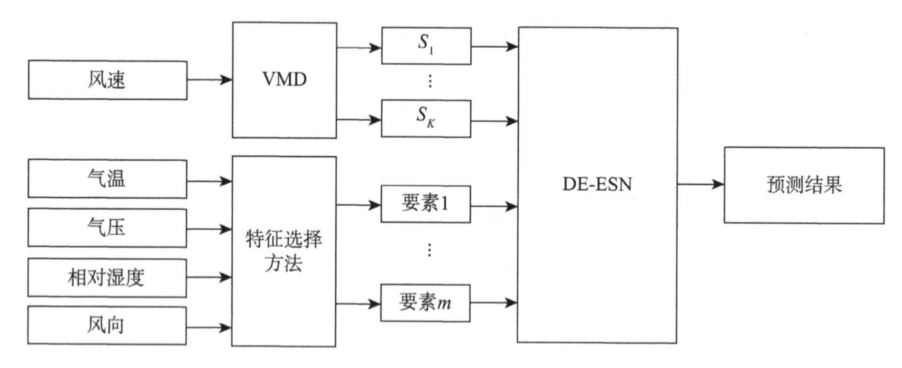

图 7-17 VMD-DE-ESN 基于多个气象要素的流程图

总的来说，气象数据对风速预测模型的性能具有较大影响。基于多个气象要素的风速预测主要包括以下步骤：第一，获取风速数据和其他相应的气象数据；第二，确定模型的输入变量，包括分解得到的风速子序列和其他合适的气象要素；第三，基于输入变量和 DE-ESN 模型进行风速预测。

7.5 本章小结

本章提出了一种混合风速预测模型 VMD-DE-ESN，并使用从西班牙 Sotavento 风电场四个风速数据集验证了该模型的准确性和稳定性，主要结论如下。

（1）提出了一种将 VMD 和 DE 优化的 ESN 相结合的混合模型 VMD-DE-ESN，并将该模型应用到风速预测问题中。其中 VMD 用于将原始序列分解为多个子序列，DE 用于优化 ESN 的三个关键参数，改进的 ESN 用于预测分解得到的每个子序列，对所有子系列的预测结果进行汇总可得最终的预测结果。

（2）使用了 MR 确定 VMD 的最佳模态数。根据该指标，VMD 在四个数据集中的模态数分别为 16、23、20 和 22。VMD-DE-ESN 在四个数据集中的 MAPE 分别为 2.016 1%、3.415 3%、2.154 4%和 2.847 8%，较高的预测精度说明了该模型的优越性，也说明了模态数的有效性。

（3）与其他六种常见模型相比，VMD-DE-ESN 在四个数据集中均具有更好的预测性能。结果表明了 ESN 是最佳的单个预测模型，DE 是一种比 GA 更有效的优化算法。还表明了 VMD 和 DE 单独使用可以提高 ESN 的性能，VMD 的影响远远大于 DE 的影响，并且 VMD 和 DE 一起使用能够更大地提高网络性能。

（4）与基于其他分解方法的三种混合模型相比，VMD-DE-ESN 在四个数据集中均具有更好的预测性能。结果表明了该模型的准确性和稳定性，还表明了 VMD 是提高预测性能的最有效的分解方法。

（5）气象数据对风速预测模型的性能具有较大影响。VMD-DE-ESN 基于多种气象要素进行风速预测的框架主要包括获取风速数据和其他相应的气象数据，确定模型的输入变量，以及基于输入变量和 DE-ESN 模型进行风速预测。

8　基于 Bagging 和 ESN 的能源消费量预测

能源消费量的准确分析和预测可以为决策者提供有用的决策依据，有利于保障国家能源安全。本章基于 ESN、Bagging 和 DE，提出了一种 Bagging 集成优化 ESN 的预测模型 BDEESN，并将该模型应用到能源消费量预测的实际案例中。实验结果表明 BDEESN 模型具有较高的准确性和稳定性，是进行能源消费量预测的合适工具。

8.1　引　　言

能源对一个国家的经济和社会发展具有重大影响。随着发展中国家经济的持续增长，能源消费量有了显著提高。例如，中国作为世界上最大的发展中国家，自 2002 年以来实现了经济的快速增长，与此同时，能源消费量也经历了大幅提高。2002~2015 年，中国 GDP 的年均增长率为 9.8%，能源消费量从 169 577 万吨标准煤增长到了 430 000 万吨标准煤，年均增长率为 7.42%。在这种情况下，能源消费量的准确预测是十分重要的，它可以为决策者提供有用的决策依据，从而有利于保障国家能源安全。

本章基于能源消费量与所选影响因素之间的因果关系，提出了一种能源消费量预测模型。很多研究使用 GDP、POP、能源进口额（energy import，IMP）和能源出口额（energy export，EXP）来预测一个国家的能源消费量（Kiran et al.，2012；Zeng et al.，2017）。GDP 是衡量一个国家整体经济状况的重要指标，POP 对能源消费量有直接影响，IMP 和 EXP 能够反映一个国家对外贸易的规模，这 4 个因素与一个国家的能源消费量之间的关系非常密切（Toksarı，2007）。因此，在两个对比实验中，选取 GDP、POP、IMP 和 EXP 作为土耳其和伊朗电力消费量预测的影响因素。扩展实验研究的是中国能源消费总量预测，在中国，GDP 对能源消费量的影响非常大，POP 的影响仅次于 GDP，而 IMP 的影响很小，EXP 几乎没有影响（Zeng et al.，2017）。另外，还有其他对中国能源消费量有影响的因素，如城市化率（urbanization rate，URB）和第二产业份额（share of secondary industry，SEC）。URB 和 SEC 对中国能源消费量的影响已经引起了广泛关注和研究（Shen et al.，2005；Yuan et al.，2017）。在扩展实验中，利用 Pearson 和 Spearman 相关系数分析来选择中国能源消费总量预测的最佳影响因素。

ESN 中的某些权值矩阵是随机生成并且保持不变的，这导致了 ESN 具有较大的不稳定性。Bagging 作为一种强大的集成学习算法，能够通过结合不同网络的优点来减少预测误差（Breiman，1996）。Bagging 还能够提高网络的泛化能力（Khwaja et al.，2015）。此外，为了进一步提高网络的预测性能，使用 DE 对储备池的三个关键参数进行优化。基于上述分析，本章将 Bagging 算法应用于 DE 优化的 ESN（DE-ESN）中，即以 DE-ESN 为基学习器，Bagging 为集成框架，构建了一种集成的能源消费量预测模型 BDEESN。

为了验证 BDEESN 的性能，本章对三个实验进行了分析。三个实验分别为土耳其 1979~2006 年的年度电力消费量预测，伊朗 1982~2009 年的年度电力消费量预测，以及中国 1990~2015 年的年度能源消费总量预测。第一个实验是对比实验，已在 Kiran 等（2012）和 Zeng 等（2017）的研究中得到应用。第二个实验也是对比实验，已在 Askarzadeh（2014）的研究中得到应用。在前两个实验中，基于同样的数据，将 BDEESN 模型与以前研究提出的模型进行比较。第三个实验是扩展实验，旨在预测中国的能源消费总量。中国是最大的发展中国家，其未来的能源消费不仅影响其自身的能源安全，对全球能源市场的稳定也具有重要意义。

在本章提出的 BDEESN 模型中，Bagging 和 DE 均用于提高 ESN 的预测性能。Bagging 是一种功能强大的集成学习算法，可以减少预测误差和提高网络的泛化能力。另外，为了与 DE 进行比较，GA-ESN 和 Bagging 集成的 GA 优化 ESN 模型（BGAESN）均应用于本章的三个实验中。本章的主要技术路线如图 8-1 所示，贡献如下。

（1）提出一种 Bagging 集成的 DE 优化 ESN 能源消费量预测模型 BDEESN。在该模型中，DE-ESN 为基学习器，Bagging 为集成框架。ESN 具有强大的非线性时间序列建模能力，Bagging 可以减少预测误差和提高网络的泛化能力，DE 可以进一步提高网络的预测性能。

（2）通过两个对比实验和一个扩展实验验证 BDEESN 模型的准确性和稳定性。在三个实验中，将 BDEESN 与 BPNN、RNN、LSTM、ESN、Bagging 集成的 ESN（BESN）、GA-ESN、DE-ESN 和 BGAESN 进行比较，以确保对 BDEESN

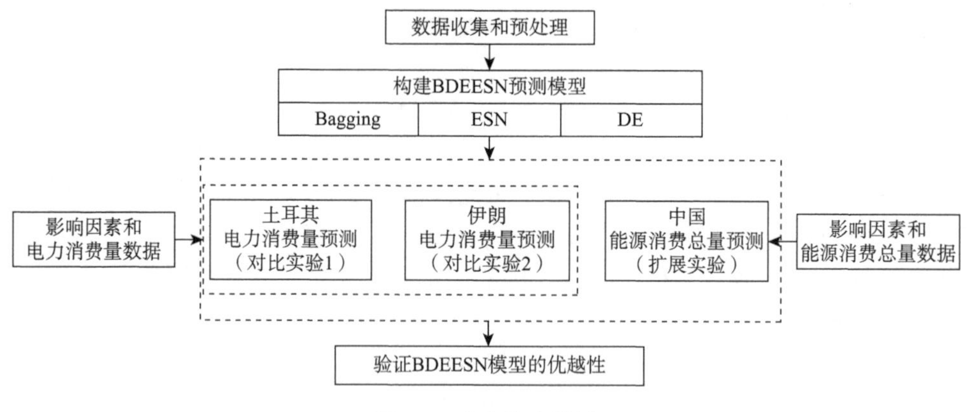

图 8-1　本章技术路线

模型进行全面的分析。

（3）在扩展实验中，使用 Pearson 和 Spearman 相关系数分析来选择进行中国能源消费总量预测的最佳影响因素。这两个相关系数能够反映两个变量之间的变化趋势。

（4）分析 Bagging 和 DE 单独使用以及一起使用对能源消费量预测性能的影响。另外，比较 DE 和 GA 对预测性能的影响。这些可以通过比较 ESN、BESN、GA-ESN、DE-ESN、BGAESN 和 BDEESN 的预测结果来实现。

8.2　设计的 BDEESN 预测模型

本章提出的 BDEESN 模型结合了 ESN、Bagging 和 DE 三种技术的优点，下面将分析三种技术中的 Bagging 集成算法，同时也给出了 BDEESN 基本原理和预测流程。

8.2.1　Bagging 集成算法

Bagging 是一种强大的集成学习算法，能够通过结合多个基学习器的优点来提高机器学习算法的性能（Breiman，1996）。在不稳定的学习算法下，集成中的基学习器之间可能会有较大差异，Bagging 能够利用这种多样性来降低预测误差（Zhao et al.，2017）。每一个基学习器都使用自助采样法生成的训练样本集进行训练（Efron and Tibshirani，1993），自助采样法是一种从原始训练集中有放回地随机抽取若干个样本的方法。

Bagging算法主要包括以下四个步骤：①生成S个训练样本集。其中每个训练样本集的规模为 NT，是通过从原始训练集中有放回地随机抽取 NT 个样本得到的；②基于 S 个训练样本集，对 S 个基学习器进行训练；③利用测试集对 S 个训练好的基学习器进行测试，每个基学习器都有对应的预测结果；④对 S 个基学习器的预测结果进行平均，得到的值为最终预测结果（Kotsiantis et al.，2006），图 8-2 展示了 Bagging 算法的学习过程。

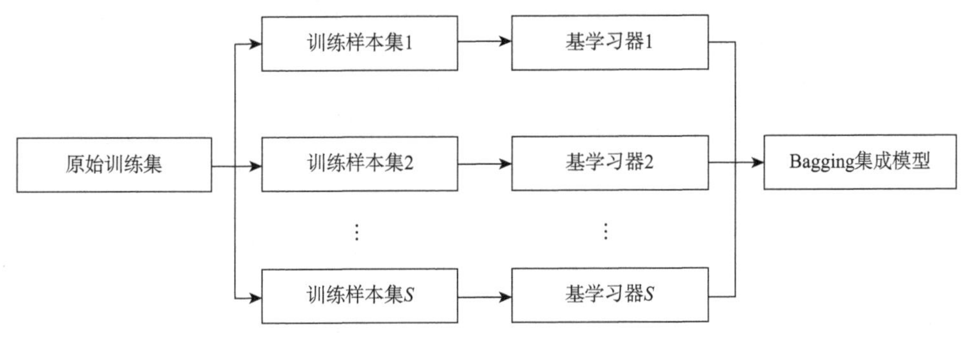

图 8-2 Bagging 的学习过程

Bagging 算法有两个重要参数，分别是训练样本集规模 NT 和基学习器个数 S（Khwaja et al.，2015）。训练样本集是基于有放回的自助采样法生成的，所以原始训练集中有的样本可能会在训练样本集中出现多次，有的样本可能从未出现。当训练样本集规模 NT 等于原始训练集规模时，原始训练集中大约 63%的样本可以被抽取到，即会出现在训练样本集中。另外，当训练样本集中的样本占原始训练集中样本的 60%~80%时，训练可以取得令人满意的效果（Martínez - Muñoz and Suárez，2010；Khwaja et al.，2015）。基学习器个数 S 取决于训练样本集规模 NT 和可接受的计算成本，通常设置为 50（Bühlmann and Yu，2002）。为了提高预测模型的准确性和避免过拟合，本章采用网格搜索算法确定训练样本集规模 NT 和基学习器个数 S 在三个实验中的取值，具体见 8.3.4 小节。

在 Bagging 集成框架下，基学习器之间不存在依赖关系。可以同时对 S 个基学习器进行训练和测试，然后通过平均法得到最终预测结果。这种并行化方法的速度较快，有利于减少计算时间。

8.2.2 BDEESN 基本原理

本章使用DE算法寻找ESN三个关键参数的最优值，下面将阐述使用Bagging 的合理性。

与单一神经网络相比，以 Bagging 为集成框架的组合神经网络能够通过结合不同网络的优点得到更小的预测误差。另外，Bagging 算法可以提高模型的泛化能力，降低模型的方差，因为训练样本集是基于有放回的自助采样法生成的，每个训练样本集都是原始训练集中样本的随机组合（Khwaja et al.，2015）。Bagging 通常表现得很好，特别是当原始训练集中有噪声数据时，或者当数据集的微小变化可能导致预测结果发生较大变化时（Moretti et al.，2015）。近几年来，Bagging 算法已经广泛地应用于多个领域，如金融时间序列预测（Jin et al.，2014）、交通流预测（Moretti et al.，2015）和航空运输需求预测（Dantas et al.，2017）。

ESN 中的三个权值矩阵是随机初始化的，并且在网络训练过程中保持不变，这导致基学习器 DE-ESN 具有较大的不稳定性。训练样本集是基于有放回的自助采样法生成的，每个训练样本集都是原始训练集中样本的随机组合。Bagging 算法可以利用基学习器的不稳定性和训练样本集的多样性，来减少模型预测误差和提高模型泛化能力。所以，本章将 Bagging 算法应用于基学习器 DE-ESN 中。

8.2.3 BDEESN 预测流程

在解码方案上，DE 种群中的每个个体对应一个解向量，即 ESN 三个参数的值，所以每个个体的基因维度 D 为 3。在 DE 算法的迭代过程结束时，根据当前的最佳个体，可以得到优化后的参数值。在适应度函数上，本章选择 MSE 为适应度函数，所以第 i 个个体的适应度值计算方法如下所示：

$$f_i = \frac{\sum_{t=1}^{k}\left(\hat{y}_t - y_t\right)^2}{k} \tag{8-1}$$

其中，$\hat{y}_t$ 为预测值；y_t 为实际值；k 为输出样本的数量。

BDEESN 模型的预测流程如图 8-3 所示，具体步骤总结如下。另外，图 8-3 中虚线圆角矩形中的部分和具体步骤中的步骤 2 到步骤 5 均展示了 Bagging 算法的流程。

步骤 1：收集数据并进行预处理，然后将数据分为训练集和测试集。

步骤 2：生成 S 个训练样本集。每个训练样本集都是通过自助采样法生成的，即从原始训练集中有放回地随机抽取若干个样本。

步骤 3：基于生成的 S 个训练样本集，训练 S 个基学习器。

步骤 4：利用测试集对 S 个训练好的基学习器进行测试，得到 S 个基学习器的预测结果。

步骤 5：取 S 个基学习器预测结果的平均值作为最终预测结果。

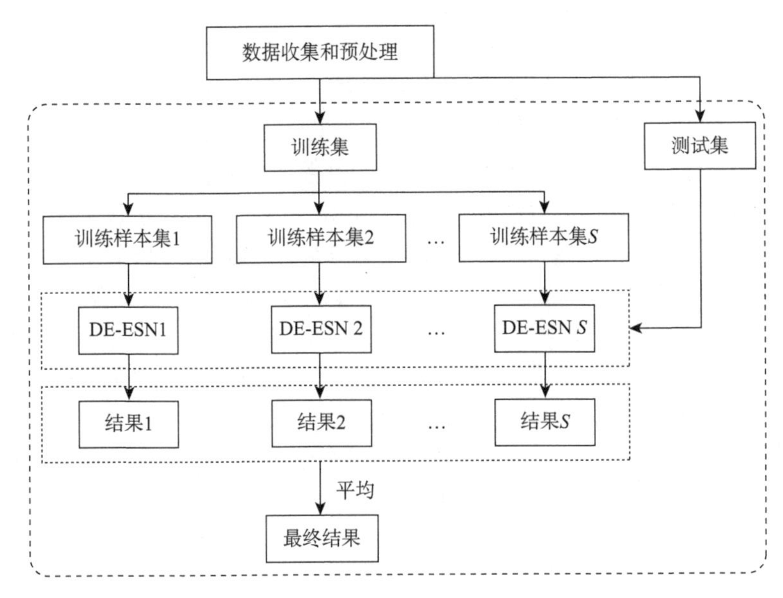

图 8-3　BDEESN 的预测流程

8.3　实 验 设 置

本章利用三个能源消费量预测实际案例来验证 BDEESN 模型的准确性和稳定性。三个实验研究的分别是土耳其电力消费量预测、伊朗电力消费量预测和中国能源消费总量预测。其中前两个实验为对比实验，第三个实验是扩展实验，尚未有学者研究过。

完成实验的个人电脑配置如下：处理器为 Intel（R）Core（TM）i5-6200U CPU @2.30 GHz，内存为 8 GB，操作系统为 Windows 10。另外，运行实验的软件环境为 Matlab 2016a，除了扩展实验中的 RNN 和 LSTM 模型运行的软件环境为 Python 3.8。本节依次介绍数据收集与预处理、误差评价指标、对比模型选择和参数设置。

8.3.1　数据收集与预处理

1. 对比实验 1 和 2

对比实验 1 和 2 均采用 GDP、POP、IMP 和 EXP 这四个影响因素对电力消费量进行预测。实验 1 使用的是土耳其 1979~2006 年的年度电力消费量和四个影响因素数据，与 Kiran 等（2012）和 Zeng 等（2017）使用的数据一致。该数据集共包含 28 个年度数据，将其分为训练集（前 18 个年度数据，64%）和测试集（后 10 个年度数据，36%）。实验 2 使用的是伊朗 1982~2009 年的年度电力消费量和四个影响因素数据，与 Askarzadeh（2014）使用的数据一致。该数据集共包含 28 个年度数据，将其分为训练集（前 22 个年度数据，79%）和测试集（后 6 个年度数据，21%）。

图 8-4 和图 8-5 分别展示了实验 1 和实验 2 使用的数据，两个图中左侧的纵坐标表示 GDP，右侧的纵坐标表示电力消费量、POP、IMP 和 EXP。图 8-5 中 GDP 的单位为里亚尔，是伊朗货币单位。另外，表 8-1 显示了两个实验中电力消费量和部分影响因素数据的 BDS 检验结果。从表 8-1 可以看出，伊朗电力消费量数据具有显著的非线性特性，土耳其 GDP 和伊朗 GDP 数据在部分维数下被检验出具有显著的非线性特性。建立预测模型时，需要考虑所有数据的组合特征，因此可以认为两个实验中模型的输入序列是非线性的，适合使用 ESN 进行预测。

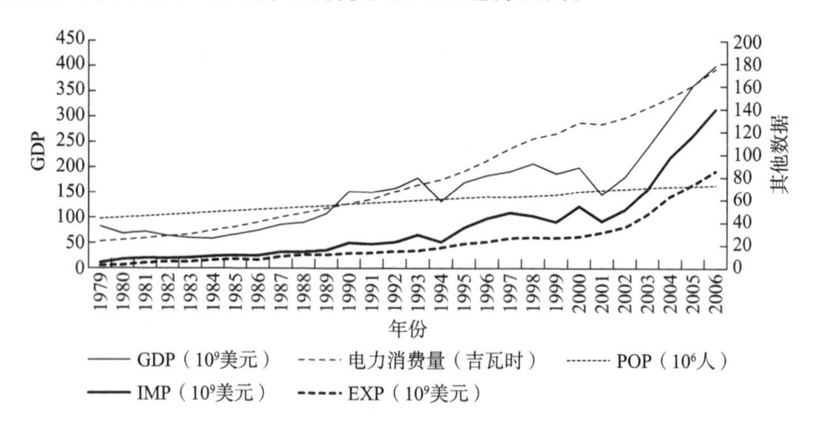

图 8-4 土耳其从 1979 年到 2006 年的年度电力消费量和四个影响因素数据

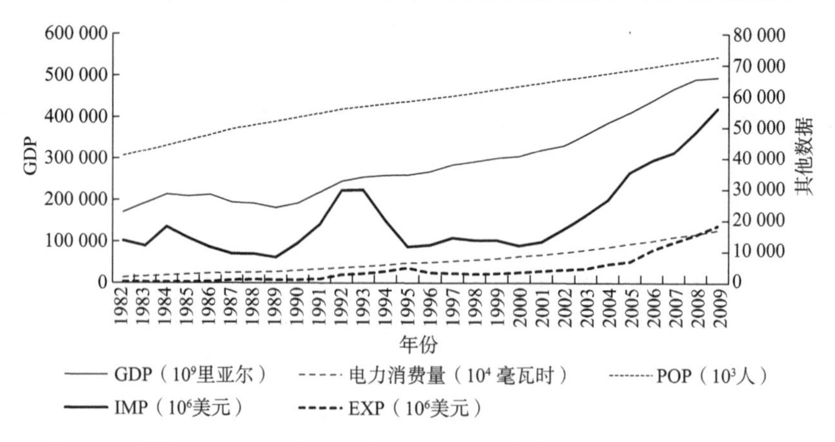

图 8-5 伊朗从 1982 年到 2009 年的年度电力消费量和四个影响因素数据

表 8-1 实验 1 和实验 2 中电力消费量和部分影响因素数据的非线性检验结果（BDS 检验）

国家	时间序列	模型参数	维数					显著性水平	
			2	3	4	5	6	5%	1%
土耳其	电力消费量	（1，2，0）	0.375 3	0.442 2	0.069 1	0.360 4	0.069 0	0	0
	GDP	（0，1，0）	0.070 9	0.506 1	0.362 6	0.006 7	0.012 8	2	1
	POP	（0，1，0）	0.617 1	0.342 7	0.785 4	0.399 4	0.099 1	0	0
伊朗	电力消费量	（1，2，0）	0.000 1	0.000 0	0.000 0	0.000 2	0.001 0	5	5
	GDP	（1，1，0）	0.000 2	0.191 7	0.522 5	0.313 2	0.118 6	1	1
	POP	（0，2，0）	0.616 7	0.473 9	0.371 6	0.302 6	0.820 0	0	0

为了消除数据变异范围的影响，首先对数据进行预处理。在实验 1 中，处理方法与 Zeng 等（2017）的处理方法一致，具体为将每个序列的数据线性归一化到区间[0.1，0.9]，归一化方法如式（8-2）所示。在实验 2 中，处理方法与 Askarzadeh（2014）的处理方法一致，具体为将每个序列的数据线性归一化到区间[0，1]，归一化方法如式（8-3）所示。在式（8-2）和式（8-3）中，Data 表示原始数据，Dn 表示归一化后的数据，$D_{\min}$ 和 $D_{\max}$ 分别表示 Data 的最小值和最大值。

$$\mathrm{Dn}=\frac{\mathrm{Data}-D_{\min}}{D_{\max}-D_{\min}}\times(0.9-0.1)+0.1 \tag{8-2}$$

$$\mathrm{Dn}=\frac{\mathrm{Data}-D_{\min}}{D_{\max}-D_{\min}} \tag{8-3}$$

2. 扩展实验

在该实验中，BDEESN 模型用于预测中国的能源消费总量。有很多因素会对中国的能源消费总量产生影响，包括 GDP（Wu and Peng，2017；Zeng et al.，2017）、POP（Wu and Peng，2017；Zeng et al.，2017）、URB（Shen et al.，2005；Zhang and Lin，2012）、SEC（Yuan et al.，2017）、能源消费总量与 GDP 之比（ratio of total energy consumption to GDP，RAT）（Wu and Peng，2017）、煤炭消费量占能源消费总量的比重（proportion of coal consumption in total energy consumption，COA）（Wu and Peng，2017）、人均生活能源消费量（household energy consumption per capita，HOU）（Wu and Peng，2017）。图 8-6 展示了中国 1990~2015 年的年度能源消费总量和七个影响因素数据，这些数据均来自国家统计局（https://data.stats.gov.cn/）。

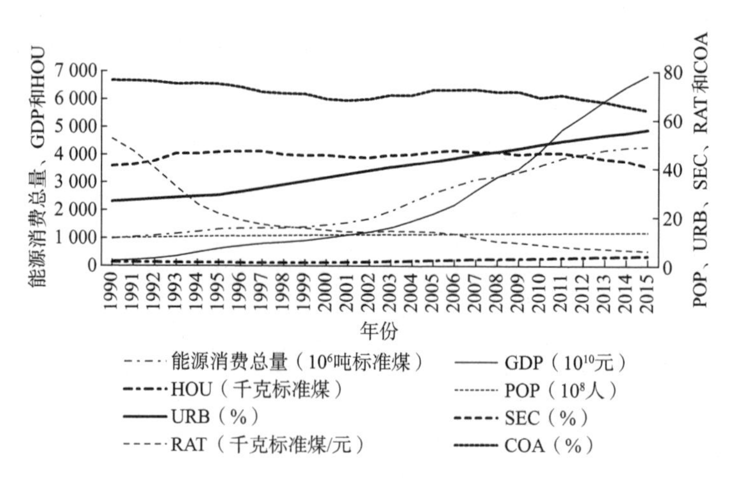

图 8-6　中国从 1990~2015 年的年度能源消费总量和七个影响因素数据

通过计算各影响因素与能源消费总量之间的 Pearson 和 Spearman 相关系数，选择中国能源消费总量预测的最佳影响因素（Kapetanakis et al., 2017）。这两种相关系数都能够反映两个变量之间变化趋势的方向和程度，取值范围均为−1 到 1。其中，0 表示两个变量不相关，正值表示正相关，负值表示负相关，绝对值越大表示相关性越强。Pearson 相关系数是最常见的相关系数，但它受异常值的影响较大。Spearman 相关系数受异常值的影响较小，因为它是根据原始数据的排序位置计算的。因此，本章将这两种相关系数一起使用以选择最佳影响因素。表 8-2 显示了各因素与能源消费总量之间的两种相关系数，也给出了每个因素在每种相关系数上的排名，排名越靠前表示相关性越强。该表最后一行是每个因素相关性排名的平均值。GDP、POP 和 URB 在平均排名中位于前三，它们的两种相关系数都高于 0.9。根据以上分析，选择 GDP、POP 和 URB 作为最佳影响因素。

表 8-2　实验 3 中各因素与能源消费总量之间的 Pearson 和 Spearman 相关系数

因素	GDP	POP	URB	SEC	RAT	COA	HOU
Pearson 相关系数	0.969	0.919	0.976	−0.015	−0.717	−0.669	0.984
排名	3	4	2	7	5	6	1
Spearman 相关系数	1.000	1.000	1.000	0.007	−0.991	−0.748	0.854
排名	1	1	1	7	4	6	5
平均排名	2	2.5	1.5	7	4.5	6	3

实验 3 使用的是中国 1990~2015 年的年度能源消费总量和三个最佳影响因素数据。该数据集共包含 26 个年度数据，将其分为训练集（前 20 个年度数据，

77%）和测试集（后 6 个年度数据，23%）。表 8-3 显示了实验 3 中能源消费总量和部分影响因素数据的 BDS 检验结果，可以看出，中国 POP 数据具有显著的非线性特性，因此可以认为实验 3 中模型的输入序列是非线性的，适合使用 ESN 进行预测。另外，与实验 2 类似，需要先利用式（8-3）将每个序列的数据都线性归一化到区间[0，1]。

表 8-3　实验 3 中国能源消费总量和部分影响因素数据的非线性检验结果（BDS 检验）

时间序列	模型参数	维数					显著性水平	
		2	3	4	5	6	5%	1%
能源消费总量	（0，2，0）	0.972 5	0.821 4	0.654 9	0.071 7	0.511 9	0	0
GDP	（0，2，2）	0.889 0	0.791 2	0.564 0	0.265 7	0.199 7	0	0
POP	（0，2，0）	0.000 0	0.000 7	0.003 4	0.130 7	0.673 6	3	3

8.3.2　误差评价指标

本章选取三种常见的预测误差作为预测模型性能评价的指标，这三种误差分别为 RMSE、MAE 和 MAPE。

8.3.3　对比模型选择

在实验 1 中，基于同样的数据，将 BDEESN 模型与以前研究提出的三种模型进行比较，包括 ACOQ（Kiran et al.，2012）、BABCEEQ（Kiran et al.，2012）和 ADE-BPNN（Zeng et al.，2017）。这三种模型的预测值均直接来源于相应的研究。在三种模型中，ACOQ 是一种基于蚁群优化算法的二次模型，BABCEEQ 是一种基于人工蜂群算法的二次模型，ADE-BPNN 使用自适应 DE 优化 BPNN 初始的权值和阈值。另外，也将 BDEESN 模型与 ESN、BESN、GA-ESN、DE-ESN 和 BGAESN 进行比较。

在实验 2 中，基于同样的数据，将 BDEESN 模型与以前研究提出的两种模型进行比较，包括 CLPSO-E 和 PSO-Q（Askarzadeh，2014）。这两种模型的预测值是通过重构相应的模型得到的。在两种模型中，CLPSO-E 是一种综合学习 PSO 优化的指数模型，PSO-Q 是一种 PSO 优化的二次模型。另外，也将 BDEESN 与 ESN、BESN、GA-ESN、DE-ESN 和 BGAESN 进行比较。

在实验 3 中，基于同样的数据，将 BDEESN 模型与 BPNN、RNN、LSTM、ESN、BESN、GA-ESN、DE-ESN 和 BGAESN 这八种对比模型进行比较。RNN 具有“记忆”能力，并且处理时间序列问题的效果较好。LSTM 是一种特殊的 RNN，与基本 RNN 相比，LSTM 能够在较长的序列中有更好的表现，即可以解决

RNN 中的长期依赖问题（Wei et al.，2019）。

总的来说，除了以前研究提出的模型，本章还选择了 BPNN、RNN、LSTM、ESN、BESN、GA-ESN、DE-ESN 和 BGAESN 这八种模型作为对比模型。通过比较这八种模型和本章提出的 BDEESN 模型，可以从中选出最优的单个预测模型，可以分析 Bagging 集成算法和 DE 算法单独使用以及一起使用对预测性能的影响，还可以比较 DE 算法和 GA 算法对预测性能的影响。

8.3.4　参数设置

除了提出的 BDEESN 模型，ESN、BESN、GA-ESN、DE-ESN 和 BGAESN 这五种模型也用于本章的三个实验中。基于影响因素的个数，三个实验的输入单元数分别为 4、4 和 3。需要说明的是，GA-ESN、DE-ESN、BGAESN 和 BDEESN 四种模型中的储备池规模 N、稀疏度 α 和谱半径 ρ 是通过相应的算法 GA/DE 得到的，BESN、BGAESN 和 BDEESN 三种模型中的训练样本集规模 NT 和基学习器个数 S 是通过网格搜索算法得到的，六种模型其余的参数是通过试错法得到的。

对于参数 NT 和 S，根据第 8.2.1 节中一些研究的建议以及多次实验，在实验 1 中将它们的网格搜索空间分别设置为[16，18]和[49，51]，在实验 2 中分别设置为[20，22]和[34，36]，在实验 3 中分别设置为[18，20]和[49，51]。在搜索空间确定的基础上，使用网格搜索算法寻找最优的参数值。网格搜索是一种对各种可能的参数组合进行穷举搜索的方法，适用于三个或更少参数的优化。表 8-4~表 8-6 分别展示了三个实验中 DE/GA 的搜索空间和其他参数的值。

表 8-4　实验 1 中六种基于 ESN 的模型的参数值

变量		ESN	BESN	GA-ESN	DE-ESN	BGAESN	BDEESN
ESN 部分	N	25	25	[20，30]	[20，30]	[20，30]	[20，30]
	α	0.05	0.05	[0.01，0.05]	[0.01，0.05]	[0.01，0.05]	[0.01，0.05]
	ρ	0.8	0.8	[0.1，0.99]	[0.1，0.99]	[0.1，0.99]	[0.1，0.99]
	I_0	9	9	9	9	9	9
	f	tangent	tangent	tangent	tangent	tangent	tangent
	g	identity	identity	identity	identity	identity	identity
Bagging 部分	NT	—	17	—	—	18	18
	S	—	49	—	—	51	50
DE/GA 部分	NP	—	—	20	20	20	20
	maxgen	—	—	30	30	30	30
	μ	—	—	10^{-5}	10^{-5}	10^{-5}	10^{-5}
	F	—	—	0.03	0.9	0.03	0.9
	CR	—	—	0.8	0.1	0.8	0.1

注：“—”表示不适用

表 8-5 实验 2 中六种基于 ESN 的模型的参数值

变量		ESN	BESN	GA-ESN	DE-ESN	BGAESN	BDEESN
ESN部分	N	12	12	[11，15]	[11，15]	[11，15]	[11，15]
	α	0.05	0.05	[0.01，0.05]	[0.01，0.05]	[0.01，0.05]	[0.01，0.05]
	ρ	0.7	0.7	[0.1，0.99]	[0.1，0.99]	[0.1，0.99]	[0.1，0.99]
	I_0	11	11	11	11	11	11
	f	tangent	tangent	tangent	tangent	tangent	tangent
	g	identity	identity	identity	identity	identity	identity
Bagging部分	NT	—	22	—	—	20	20
	S	—	35	—	—	35	36
DE/GA部分	NP	—	—	20	20	20	20
	maxgen	—	—	30	30	30	30
	μ	—	—	10^{-5}	10^{-5}	10^{-5}	10^{-5}
	F	—	—	0.03	0.9	0.03	0.9
	CR	—	—	0.7	0.1	0.7	0.1

注：“—”表示不适用

表 8-6 实验 3 中六种基于 ESN 的模型的参数值

变量		ESN	BESN	GA-ESN	DE-ESN	BGAESN	BDEESN
ESN部分	N	15	15	[11，20]	[11，20]	[11，20]	[11，20]
	α	0.05	0.05	[0.01，0.05]	[0.01，0.05]	[0.01，0.05]	[0.01，0.05]
	ρ	0.7	0.7	[0.1，0.99]	[0.1，0.99]	[0.1，0.99]	[0.1，0.99]
	I_0	10	10	10	10	10	10
	f	tangent	tangent	tangent	tangent	tangent	tangent
	g	identity	identity	identity	identity	identity	identity
Bagging部分	NT	—	20	—	—	20	20
	S	—	50	—	—	50	50
DE/GA部分	NP	—	—	20	20	20	20
	maxgen	—	—	30	30	30	30
	μ	—	—	10^{-4}	10^{-4}	10^{-4}	10^{-4}
	F	—	—	0.02	0.9	0.02	0.9
	CR	—	—	0.8	0.1	0.8	0.1

注：“—”表示不适用

另外，实验 3 也使用了 BPNN、RNN 和 LSTM 三种模型进行预测，这三种模型的参数值是通过试错法得到的。对于 BPNN 模型，它最适合的网络结构为 $N^{3\text{-}4\text{-}1}$。BPNN 模型的其他参数设置如下：最大训练次数为 2 000，学习率为 0.000 5，训练目标误差为 0.000 5，隐含层神经元和输出层神经元的激活函数分别为 logsig 和 purelin 函数。对于 RNN 模型，其参数设置如下：批量大小为 2，隐含层神经元个数为 5，训练次数为 300。对于 LSTM 模型，其参数设置如下：批量大小为 1，隐含层神经元个数为 4，训练次数为 200。

8.4 实验结果展示与分析

本节首先对三个实验的预测结果进行分析，以验证 BDEESN 模型的准确性和稳定性。

8.4.1 对比实验 1：土耳其电力消费量预测

在 BDEESN 和 DE-ESN 模型中，DE 用于优化 ESN 的三个参数。图 8-7 展示了实验 1 中 DE 的某次优化过程，可以看出，当迭代次数达到最大迭代次数 30 时，DE 的迭代过程结束，同时可基于最佳个体得到优化后的参数值，然后 ESN 开始训练。

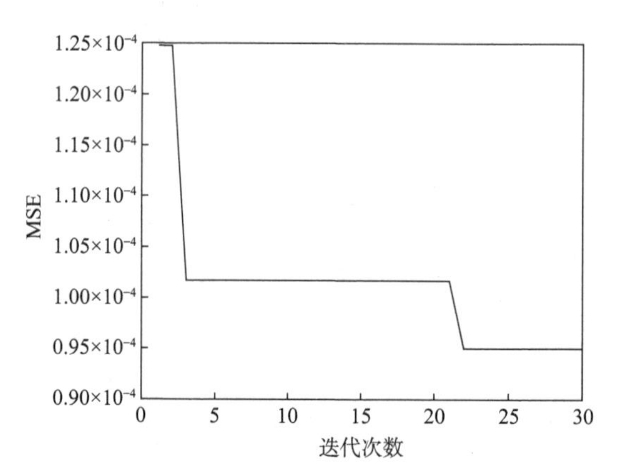

图 8-7 参数寻优中的 MSE 迭代趋势（土耳其）

表 8-7 提供了 BDEESN 模型和其他八种模型的预测值，其他模型包括 ACOQ、BABCEEQ、ADE-BPNN、ESN、BESN、GA-ESN、DE-ESN 和 BGAESN。表 8-7 也提供了上述九种模型的 RMSE、MAE 和 MAPE，其中，MAPE 的单位为%。可以看出，BDEESN 的三种误差均最小，表明它具有最好的预测结果，也说明了 Bagging 和 DE 一起使用可以较大地提高网络预测性能。另外，BESN 和 DE-ESN 的结果分别排名第二和第三，说明了 Bagging 和 DE 单独使用也能够提高网络性能。DE-ESN 优于 GA-ESN，且 BDEESN 优于 BGAESN，说

明了在实验 1 中 DE 的参数优化效果好于 GA。

表 8-7 实验 1 中九种模型的预测结果（单位：吉瓦时）

年份	实际值	ACOQ	BABCEEQ	ADE-BPNN	ESN
1997	105.517	101.936	103.668	104.746 8	105.906 4
1998	114.023	110.643	106.827	108.812 4	114.234 1
1999	118.485	109.321	106.064	112.569 5	118.587 9
2000	128.276	129.396	131.188	123.597 5	124.182 1
2001	126.871	123.629	119.434	127.546 2	127.471 2
2002	132.553	133.644	131.993	133.180 3	131.417 8
2003	141.151	141.689	145.786	141.169 9	146.136 1
2004	150.018	147.806	157.713	151.275 7	154.513 9
2005	160.794	163.158	160.555	160.212 7	156.630 9
2006	174.637	172.819	171.046	174.228 5	168.134 8
RMSE		3.677 7	6.060 0	2.959 1	3.511 3
MAE		2.851 0	4.853 5	2.014 1	2.667 9
MAPE		2.271%	3.772%	1.639%	1.800%
年份	BESN	GA-ESN	DE-ESN	BGAESN	BDEESN
1997	104.957 4	105.050 8	106.014 7	104.587 4	104.653 9
1998	114.810 0	114.577 8	114.163 6	114.790 6	114.589 4
1999	118.262 0	117.645 6	117.829 2	118.163 1	118.089 9
2000	126.702 8	124.129 4	126.957 3	126.452 1	126.219 8
2001	128.526 0	127.438 6	129.556 9	128.186 4	128.033 5
2002	132.384 5	133.432 1	133.536 2	132.479 4	132.305 2
2003	145.765 1	146.119 7	144.899 0	146.642 2	145.685 2
2004	152.098 3	150.112 8	154.960 9	152.052 8	151.633 9
2005	156.269 9	156.487 6	156.301 4	156.331 1	156.867 4
2006	171.554 5	168.284 1	174.785 8	170.607 8	171.212 9
RMSE	2.486 2	3.211 2	2.632 5	2.776 1	**2.391 1**
MAE	1.926 7	2.317 7	1.961 4	2.125 0	**1.879 2**
MAPE	1.330%	1.588%	1.386%	1.467%	**1.305%**

图 8-8 直观地展示了土耳其 1997~2006 年的年度电力消费量的实际值和九种模型的预测值，九种模型包括 ACOQ、BABCEEQ、ADE-BPNN、ESN、BESN、GA-ESN、DE-ESN、BGAESN 和 BDEESN 模型。其中实际值用折线图表示，预测值用直方图表示。可以看出，ACOQ、BABCEEQ 和 ADE-BPNN 的预测值与实际值之间的差距较大，表明这三种模型的性能较差。ESN 的性能不稳定，BESN、GA-ESN、DE-ESN、BGAESN 和 BDEESN 这五种模型的预测值都非常接近实际值，其中 BDEESN 的预测值最接近实际值，说明了该模型的优越性。

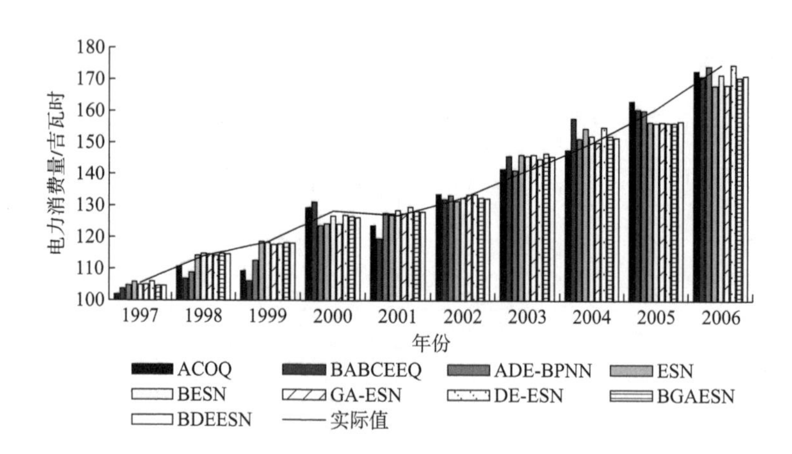

图 8-8 土耳其电力消费量的实际值和预测值

图 8-9 展示了 BDEESN 模型和八种对比模型预测值的相对误差。可以看出，BDEESN 模型的相对误差较小并且非常稳定。通常把[−3%，+3%]的误差范围作为预测值的评价标准（Wang et al.，2012），很明显，BDEESN 模型只有一个相对误差不在该范围内，即 2003 年的相对误差 3.212%。这些结果证明了本章提出的 BDEESN 模型的准确性和稳定性。

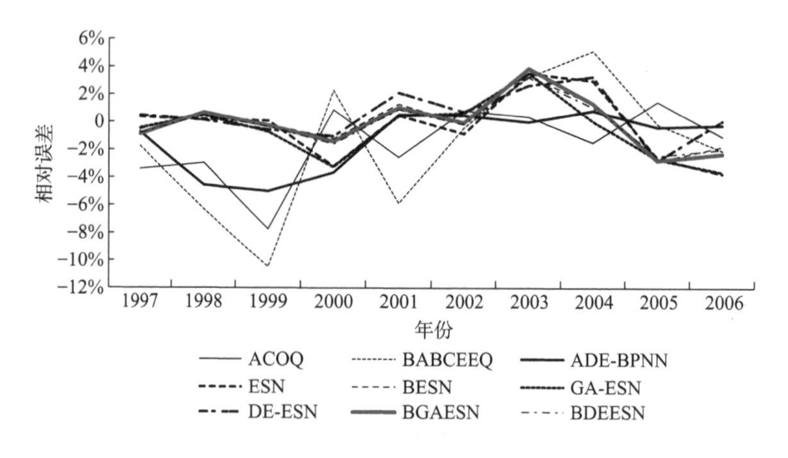

图 8-9 土耳其电力消费量预测值的误差分析

总体而言，在土耳其电力消费量预测问题中，BDEESN 模型的预测结果优于 ACOQ、BABCEEQ、ADE-BPNN、ESN、BESN、GA-ESN、DE-ESN 和 BGAESN 模型的预测结果，表明本章提出的 BDEESN 模型具有较好的预测性能，也说明了 Bagging 和 DE 一起使用可以较大地提高网络预测性能。

8.4.2 对比实验 2：伊朗电力消费量预测

图 8-10 展示了实验 2 中 DE 的某次优化过程。DE 算法迭代过程结束时，根据当前的最佳个体，可得到优化后的参数值，然后 ESN 开始训练。

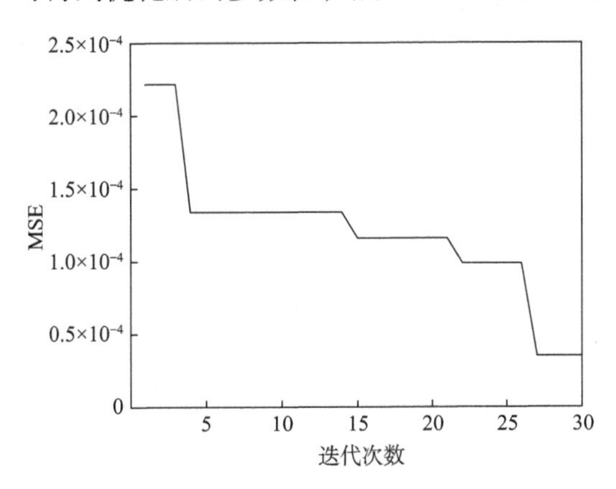

图 8-10 参数寻优中的 MSE 迭代趋势（伊朗）

BDEESN 模型和其他七种模型用于预测伊朗的电力消费量，其他模型包括 CLPSO-E、PSO-Q、ESN、BESN、GA-ESN、DE-ESN 和 BGAESN。表 8-8 提供了这八种模型的预测值，以及它们的 RMSE、MAE 和 MAPE，其中 MAPE 的单位为%。从 MAPE 来看，ESN、BESN、GA-ESN、DE-ESN、BGAESN 和 BDEESN 这六种模型均优于 CLPSO-E 和 PSO-Q，说明了 ESN 具有强大的非线性时间序列建模能力。另外，BDEESN 和 BGAESN 两种模型的预测结果最好，其中 BDEESN 的 MAE 和 MAPE 小于 BGAESN 相应的值，而 BDEESN 的 RMSE 大于 BGAESN 的 RMSE。这说明了在实验 2 中 DE 和 GA 具有相当的参数优化效果，也说明了 Bagging 和智能优化算法一起使用比单独使用能更大地提高网络预测性能。

表 8-8 实验 2 中八种模型的预测结果（单位：10^6 毫瓦时）

年份	实际值	CLPSO-E	PSO-Q	ESN	BESN
2004	114.624	114.423 5	118.792 8	113.859 7	115.137 8
2005	125.528	123.148 5	132.711 7	125.333 5	125.328 4
2006	134.238	133.498 9	133.998 1	134.953 8	134.655 9
2007	147.001	144.335 8	152.717 2	140.237 4	142.843 1
2008	155.598	154.814 9	171.106 2	154.193 5	157.135 0
2009	169.047	165.621 9	186.929 9	169.151 3	166.723 3
RMSE		2.069 5	10.504 1	2.853 8	2.062 7

续表

年份	实际值	CLPSO-E	PSO-Q	ESN	BESN
MAE		1.698 7	8.449 9	1.657 8	1.525 0
MAPE		1.161%	5.662%	1.153%	1.018%
年份	实际值	GA-ESN	DE-ESN	BGAESN	BDEESN
2004	114.624	115.349 1	115.004 8	115.609 1	115.179 8
2005	125.528	125.038 3	124.965 3	125.481 5	125.316 5
2006	134.238	135.198 6	135.087 6	134.733 6	134.235 8
2007	147.001	141.000 2	141.398 0	144.756 3	144.146 7
2008	155.598	155.369 3	156.447 8	156.928 5	156.963 0
2009	169.047	168.678 7	169.734 8	166.320 4	166.350 0
RMSE		2.512 8	2.372 5	**1.605 3**	1.714 5
MAE		1.462 2	1.489 0	1.304 8	**1.281 0**
MAPE		1.031%	1.030%	0.877%	**0.845%**

注：黑体数字表示最优结果

图 8-11 直观地展示了伊朗 2004~2009 年的年度电力消费量的实际值和八种模型的预测值。可以看出，PSO-Q 模型的预测性能较差。其他七种模型的预测值都比较接近实际值，其中 BDEESN 和 BGAESN 的预测值是最接近实际值的，这再次表明了上述两种模型具有最好的预测性能。

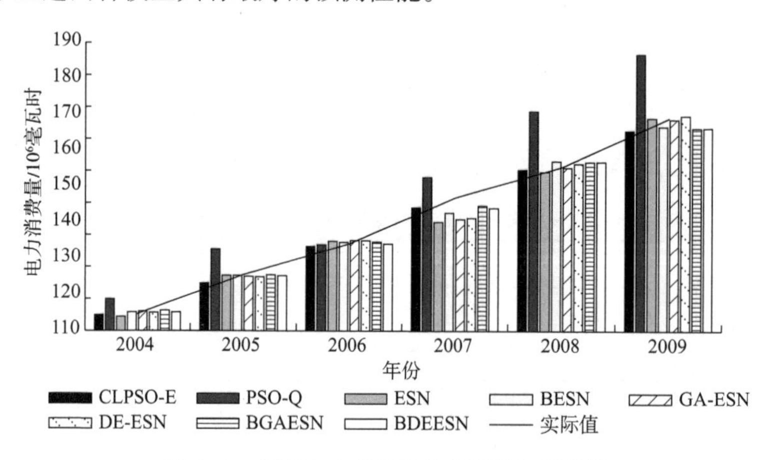

图 8-11　伊朗电力消费量的实际值和预测值

图 8-12 展示了八种模型在每个预测年份预测值的相对误差。可以看出，BDEESN 模型和 BGAESN 模型的相对误差全部都在区间[−3%，+3%]的范围内，

这再次说明了上述两种模型具有较高的预测精度和稳定性。

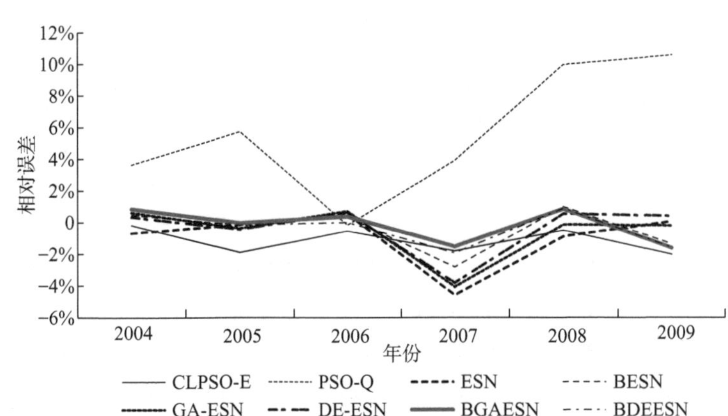

图 8-12 伊朗电力消费量预测值的误差分析

总体而言，在伊朗电力消费量预测问题中，BDEESN 模型的预测结果优于 CLPSO-E、PSO-Q、ESN、BESN、GA-ESN 和 DE-ESN 模型的预测结果，表明了 BDEESN 模型具有更好的预测性能。另外，在本次实验中，BDEESN 和 BGAESN 具有最好的预测性能，说明了在该实验中 DE 和 GA 具有相当的参数优化效果，也说明了 Bagging 和智能优化算法一起使用比单独使用能更大地提高网络预测性能。

8.4.3 扩展实验：中国能源消费总量预测

实验 3 研究的是中国 1990~2015 年的年度能源消费总量预测问题，该实验是扩展实验，尚未有学者研究过相同的数据集。本节先对 MLR 模型在实验 3 中的应用进行分析，然后将 BDEESN 与其他模型的预测结果进行比较。

1. MLR 模型

本节考虑了使用 MLR 模型预测中国的能源消费总量，但是分析结果表明该模型不适用于本实验。MLR 模型表示如下：

$$Y = a + b_1 \times X_1 + b_2 \times X_2 + b_3 \times X_3 \qquad (8\text{-}4)$$

其中，X_1、X_2 和 X_3 分别表示 GDP、POP 和 URB，a、b_1、b_2 和 b_3 是基于最小二乘法得到的。

最小二乘法有两个关键点：①它需要不少于 30 个的观测数据，因为最小二乘法是一种基于统计数据的方法（Meng and Niu，2011），然而在本实验中只有 26 个年度数据是可用的；②影响因素之间需要互不相关（Meng and Niu，2011），然而本实验中的GDP、POP和URB具有较高的相关性。表8-9列出了三个影响因素之间的相关系数，可以看出，它们之间存在比较严重的多重共线性。

表 8-9　实验 3 中三种影响因素之间的相关系数

影响因素	GDP	POP	URB
GDP	1	0.868 0	0.938 7
POP	0.868 0	1	0.976 1
URB	0.938 7	0.976 1	1

多重共线性会带来一些不良后果，主要包括变量的显著性检验失去意义和回归模型缺乏稳定性。前者是因为在多重共线性的影响下，系数估计标准差的增大会导致统计量值的减小，这可能使原本显著的统计量变成不显著的，即可能将重要的影响因素误认为是不重要的因素。后者是因为影响因素的系数在样本之间差异很大，样本数据微小的变化可能导致系数估计值发生明显变化，甚至出现符号错误。

基于归一化后的训练集，利用Excel建立MLR模型，得到的模型如式（8-5）所示。很明显，POP 对中国的能源消费总量具有正向影响，但受多重共线性的影响，POP的回归系数为负，这是十分不合理的。综上分析，MLR模型在本实验中不适用。

$$Y=0.028\,13+1.138\,6\times X_1-0.324\,8\times X_2+0.602\,2\times X_3 \tag{8-5}$$

2. BDEESN 与其他模型的比较

与前两个实验类似，图 8-13 展示了实验 3 中 DE 的某次优化过程。可以看出，当迭代次数达到最大迭代次数 30 时，DE 的迭代过程结束。此时，根据当前的最佳个体，可得到优化后的参数值，然后 ESN 开始训练。

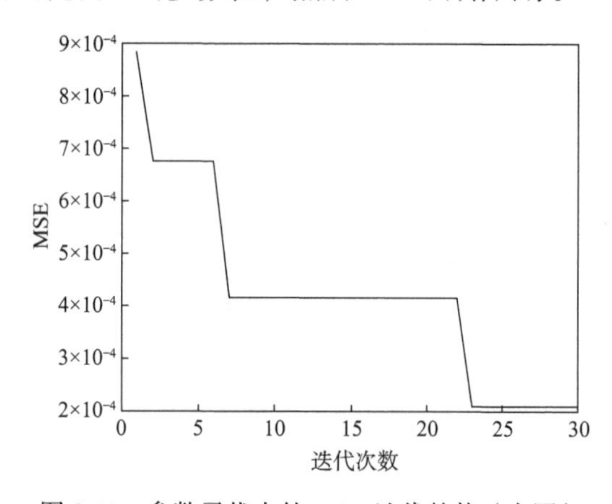

图 8-13　参数寻优中的 MSE 迭代趋势（中国）

BDEESN 模型和其他八种模型用于预测中国的能源消费总量，其他模型包括BPNN、RNN、LSTM、ESN、BESN、GA-ESN、DE-ESN 和 BGAESN。表 8-10 提供了这九种模型的预测值，以及它们的RMSE、MAE和MAPE，其中MAPE的单位为%。从三种评价指标来看，ESN、BESN、GA-ESN、DE-ESN、BGAESN和BDEESN这六种基于ESN的模型均优于BPNN、RNN和LSTM，这表明了ESN的优越性。LSTM的性能较差，可能是因为训练集较小。另外，BESN和DE-ESN具有相当的预测性能，并且这两种模型均优于ESN，说明Bagging和DE单独使用能够提高网络的性能。BDEESN具有最好的预测性能，说明Bagging和DE一起使用能够更大地提高网络性能。DE-ESN 优于 GA-ESN，并且 BDEESN 优于 BGAESN，说明在该实验中DE的参数优化效果好于GA。

表 8-10 实验 3 中九种模型的预测结果（单位：10^6 吨标准煤）

年份	实际值	BPNN	RNN	LSTM	ESN
2010	3 606.48	3 552.228 0	3 637.13	3 704.04	3 602.012 1
2011	3 870.43	3 851.467 1	3 874.35	3 900.62	3 859.359 6
2012	4 021.38	4 019.177 1	4 025.85	4 028.20	4 035.122 8
2013	4 169.13	4 153.272 7	4 158.35	4 145.46	4 191.956 7
2014	4 258.06	4 226.926 5	4 261.38	4 242.70	4 270.631 8
2015	4 300	4 258.775 1	4 353.22	4 330.04	4 324.954 0
RMSE		32.217 9	25.606 2	45.044 8	16.498 4
MAE		27.272 2	17.726 0	33.940 1	14.938 9
MAPE		0.687%	0.439%	0.880%	0.362%
年份	BESN	GA-ESN	DE-ESN	BGAESN	BDEESN
2010	3 603.310 0	3 609.115 5	3 634.150 0	3 605.847 2	3 607.244 2
2011	3 854.770 7	3 856.901 0	3 867.893 8	3 855.350 4	3 859.425 9
2012	4 031.978 3	3 987.588 0	4 020.303 0	4 045.213 2	4 035.395 2
2013	4 167.882 4	4 175.559 5	4 192.010 3	4 180.384 0	4 180.514 1
2014	4 261.317 2	4 264.241 5	4 256.846 2	4 257.840 4	4 258.610 8
2015	4 327.148 0	4 306.348 7	4 296.705 8	4 314.928 9	4 314.991 8
RMSE	13.642 9	15.554 9	14.770 8	13.816 6	**10.589 0**
MAE	10.180 1	11.486 0	9.778 6	10.991 4	**8.785 0**
MAPE	0.249%	0.285%	0.252%	0.270%	**0.215%**

注：加粗数据表示最优值

图 8-14 直观地展示了中国 2010~2015 年的年度能源消费总量的实际值和九种模型的预测值。可以看出，这九种模型的预测值都非常接近实际值，其中BDEESN模型的预测值是最接近的。图 8-15 展示了九种模型在每个预测年份预测

值的相对误差。可以看出，九种模型的相对误差全部都在区间[−3%，+3%]的范围内，其中 BDEESN 模型的相对误差是最稳定的。

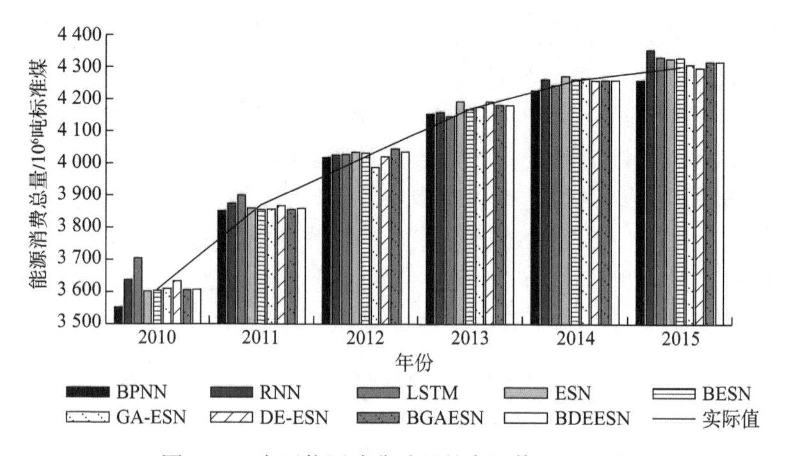

图 8-14 中国能源消费总量的实际值和预测值

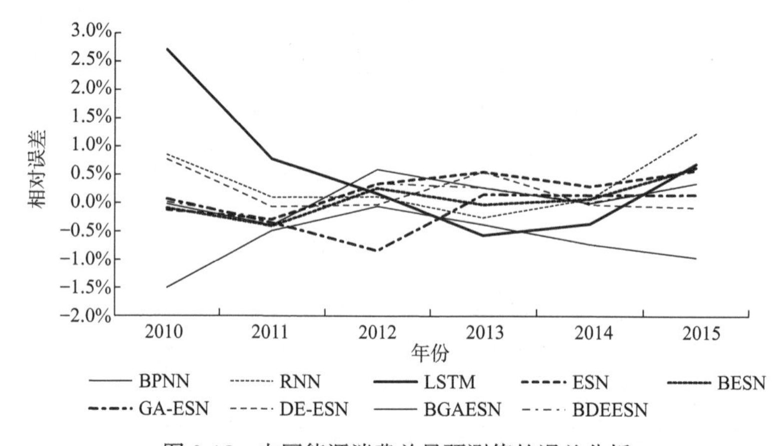

图 8-15 中国能源消费总量预测值的误差分析

综上所述，在中国能源消费总量预测问题中，BDEESN 的预测结果优于 BPNN、RNN、LSTM、ESN、BESN、GA-ESN、DE-ESN 和 BGAESN 模型的预测结果，表明 BDEESN 模型具有最高的准确性和稳定性。

8.5 本章小结

本章构建了一种用于多因素能源消费量预测的 BDEESN 模型，验证了该模型的准确性和稳定性。主要结论如下。

（1）构建了一种 Bagging 集成的 DE 优化 ESN 模型，并将该模型应用到能源消费量预测问题中。Bagging 为集成框架，可以减少预测误差和提高网络的泛化能力，DE 用于优化 ESN 的三个参数，可以进一步提高网络的预测性能。

（2）在两个对比实验中，与以前研究提出的模型 ESN、BESN、GA-ESN、DE-ESN 和 BGAESN 相比，BDEESN 具有更好的预测性能，除了在实验 2 中与 BGAESN 模型的预测性能相当。这两个实验证实了 BDEESN 的优越性能，并说明了 Bagging 和 DE 一起使用可以较大地提高网络预测性能。

（3）在扩展实验中，中国能源消费总量预测用于进一步验证 BDEESN 的准确性和稳定性。基于 Pearson 和 Spearman 相关系数分析，选择了 GDP、POP 和 URB 作为最佳影响因素。BDEESN 在该实验中的 MAPE 仅为 0.215%，这再次说明了该模型的优越性，也说明了所选影响因素的有效性。

（4）在实验 1 和实验 3 中，BESN 和 DE-ESN 性能相当，且仅次于 BDEESN。这些结果表明了 Bagging 和 DE 单独使用能够提高网络的性能，一起使用能够更大地提高网络性能。在实验 2 中，GA-ESN 与 DE-ESN 性能相当，BGAESN 与 BDEESN 性能相当。结果表明了在实验 1 和实验 3 中 DE 的参数优化效果好于 GA，而在实验 2 中两者具有相当的参数优化效果。

参 考 文 献

薄迎春，乔俊飞，张昭昭. 2012. 一种具有 small world 特性的 ESN 结构分析与设计. 控制与决策，27（3）：383-388.

范剑，姚琦伟. 2005. 非线性时间序列——建模、预报及应用. 北京：高等教育出版社.

高歌. 2008. 多维时间序列分类技术. 浙江大学硕士学位论文.

韩敏，穆大芸. 2010. 基于贝叶斯回归的多核回声状态网络研究. 控制与决策，25（4）：531-534，541.

韩敏，王亚楠. 2009. 基于储备池主成分分析的多元时间序列预测研究. 控制与决策，24（10）：1526-1530.

韩敏，王亚楠. 2010. 基于 Kalman 滤波的储备池多元时间序列在线预报器. 自动化学报，36（1）：169-173.

侯琳娜，孙静春，王海燕. 2015. 大规模风电并网的双供应源电力供应链牛鞭效应分析. 运筹与管理，24（6）：86-94.

胡焕玲. 2021. 基于改进回声状态网络的能源预测问题研究. 武汉：华中科技大学博士学位论文.

李木易，方颖. 2020. 动态混合 HGARCH 模型的估计和预测. 管理科学学报，23（5）：1-12.

刘洋. 2019. 基于改进回声状态网络的游客到达人数预测研究. 华中科技大学硕士学位论文.

史志伟，韩敏. 2007. ESN 岭回归学习算法及混沌时间序列预测. 控制与决策，22（3）：258-261，267.

孙少龙，魏云捷，汪寿阳. 2022. 基于分解-聚类-集成学习的汇率预测方法. 系统工程理论与实践，42（3）：664-677.

田文凯，刘三阳，王晓娟. 2015. 基于差分进化的回溯搜索优化算法研究与改进. 计算机应用研究，32（6）：1653-1656.

田中大，高宪文，李树江，等. 2015. 遗传算法优化回声状态网络的网络流量预测. 计算机研究与发展，52（5）：1137-1145.

万英. 2008. 电力供应链管理研究. 交通运输系统工程与信息，8（2）：114-117.

王方，余乐安，查锐. 2022. 季节性数据特征驱动的电子废弃物回收规模分解集成预测建模研究. 中国管理科学，30（3）：199-210.

王海燕，卢山. 2006. 非线性时间序列分析及其应用. 北京：科学出版社.

王建民. 2011. 基于回声状态网络的非线性时间序列预测方法研究. 哈尔滨工业大学博士学位论文.

王志刚. 2017. 基于回声状态网络的时间序列预测与分类问题研究. 华中科技大学博士学位论文.

王子云. 2018. 改进回溯搜索算法优化回声状态神经网络的电力需求预测研究. 华中科技大学硕士学位论文.

张浒. 2013. 时间序列短期预测模型研究与应用. 华中科技大学博士学位论文.

张瑛，赵建峰. 2020. 旅游流时空卡口与系统仿真实验预测—— 一种景区日常环境容量主动适应性管理方法. 旅游学刊，35（9）：53-62.

赵阳，郝俊，李建平. 2022. 基于修剪平均的神经网络集成时序预测方法. 中国管理科学，30（3）：211-220.

Abdel-Aal R E，Al-Garni A Z.1997. Forecasting monthly electric energy consumption in eastern Saudi Arabia using univariate time-series analysis. Energy，22（11）：1059-1069.

Abdoos A，Hemmati M，Abdoos A A. 2015. Short term load forecasting using a hybrid intelligent method. Knowledge-Based Systems，76：139-147.

Aburto L，Weber R. 2007. Improved supply chain management based on hybrid demand forecasts. Applied Soft Computing，7（1）：136-144.

Adhikari R. 2015. A neural network based linear ensemble framework for time series forecasting. Neurocomputing，157：231-242.

Agnew C E. 1985. Bayesian consensus forecasts of macroeconomic variables. Journal of Forecasting，4（4）：363-376.

Agrawal R，Faloutsos C，Swami A.1993. Efficient similarity search in sequence databases. Proceedings of the 4th International Conference on Foundations of Data Organization and Algorithms：69-84.

Akin M. 2015. A novel approach to model selection in tourism demand modeling. Tourism Management，48：64-72.

Aladag C H. 2011. A new architecture selection method based on tabu search for artificial neural networks. Expert Systems with Applications，38（4）：3287-3293.

Aladag C H，Egrioglu E，Gunay S，et al. 2010. Improving weighted information criterion by using optimization. Journal of Computational and Applied Mathematics，233（10）：2683-2687.

Albadi M H，El-Saadany E F. 2008. A summary of demand response in electricity markets. Electric Power Systems Research，78（11）：1989-1996.

Amjady N，Keynia F. 2009. Short-term load forecasting of power systems by combination of wavelet transform and neuro-evolutionary algorithm. Energy，34（1）：46-57.

Anders U，Korn O. 1999. Model selection in neural networks. Neural Networks，12（2）：

309-323.

Andrawis R R，Atiya A F，El-Shishiny H. 2011. Forecast combinations of computational intelligence and linear models for the NN5 time series forecasting competition. International Journal of Forecasting，27（3）：672-688.

Aras S，Kocakoç I D. 2016. A new model selection strategy in time series forecasting with artificial neural networks：IHTS. Neurocomputing，174：974-987.

Armstrong J S. 2001. Principles of Forecasting：A Handbook for Researchers and Practitioners. Boston：Kluwer Academic Publishers.

Askarzadeh A. 2014. Comparison of particle swarm optimization and other metaheuristics on electricity demand estimation：a case study of Iran. Energy，72：484-491.

Bache K，Lichman M. 2013. UCI machine learning repository. Irvine：University of California，School of Information and Computer Science.

Baliyan A，Gaurav K，Mishra S K. 2015. A review of short term load forecasting using artificial neural network models. Procedia Computer Science，48：121-125.

Bankó Z，Abonyi J. 2012. Correlation based dynamic time warping of multivariate time series. Expert Systems with Applications，39（17）：12814-12823.

Barrow D K，Crone S F，Kourentzes N. 2010. An evaluation of neural network ensembles and model selection for time series prediction. The 2010 International Joint Conference on Neural Networks：4181-4188.

Bates J M，Granger C W J. 1969. The combination of forecasts. Operational Research Quarterly，20（4）：451-468.

Bauer E，Kohavi R. 1999. An experimental comparison of voting classification algorithms：bagging，boosting，and variants. Machine Learning，36：105-139.

Bessec M，Fouquau J. 2018. Short-run electricity load forecasting with combinations of stationary wavelet transforms. European Journal of Operational Research，264（1）：149-164.

Bianchi F M，Scardapane S，Uncini A，et al. 2015. Prediction of telephone calls load using echo state network with exogenous variables. Neural Networks，71：204-213.

Bianco V，Manca O，Nardini S. 2009. Electricity consumption forecasting in Italy using linear regression models. Energy，34（9）：1413-1421.

Blankertz B，Curio G，Müller K R. 2002. Classifying single trial EEG：towards brain computer interfacing. Advances in Neural Information Processing System，14：157-164.

Boccato L，Lopes A，Attux R，et al. 2012. An extended echo state network using Volterra filtering and principal component analysis. Neural Networks，32：292-302.

Bodyanskiy Y，Popov S. 2006. Neural network approach to forecasting of quasiperiodic financial time series. European Journal of Operational Research，175（3）：1357-1366.

Bopp A E. 1985. On combining forecasts: some extensions and results. Management Science, 31 (12): 1492-1498.

Boucheham B. 2010. Reduced data similarity-based matching for time series for patterns alignment. Pattern Recognition Letters, 31 (7): 629-638.

Breiman L. 1996. Bagging predictors. Machine Learning, 24 (2): 123-140.

Bühlmann P, Yu B. 2002. Analyzing bagging. The Annals of Statistics, 30 (4): 927-961.

Burms J, Caluwaerts K, Dambre J. 2015. Online unsupervised terrain classification for a compliant tensegrty robot using a mixture of echo state networks. IEEE International Conference on Robotics and Automation: 4252-4257.

Campbell M J, Walker A M. 1977. A survey of statistical work on the Mackenzie River series of annual Canadian lynx trappings for the years 1821-1934 and a new analysis. Journal of the Royal Statistical Society (Series A), 140 (4): 411-431.

Cao G, Wu L. 2016. Support vector regression with fruit fly optimization algorithm for seasonal electricity consumption forecasting. Energy, 115: 734-745.

Cao Q, Ewing B T, Thompson M A. 2012. Forecasting wind speed with recurrent neural networks. European Journal of Operational Research, 221 (1): 148-154.

Chaib A E, Bouchekara H R, Mehasni R, et al. 2016. Optimal power flow with emission and non-smooth cost functions using backtracking search optimization algorithm. International Journal of Electrical Power & Energy Systems, 81: 64-77.

Chaitip P, Chaiboonsri C. 2014. International tourists arrival to Thailand: forecasting by non-linear model. Procedia Economics and Finance, 14: 100-109.

Chandra R, Zhang M J. 2012. Cooperative coevolution of Elman recurrent neural networks for chaotic time series prediction. Neurocomputing, 86: 116-123.

Chatzis S P, Demiris Y. 2011. Echo state Gaussian process. IEEE Transactions on Neural Networks, 22 (9): 1435-1445.

Chatzis S P, Demiris Y. 2012. The copula echo state network. Pattern Recognition, 45 (1): 570-577.

Chen C F, Lai M C, Yeh C C. 2012. Forecasting tourism demand based on empirical mode decomposition and neural network. Knowledge-Based Systems, 26: 281-287.

Chen Y, He Z, Shang Z, et al. 2019. A novel combined model based on echo state network for multi-step ahead wind speed forecasting: a case study of NREL. Energy Conversion and Management, 179: 13-29.

Chen Y, Luh P B, Guan C, et al. 2010. Short-term load forecasting: similar day-based wavelet neural networks. IEEE Transactions on Power Systems, 25: 322-330.

Cherif A, Cardot H, Boné R. 2011. SOM time series clustering and prediction with recurrent neural networks. Neurocomputing，74（11）：1936-1944.

Chouikhi N，Ammar B，Rokbani N，et al. 2017. PSO-based analysis of Echo State Network parameters for time series forecasting. Applied Soft Computing，55：211-225.

Chu F L. 2011. A piecewise linear approach to modeling and forecasting demand for Macau tourism. Tourism Management，32（6）：1414-1420.

Chu F L. 2014. Using a logistic growth regression model to forecast the demand for tourism in Las Vegas. Tourism Management Perspectives，12：62-67.

Civicioglu P. 2013. Backtracking search optimization algorithm for numerical optimization problems. Applied Mathematics and Computation，219（15）：8121-8144.

Clark T E，McCracken M W. 2009. Improving forecast accuracy by combining recursive and rolling forecasts. International Economic Review，50（2）：363-395.

Claveria O，Monte E，Torra S. 2015. A new forecasting approach for the hospitality industry. International Journal of Contemporary Hospitality Management，27（7）：1520-1538.

Clemen R T. 1989. Combining forecasts：a review and annotated bibliography. International Journal of Forecasting，5（4）：559-583.

Cottrell M，Girard B，Girard Y，et al. 1995. Neural modeling for time series：a statistical stepwise method for weight elimination. IEEE Transactions on Neural Networks，6（6）：1355-1364.

Crone S F，Hibon M，Nikolopoulos K. 2011. Advances in forecasting with neural networks? Empirical evidence from the NN3 competition on time series prediction. International Journal of Forecasting，27（3）：635-660.

Cuhadar M，Cogurcu I，Kukrer C. 2014. Modelling and forecasting cruise tourism demand to Izmir by different artificial neural network architectures. International Journal of Business and Social Research，4（3）：12-28.

Cui H，Feng C，Chai Y，et al. 2014. Effect of hybrid circle reservoir injected with wavelet-neurons on performance of echo state network. Neural Networks，57：141-151.

Dantas T M，Oliveira F，Repolho H. 2017. Air transportation demand forecast through Bagging Holt Winters methods. Journal of Air Transport Management，59：116-123.

de A. Araújo R. 2011. A class of hybrid morphological perceptrons with application in time series forecasting. Knowledge-Based Systems，24（4）：513-529.

de Menezes L M，Bunn D W，Taylor J W. 2000. Review of guidelines for the use of combined forecasts. European Journal of Operational Research，120（1）：190-204.

Deihimi A，Showkati H. 2012. Application of echo state networks in short-term electric load forecasting. Energy，39（1）：327-340.

Demuth H，Beale M，Hagan M. 2010. Neural Network Toolbox User's Guide. Natic：The Math Works.

Deng Z，Zhang Y. 2007. Collective behavior of a small-world recurrent neural system with scale-free distribution. IEEE Transactions Neural Network，18（5）：1364-1375.

Dos Santos R D O V，Vellasco M M B R. 2015. Neural expert weighting：a new framework for dynamic forecast combination. Expert Systems with Applications，42（22）：8625-8636.

Dragomiretskiy K，Zosso D. 2014. Variational mode decomposition. IEEE Transactions on Signal Processing，62（3）：531-544.

Du P，Wang J，Yang W，et al. 2019. A novel hybrid model for short-term wind power forecasting. Applied Soft Computing，80：93-106.

Efron B，Tibshirani R J.1993. An Introduction to the Bootstrap. New York：Chapman Hall.

Egrioglu E，Aladag C H，Günay S. 2008. A new model selection strategy in artificial neural network. Applied Mathematics and Computation，195（2）：591-597.

Elaziz M A，Li L，Jayasena K，et al. 2020. Multiobjective big data optimization based on a hybrid salp swarm algorithm and differential evolution. Applied Mathematical Modelling，80：929-943.

Elliott G，Timmermann A. 2004. Optimal forecast combinations under general loss functions and forecast error distributions. Journal of Econometrics，122（1）：47-79.

Elman J L. 1990. Finding structures in time. Cognitive Science，14（2）：179-211.

Esling P，Agon C. 2012. Time-series data mining. ACM Computing Surveys，45（1）：1-34.

Esmael B，Arnaout A，Fruhwirth R K，et al. 2012. Multivariate time series classification by combining trend-based and value-based approximations. The 12th International Conference on Computational Science and Its Applications：392-403.

Fei S W，He Y. 2015. Wind speed prediction using the hybrid model of wavelet decomposition and artificial bee colony algorithm-based relevance vector machine. International Journal of Electrical Power and Energy Systems，73：625-631.

Fette G，Eggert J. 2005. Short term memory and pattern matching with simple echo state networks. The 15th International Conference on Artificial Neural Networks：13-18.

Fildes R，Kourentzes N. 2011. Validation and forecasting accuracy in models of climate change. International Journal of Forecasting，27（4）：968-995.

Fu C M，Jiang C，Chen G S，et al. 2017. An adaptive differential evolution algorithm with an aging leader and challengers mechanism. Applied Soft Computing，57：60-73.

Geurts P. 2001. Pattern extraction for time series classification. European Conference on Principles of Data Mining and Knowledge Discovery：115-127.

Geurts P，Wehenkel L. 2005. Segment and combine approach for nonparametric time-series classification. The 9th European Conference on Principles and Practice of Knowledge Discovery in Databases：478-485.

Ghalwash M F，Obradovic Z. 2012. Early classification of multivariate temporal observations by extraction of interpretable shapelets. BMC Bioinformatics，13（1）：195.

Ghiassi M，Saidane H. 2005. A dynamic architecture for artificial neural network. Neurocomputing，63：397-413.

Ghiassi M，Saidane H，Zimbra D K. 2005. A dynamic artificial neural network model for forecasting time series events. International Journal of Forecasting，21（2）：341-362.

Ghofrani M，Ghayekhloo M，Arabali A，et al. 2015. A hybrid short-term load forecasting with a new input selection framework. Energy，81：777-786.

Giles C L，Lawrence S，Tsoi A C. 2001. Nosiy time series prediction using recurrent neural networks and grammatical inference. Machine Learning，44（1）：161-183.

Giles C L，Miller C B，Chen D，et al. 1992. Extracting and learning an unknown grammar with recurrent neural networks//Moody J E，Hanson S J，Lippmann. Advances in Neural Information Processing Systems. San Francisco：Morgan Kanfmann Publishers：317-324.

Górecki T，Łuczak M. 2015. Multivariate time series classification with parametric derivative dynamic time warping. Expert Systems with Applications，42（5）：2305-2312.

Guo Z，Zhao W，Lu H，et al. 2012. Multi-step forecasting for wind speed using a modified EMD-based artificial neural network model. Renewable Energy，37（1）：241-249.

Hadavandi E，Ghanbari A，Shahanaghi K，et al. 2011. Tourist arrival forecasting by evolutionary fuzzy systems. Tourism Management，32（5）：1196-1203.

Hall S G，Mitchell J. 2007. Combining density forecasts. International Journal of Forecasting，23（1）：1-13.

Harris J L，Liu L M. 1993. Dynamic structural analysis and forecasting of residential electricity consumption. International Journal of Forecasting，9（4）：437-455.

He G L，Duan Y，Peng R，et al. 2015. Early classification on multivariate time series. Neurocomputing，149：777-787.

Heravi S，Osborn D R，Birchenhall C R. 2004. Linear versus neural network forecasting for european industrial production series. International Journal of Forecasting，20（3）：435-446.

Hill T，O'Connor M，Remus M. 1996. Neural network models for time series forecasting. Management Science，42（7）：1082-1092.

Hippert H S，Pedreira C E，Souza R C. 2001. Neural networks for short-term load forecasting：a review and evaluation. IEEE Transactions on Power Systems，16（1）：44-55.

Hoeting J A，Madigan D，Raftery A E，et al. 1999. Bayesian model averaging：a tutorial. Statistical Science，14（4）：382-417.

Holzmann G，Hauser H. 2010. Echo state networks with filter neurons and a delay & sum readout. Neural Networks，23（2）：244-256.

Hong W C, Dong Y, Chen L Y, et al. 2011. SVR with hybrid chaotic genetic algorithms for tourism demand forecasting. Applied Soft Computing, 11（2）: 1881-1890.

Hopfield J J. 1982. Neural networks and physical systems with emergent collective computational abilities. The National Academy of Sciences of the United States of America, 79（8）: 2554-2558.

Hornik K, Stinchcombe M, White H. 1989. Multilayer feedforward networks are universal approximators. Neural Networks, 2（5）: 359-366.

Hu H L, Wang L, Peng L, et al. 2020. Effective energy consumption forecasting using enhanced bagged echo state network. Energy, 193: 116778.

Hu M. 1964. Application of the Adaline system to weather forecasting. Technical Report6775-41 Standford Electronic Laboratories.

Hu Y C. 2017. Electricity consumption prediction using a neural-network-based grey forecasting approach. The Journal of the Operational Research Society, 68（10）: 1259-1264.

Hu Z, Bao Y, Xiong T. 2013. Electricity load forecasting using support vector regression with memetic algorithms. Scientific World Journal, Article ID 292575.

Hu Z, Bao Y, Xiong T, et al. 2015. Hybrid filter-wrapper feature selection for short-term load forecasting. Engineering Applications of Artificial Intelligence, 40: 17-27.

Huang J, Qian J, Liu L, et al. 2016. Echo state network based predictive control with particle swarm optimization for pneumatic muscle actuator. Journal of the Franklin Institute, 353（12）: 2761-2782.

Huang M, He Y, Cen H. 2007. Predictive analysis on electric-power supply and demand in China. Renewable Energy, 32（7）: 1165-1174.

Hüsken M, Stagge P. 2003. Recurrent neural networks for time series classification. Neurocomputing, 50: 223-235.

Hyndman R J, Koehler A B. 2006. Another look at measures of forecast accuracy. International Journal of Forecasting, 22（4）: 679-688.

Jaeger H. 2001a. Short Term Memory in Echo State Networks. GMD Report 152, German National Research Center for Information Technology.

Jaeger H. 2001b. The "echo state" approach to analysing and training recurrent neural networks. GMD Report 148, German National Research Institute for Computer Science.

Jaeger H. 2002. Tutorial on training recurrent neural networks, covering BPPT, RTRL, EKF and the "Echo State Network" approach. GMD Report 159, German National Research Center for Information Technology.

Jaeger H. 2007. Discovering multiscale dynamical features with hierarchical echo state networks. Bremen: Jacobs University.

Jaeger H. 2014. Controlling recurrent neural networks by conceptors. Bremen：Jacobs University.

Jaeger H，Haas H. 2004. Harnessing nonlinearity：predicting chaotic systems and saving energy in wireless communication. Science，304（5667）：78-80.

Jaeger H，Lukoševičius M，Popovici D，et al. 2007. Optimization and applications of echo state networks with leaky-integrator neurons. Neural Networks，20（3）：335-352.

Jaipuria S，Mahapatra S S. 2014. An improved demand forecasting method to reduce bullwhip effect in supply chains. Expert Systems with Applications，41（5）：2395-2408.

Jasic T，Wood D. 2003. Neural network protocols and model performance. Neurocomputing，55（3/4）：747-753.

Jin S，Su L，Ullah A. 2014. Robustify financial time series forecasting with bagging. Econometric Reviews，33（5/6）：575-605.

Jose V R R，Winkler R L. 2008. Simple robust averages of forecasts：some empirical results. International Journal of Forecasting，24（1）：163-169.

Kaboli S H A，Selvaraj J，Rahim N A. 2016. Long-term electric energy consumption forecasting via artificial cooperative search algorithm. Energy，115：857-871.

Kadous M W，Sammut C. 2005. Classification of multivariate time series and structured data using constructive induction. Machine Learning，58（2/3）：179-216.

Kapetanakis D S，Mangina E，Finn D P. 2017. Input variable selection for thermal load predictive models of commercial buildings. Energy and Buildings，137：13-26.

Kaytez F，Taplamacioglu M C，Cam E，et al. 2015. Forecasting electricity consumption：a comparison of regression analysis，neural networks and least squares support vector machines. International Journal of Electrical Power and Energy Systems，67：431-438.

Keogh E，Xi X，Wei L，et al. 2011. The UCR time series classification/clustering homepage. http://www.cs.ucr.edu/~eamonn/time_serigdata/.

Khashei M，Bijari M. 2012. A new class of hybrid models for time series forecasting. Expert Systems with Applications，39（4）：4344-4357.

Khwaja A S，Naeem M，Anpalagan A，et al. 2015. Improved short-term load forecasting using bagged neural networks. Electric Power Systems Research，125：109-115.

Kiran M S，Özceylan E，Gündüz M，et al. 2012. Swarm intelligence approaches to estimate electricity energy demand in Turkey. Knowledge-Based Systems，36：93-103.

Kobialka H U，Kayani U. 2010. Echo state networks with sparse output connections. 2010 International Conference on Artificial Neural Networks：356-361.

Kotsiantis S B，Kanellopoulos D，Zaharakis I D. 2006. Bagged averaging of regression models// Maglogiannis I，Karpouzis K，Bramer M. Artificial Intelligence Applications and Innovations. Boston：Springer：53-60.

Kourentzes N，Barrow D K，Crone S F. 2014a. Neural network ensemble operators for time series forecasting. Expert Systems with Applications，41（9）：4235-4244.

Kourentzes N，Petropoulos F，Trapero J R. 2014b. Improving forecasting by estimating time series structural components across multiple frequencies. International Journal of Forecasting，30（2）：291-302.

Kumar A，Gandhi C P，Zhou Y，et al. 2020. Variational mode decomposition based symmetric single valued neutrosophic cross entropy measure for the identification of bearing defects in a centrifugal pump. Applied Acoustics，165：107294.1-107294.13.

Lachtermacher G，Fuller J D. 1995. Backpropagation in time-series forecasting. Journal of Forecasting，14（4）：381-393.

Lawrence S，Giles C L，Fong S. 2000. Natural language grammatical inference with recurrent neural networks. IEEE Transactions on Knowledge and Data Engineering，12（1）：126-140.

Leeb R，Lee F，Keinrath C，et al. 2007. Brain-computer communication：motivation，aim，and impact of exploring a virtual apartment. IEEE Transactions on Neural Systems and Rehabilitation Engineering，15（4）：473-482.

Lemke C，Gabrys B. 2010. Meta-learning for time series forecasting and forecast combination. Neurocomputing，73（10/12）：2006-2016.

Li C，Khan L，Prabhakaran B. 2006. Real-time classification of variable length multiattribute motions. International Journal of Knowledge and Information Systems，10（2）：163-183.

Li C，Khan L，Prabhakaran B. 2007. Feature selection for classification of variable length multi-attribute motions//Petrushin V A，Khan L. Multimedia Data Mining and Knowledge Discovery. Boston：Springer：116-137.

Li H Z，Guo S，Li C J，et al. 2013. A hybrid annual power load forecasting model based on generalized regression neural network with fruit fly optimization algorithm. Knowledge-Based Systems，37：378-387.

Li J，Tang W，Wang J，et al. 2018. Multilevel thresholding selection based on variational mode decomposition for image segmentation. Signal Processing，147：80-91.

Lian J，Liu Z，Wang H，et al. 2018. Adaptive variational mode decomposition method for signal processing based on mode characteristic. Mechanical Systems and Signal Processing，107：53-77.

Lim C P，Goh W Y. 2007. The application of an ensemble of boosted Elman networks to time series prediction：a benchmark study. International Journal of Computational Intelligence，3（2）：119-126.

Lin C C，Lin C L，Shyu J Z. 2014. Hybrid multi-model forecasting system：a case study on display market. Knowledge-Based Systems，71：279-289.

Lin X，Yang Z，Song Y. 2009. Short-term stock price prediction based on echo state networks. Expert Systems with Applications，36（3）：7313-7317.

Liu H，Chen C. 2019. Data processing strategies in wind energy forecasting models and applications：a comprehensive review. Applied Energy，249：392-408.

Liu H，Mi X，Li Y. 2018. Smart multi-step deep learning model for wind speed forecasting based on variational mode decomposition，singular spectrum analysis，LSTM network and ELM. Energy Conversion and Management，159：54-64.

Liu H，Tian H Q，Pan D F，et al. 2013. Forecasting models for wind speed using wavelet，wavelet packet，time series and Artificial Neural Networks. Applied Energy，107：191-208.

Liu Y，Yang C，Huang K，et al. 2020. Non-ferrous metals price forecasting based on variational mode decomposition and LSTM network. Knowledge-Based Systems，188：105006.1-105006.11.

Lukoševičius M，Jaeger H. 2009. Reservoir computing approaches to recurrent neural network training. Computer Science Review，3（3）：127-149.

Ma Q L，Chen W B. 2013. Modular state space of echo state network. Neurocomputing，122：406-417.

Ma Q L，Shen L，Chen W，et al. 2016. Functional echo state network for time series classification. Information Sciences，373：1-20.

Ma Q，Shen L，Cottrell G W. 2020. DeePr-ESN：a deep projection-encoding echo-state network. Information Sciences，511：152-171.

Madasu S D，Kumar M L S S，Singh A K. 2017. Comparable investigation of backtracking search algorithm in automatic generation control for two area reheat interconnected thermal power system. Applied Soft Computing，55：197-210.

Makridakis S，Winkler R L. 1983. Averages of forecasts：some empirical results. Management Science，29（9）：987-996.

Martínez-Muñoz G，Suárez A. 2010. Out-of-bag estimation of the optimal sample size in bagging. Pattern Recognition，43（1）：143-152.

Martins V L M，Werner L. 2012. Forecast combination in industrial series：a comparison between individual forecasts and its combinations with and without correlated errors. Expert Systems with Applications，39（13）：11479-11486.

McNees S K. 1992. The uses and abuses of "consensus" forecasts. Journal of Forecasting，11（8）：703-711.

Meng M，Niu D. 2011. Annual electricity consumption analysis and forecasting of China based on few observations methods. Energy Conversion and Management，52（2）：953-957.

Mirjalili S，Hashim S Z M，Sardroudi H M. 2012. Training feedforward neural networks using hybrid particle swarm optimization and gravitational search algorithm. Applied Mathematics and

Computation，218（22）：11125-11137.

Moretti F，Pizzuti S，Panzieri S，et al. 2015. Urban traffic flow forecasting through statistical and neural network bagging ensemble hybrid modeling. Neurocomputing，167：3-7.

Nagurney A，Matsypura D. 2007. A supply chain network perspective for electric power generation，supply，transmission，and consumption. Social Science Electronic Publishing，9：3-27.

Newbold P，Granger C W J. 1974. Experience with forecasting univariate time series and the combination of forecasts. Journal of the Royal Statistical Society，137（2）：131-165.

Newman M E J. 2000. Models of the small world. Journal of Statistical Physics，101（3/4）：819-841.

Newman M E J，Watts D J. 1999. Renormalization group analysis of the small-world network model. Physics Letters A，263（4）：341-346.

Olszewski R T. 2001. Generalized feature extraction for structural pattern recognition in time-series data. Pittsburgh：Carnegie Mellon University.

Onwubolu G，Davendra D. 2006. Scheduling flow shops using differential evolution algorithm. European Journal of Operational Research，171（2）：674-692.

Ozturk M C，Xu D，Príncipe J C. 2007. Analysis and design of echo state networks. Neural Computation，19（1）：111-138.

Pauwels L L，Vasnev A L. 2016. A note on the estimation of optimal weights for density forecast combinations. International Journal of Forecasting，32（2）：391-397.

Pétrowski A. 1996. A clearing procedure as a niching method for genetic algorithms. IEEE 3rd International Conference on Evolutionary Computation：798-803.

Prieto O J，Alonso-González C J，Rodríguez J J. 2015. Stacking for multivariate time series classification. Pattern Analysis and Applications，18（2）：297-312.

Qu H，Wang L，Zeng Y R. 2013. Modeling and optimization for the joint replenishment and delivery problem with heterogeneous items. Knowledge-Based Systems，54：207-215.

Qu Z，Mao W，Zhang K，et al. 2019. Multi-step wind speed forecasting based on a hybrid decomposition technique and an improved back-propagation neural network. Renewable Energy，133：919-929.

Ranjan M，Jain V K. 1999. Modelling of electrical energy consumption in Delhi. Energy，24（4）：351-361.

Reis A J R，da Silva A P A. 2005. Feature extraction via multiresolution analysis for short-term load forecasting. IEEE Transactions on Power Systems，20（1）：189-198.

Ren Y，Suganthan P N，Srikanth N，et al. 2016. Random vector functional link network for short-term electricity load demand forecasting. Information Sciences，（367/368）：1078-1093.

Rodan A，Tino P. 2011. Minimum complexity echo state network. IEEE Transactions on Neural

Networks，22（1）：131-144.

Rodríguez J J，Alonso C J，Boström H. 2001. Boosting interval based literals. Intelligent Data Analysis，5（3）：245-262.

Rodríguez J J，Alonso C J，Maestro J A. 2005. Support vector machines of interval based features for time series classification. Knowledge-Based Systems，18（4/5）：171-178.

Rumelhart D E，McClelland J L. 1986. Parallel Distributed Processing-Explorations in the Microstructure of Cognition. Cambridge：MIT Press.

Saayman A，Botha I. 2015. Non-linear models for tourism demand forecasting. Tourism Economics，23（3）：594-613.

Schiller U D，Steil J J. 2005. Analyzing the weight dynamics of recurrent learning algorithms. Neurocomputing，63：5-23.

Shen L，Cheng S，Gunson A J，et al. 2005. Urbanization，sustainability and the utilization of energy and mineral resources in China. Cities，22（4）：287-302.

Shi Z，Han M. 2007. Support vector echo-state machine for chaotic time series prediction. IEEE Transactions on Neural Networks，18（2）：359-372.

Shir O M，Emmerich M，Bäck T. 2010. Adaptive niche radii and niche shapes approaches for niching with the CMA-ES. Evolutionary Computation，18（1）：97-126.

Singh P，Borah B. 2013. High-order fuzzy-neuro expert system for time series forecasting. Knowledge-Based Systems，46：12-21.

Skowronski M D，Harris J G. 2007. Automatic speech recognition using a predictive echo state network classifier. Neural Networks，20（3）：414-423.

Song H Y，Li G. 2008. Tourism demand modelling and forecasting—a review of recent research. Tourism Management，29（2）：203-220.

Spiegel S，Gaebler J，Lommatzsch A，et al. 2011. Pattern recognition and classification for multivariate time series. The 15th fifth International Workshop on Knowledge Discovery from Sensor Data：34-42.

Storn R，Price K. 1997. Differential evolution-A simple and efficient heuristic for global optimization over continuous spaces. Journal of Global Optimization，11：341-359.

Strauss T，Wustlich W，Labahn R. 2012. Design strategies for weight matrices of echo state networks. Neural Computation，24（12）：3246-3276.

Sun W，Liu M. 2016. Wind speed forecasting using FEEMD echo state networks with RELM in Hebei，China. Energy Conversion and Management，114：197-208.

Taieb S B，Bontempi G，Atiya A F，et al. 2012. A review and comparison of strategies for multi-step ahead time series forecasting based on the NN5 forecasting competition. Expert Systems with Applications，39（8）：7067-7083.

Taylor J W. 2010. Triple seasonal methods for short-term electricity demand forecasting. European Journal of Operational Research，204（1）：139-152.

Timmermann A. 2006. Forecast Combinations. Handbook of Economic Forecasting. San Diego：North-Holland.

Toksarı M D. 2007. Ant colony optimization approach to estimate energy demand of Turkey. Energy Policy，35（8）：3984-3990.

Torrini F C，Souza R C，Oliveira F L C，et al. 2016. Long term electricity consumption forecast in Brazil：a fuzzy logic approach. Socio-Economic Planning Sciences，54：18-27.

Versace M，Bhatt R，Hinds O，et al. 2004. Predicting the exchange traded fund DIA with a combination of genetic algorithms and neural networks. Expert Systems with Applications，27（3）：417-425.

Verstraeten D，Schrauwen B，Haene M，et al. 2007. An experimental unification of reservoir computing methods. Neural Networks，20（3）：391-403.

Wang D，Luo H，Grunder O，et al. 2017. Multi-step ahead wind speed forecasting using an improved wavelet neural network combining variational mode decomposition and phase space reconstruction. Renewable Energy，113：1345-1358.

Wang H，Yan X. 2015. Optimizing the echo state network with a binary particle swarm optimization algorithm. Knowledge-Based Systems，86：182-193.

Wang J，Li L，Niu D，et al. 2012. An annual load forecasting model based on support vector regression with differential evolution algorithm. Applied Energy，94：65-70.

Wang J，Zhang W，Li Y，et al. 2014. Forecasting wind speed using empirical mode decomposition and Elman neural network. Applied Soft Computing，23：452-459.

Wang L，Zeng Y，Chen T. 2015. Back propagation neural network with adaptive differential evolution algorithm for time series forecasting. Expert Systems with Applications，42（2）：855-863.

Wang S，Da X，Li M，et al. 2016a. Adaptive backtracking search optimization algorithm with pattern search for numerical optimization. Journal of Systems Engineering and Electronics，27（2）：395-406.

Wang S，Zhang N，Wu L，et al. 2016b. Wind speed forecasting based on the hybrid ensemble empirical mode decomposition and GA-BP neural network method. Renewable Energy，94：629-636.

Wang X，Tang L. 2016. An adaptive multi-population differential evolution algorithm for continuous multi-objective optimization. Information Sciences，348：124-141.

Wang X，Yu Q，Yang Y. 2018. Short-term wind speed forecasting using variational mode decomposition and support vector regression. Journal of Intelligent and Fuzzy Systems，34（6）：

3811-3820.

Wei N，Li C，Peng X，et al. 2019. Daily natural gas consumption forecasting via the application of a novel hybrid model. Applied Energy，250：358-368.

Weng X. 2013. Classification of multivariate time series using supervised locality preserving projection. The 3rd International Conference on Intelligent System Design and Engineering Applications：428-431.

Weng X，Shen J. 2008a. Classification of multivariate time series using two-dimensional singular value decomposition. Knowledge-Based Systems，21（7）：535-539.

Weng X，Shen J. 2008b. Classification of multivariate time series using locality preserving projections. Knowledge-Based Systems，21（7）：581-587.

Wu C L，Chau K W. 2010. Data-driven models for monthly streamflow time series prediction. Engineering Applications of Artificial Intelligence，23（8）：1350-1367.

Wu L，Cao G. 2016. Seasonal SVR with FOA algorithm for single-step and multi-step ahead forecasting in monthly inbound tourist flow. Knowledge-Based Systems，110：157-166.

Wu Q，Law R，Xu X. 2012. A sparse Gaussian process regression model for tourism demand forecasting in Hong Kong. Expert Systems with Applications，39（5）：4769-4774.

Wu Q，Peng C. 2017. A hybrid BAG-SA optimal approach to estimate energy demand of China. Energy，120：985-995.

Wu Z，Xiao L. 2019. A structure with density-weighted active learning-based model selection strategy and meteorological analysis for wind speed vector deterministic and probabilistic forecasting. Energy，183：1178-1194.

Xue Y，Yang L，Haykin S. 2007. Decoupled echo state networks with lateral inhibition. Neural Networks，20（3）：365-376.

Yin S，Liu L，Hou J. 2016. A multivariate statistical combination forecasting method for product quality evaluation. Information Science，（355/356）：229-236.

Yoon H，Yang K，Shahabi C. 2005. Feature subset selection and feature ranking for multivariate time series. IEEE Transactions on Knowledge and Data Engineering，17（9）：1186-1198.

Yu E L，Suganthan P N. 2010. Ensemble of niching algorithms. Information Sciences，180（15）：2815-2833.

Yuan C，Chen D. 2016. Effectiveness of the GM（1，1）model on linear growth sequence and its application in global primary energy consumption prediction. Kybernetes，45（9）：1472-1485.

Yuan C，Liu S，Fang Z. 2016. Comparison of China's primary energy consumption forecasting by using ARIMA（the autoregressive integrated moving average） model and GM（1，1） model. Energy，100：384-390.

Yuan X C，Sun X，Zhao W，et al. 2017. Forecasting China's regional energy demand by 2030：a Bayesian approach. Resources，Conservation and Recycling，127：85-95.

Zeng Y R，Zeng Y，Choi B，et al. 2017. Multifactor-influenced energy consumption forecasting using enhanced back-propagation neural network. Energy，127：381-396.

Zhang C，Lin Y. 2012. Panel estimation for urbanization，energy consumption and CO_2 emissions：a regional analysis in China. Energy Policy，49：488-498.

Zhang C，Zhou J，Li C，et al. 2017. A compound structure of ELM based on feature selection and parameter optimization using hybrid backtracking search algorithm for wind speed forecasting. Energy Conversion and Management，143：360-376.

Zhang G P. 2003. Time series forecasting using a hybrid ARIMA and neural network model. Neurocomputing，50：159-175.

Zhang G P，Patuwo B E，Hu M Y. 1998. Forecasting with artificial neural networks：the state of the art. International Journal of Forecasting，14（1）：35-62.

Zhang G P，Patuwo B E，Hu M Y. 2001. A simulation study of artificial neural networks for nonlinear time-series forecasting. Computers and Operations Research，28（4）：381-396.

Zhang Q H，Benveniste A. 1992. Wavelets networks. IEEE Transactions Neural Networks，3（6）：889-898.

Zhang Y，Gong D W，Gao X Z，et al. 2020. Binary differential evolution with self-learning for multi-objective feature selection. Information Sciences，507：67-85.

Zhao J，Zhu X，Wang W，et al. 2013. Extended Kalman filter-based Elman networks for industrial time series prediction with GPU acceleration. Neurocomputing，118：215-224.

Zhao Y，Li J，Yu L. 2017. A deep learning ensemble approach for crude oil price forecasting. Energy Economics，66：9-16.

Zhong S，Xie X，Lin L，et al. 2017. Genetic algorithm optimized double-reservoir echo state network for multi-regime time series prediction. Neurocomputing，238：191-204.

Zhou P，Ang B W，Poh K L. 2006. A trigonometric grey prediction approach to forecasting electricity demand. Energy，31（14）：2839-2847.

Zhou Z H，Wu J，Tang W. 2002. Ensembling neural networks：many could be better than all. Artificial Intelligence，137（1/2）：239-263.

Zou F，Chen D，Li S，et al. 2017. Community detection in complex networks：multi-objective discrete backtracking search optimization algorithm with decomposition. Applied Soft Computing，53：285-295.

后　记

本书融合了王林教授及其指导的研究生的有关成果。王林教授按照突出特色、突出创新的原则设计了本书的总体写作框架，然后将相关内容纳入设计的框架中，并对文字进行重新加工，使写作风格尽可能一致。王林教授感谢多位研究生在攻读硕士学位期间做出的大量的工作，特别感谢刘洋对第 5 章，王子云对第 6 章内容做出的重要贡献！

笔者要感谢父母及亲人们，这么多年来，他们对我们倾注了无限的关爱、理解和支持，他们的真情将激励我们去迎接人生中新的挑战。

在做研究的过程中，笔者得到不少素昧平生国内外学者的支持，为我们提供很多资料参考，他们的研究工作对本书的完成有重要的启发。本书在撰写过程中参阅了较多的中外文参考书及资料，主要参考文献已尽可能地列出，如有遗漏，敬请原谅。

本书的出版得到了科学出版社的大力支持，编辑老师提出了很多有益的建议，在此表示衷心感谢。另外，本书得到国家社会科学基金重大项目（20&ZD126）、国家自然科学基金面上项目（71771095）、华中科技大学文科学术著作出版基金的资助，在此一并表示衷心感谢。

本书内容大多属于探索性研究，由于笔者水平所限，文中难免存在一些不妥之处，敬请读者批评指正。

作　者

2022 年 8 月